# Windows PowerShell 实战指南

（第3版）

[美] 道·琼斯（Don Jones） 杰弗瑞·希克斯（Jeffery Hicks） 著　宋沄剑 译

人民邮电出版社

北京

**图书在版编目（CIP）数据**

Windows PowerShell实战指南：第3版 /（美）道·
琼斯（Don Jones），（美）杰弗瑞·希克斯
（Jeffery Hicks）著；宋沄剑译. -- 北京：人民邮电
出版社，2017.12（2022.6重印）
ISBN 978-7-115-47098-0

Ⅰ．①W… Ⅱ．①道… ②杰… ③宋… Ⅲ．①
Windows操作系统—指南 Ⅳ．①TP316.7-62

中国版本图书馆CIP数据核字(2017)第258658号

## 版 权 声 明

- ◆ 著　　　[美] Don Jones　　Jeffery Hicks
　　译　　　宋沄剑
　　责任编辑　王峰松
　　责任印制　焦志炜
- ◆ 人民邮电出版社出版发行　　北京市丰台区成寿寺路 11 号
　　邮编　100164　　电子邮件　315@ptpress.com.cn
　　网址　https://www.ptpress.com.cn
　　涿州市京南印刷厂印刷
- ◆ 开本：800×1000　1/16
　　印张：23　　　　　　　　　　2017 年 12 月第 1 版
　　字数：490 千字　　　　　　　2022 年 6 月河北第 20 次印刷
　　著作权合同登记号　图字：01-2017-0537 号

定价：79.90 元

读者服务热线：**(010)81055410**　印装质量热线：**(010)81055316**
反盗版热线：**(010)81055315**
广告经营许可证：京东市监广登字 20170147 号

# 内容提要

PowerShell 已经是一门开源、跨平台的脚本语言与管理 Shell。在 DevOps 流行的今天，PowerShell 无疑是最好的实现语言之一。本书几乎涵盖了 PowerShell 所涉及技术的方方面面，提供了大量实战案例，同时还包含了 PowerShell v5 最新功能的内容。只需要一个月、每天一小时，读者就能够轻松掌握 PowerShell 的实战技能。本书作者是 PowerShell 界泰斗 Don Jones 与 Jeffery Hicks。他们都是多年的 PowerShell MVP，并以简洁、易入门的培训与写作风格而著称。

# 作者简介

由于 Don Jones 在 Windows PowerShell 方面的工作，他多年连续获得微软公司最有价值专家（MVP）奖项。他为微软 TechNet 杂志写过 5 年 Windows PowerShell 专栏，现在的博客位于 PowerShell.org。他还负责"Decision Maker"专栏，并为 *Redmond* 杂志写博客。Don Jones 是一名多产的技术作者，自 2001 年以来出版了超过 12 本书。他现在是 Pluralsight（一个在线视频培训平台）IT 运维内容的课程总监。Don Jones 使用的第一个 Windows 脚本语言是 KiXtart，该语言可追溯至 20 世纪 90 年代中期。很快他就在 1995 年转而使用 VBScript。他还是最早期使用微软代码名称为"Monad"产品——该产品后来成为 Windows PowerShell 的 IT 专家之一。Don Jones 住在拉斯维加斯，当这里的天气太热时，会去位于犹他州的 Duck Creek 度假村。

Jeffery Hicks 是一个微软认证讲师以及拥有 25 年经验的"IT 老兵"，大多数精力花在微软服务器技术的咨询上，并强调自动化与效率。他还是多年微软 PowerShell 方向 MVP 奖项的获得者。现在他作为独立作者、培训师、顾问，为全世界的客户提供服务。Jeffery 已经为多个在线站点与杂志撰写大量文章，他还是 Petri IT 知识库的编辑以及 Pluralsight 的作者。他还频繁作为演讲嘉宾出席技术大会以及用户组线下活动，你可以在 Jeffery 的博客以及他的 Twitter 中查看他的最新状态。

# 译者简介

　　宋沄剑，微软 Data Platform MVP，数据库大会、TechED、Ignite 特约讲师，精通 SQL Server 与 MySQL，并擅长使用 PowerShell 与 Python 编写自动化运维工具。他目前就职于易车网，负责开源大数据平台基础架构的构建与自动化运维工作。同时，他还经常兼职帮助客户设计数据平台架构、私有云架构、数据库调优以及解决大型生产环境中的棘手问题。大家可以在他的个人技术博客 http://www.cnblogs.com/careyson 看到他的最新动态。

# 致谢

书当然不会自行书写、编辑和出版。Don Jones 希望感谢在 Manning 出版社那些决定在 PowerShell 不同种类书籍都碰碰运气的所有人，以及那些努力帮助完成本书的人。Jeffery 希望感谢 Don Jones 邀请他参与完成本书，并感谢所有的 PowerShell 社区的激情与支持。Don Jones 和 Jeffery 都对 Manning 出版社让他们继续本书第 3 版心怀感激。

也感谢所有在书写阶段阅读手稿并参与审阅的同仁——Bennett Scharf、Dave Pawson、David Moravec、Keith Hill、Rajesh Attaluri，还有 Erika Bricker、Gerald Mack、Henry Phillips、Hugo Durana、Joseph Tingsanchali、Noreen Dertinger、Olivier Deveault、Stefan Hellweger、Steven Presley 以及 Tiklu Ganguly 提供的宝贵建议。

最后，还要感谢 James Berkenbile 与 Trent Whiteley 在本书写作过程中对手稿和代码的技术审阅。

# 序言

我们已经从事 PowerShell 教学和写作很长时间。当 Don Jones 开始规划本书的第 1 版时，他意识到大多数 PowerShell 作者和讲师——包括他自己——会强迫学生将 Shell 作为一门编程语言学习。大多数 PowerShell 书籍都会通过第 3 章或者第 4 章进入"脚本"主题，而现在越来越多的 PowerShell 学习者对面向编程的学习方法避之不及。这些学生只是想将 Shell 作为 Shell 使用，至少在一开始是这样的。我们只是希望提供符合该要求的学习体验。

所以 Don Jones 希望尝试这种方法。通过在 Windows IT Pro 网站发布本书的目录，来自博客读者的大量反馈最终让本书更好地出版。他希望每一章短小、目的明确且短时间内就可以掌握——他知道管理员们并没有多少闲暇时间，通常他们都是在需要的时候才会去学习。当 PowerShell v3 发布后，这明显是更新本书的最好时机。Don Jones 最终找到他的长期合作伙伴 Jeffery Hicks 共同完成本书。

我们希望本书专注于 PowerShell 本身，而不是大量 PowerShell 可以应用到的诸如 Exchange Server、SQL Server、System Center 等技术。我们认为只要学会正确使用 Shell，你就可以通过自学掌握所有这些可以通过 PowerShell 操作的服务器级别产品。所以本书重点是使用 PowerShell 所需的核心技能。即使你还使用了"cookbook"风格的书（该类书中为特定管理任务提供了直接可以上手使用的答案），本书也可以帮助你理解那些书中实例的原理。对例子的理解能够帮助你更容易修改这些示例，从而完成其他任务，最终你可以从无到有构建你自己的命令。

我们希望本书不是你学习 PowerShell 的唯一工具。我们还共同编著了 *Learn PowerShell Toolmaking in a Month of Lunches*。该书同样以一天一次的学习方式提供了学习 PowerShell 脚本以及工具制作的能力。你还能够找到我们在 YouTube 上录制的视频，并阅读我们为 Petri IT 知识库与 Windows IT Pro 等网站撰写的文章，以及我们在 Pluralsight 上的课程。

　　如果你还需要其他额外帮助，我们希望你登录 www.PowerShell.org。我们在该网站的多个讨论组中回答问题。我们会非常高兴在你被任何问题难住时来帮助你。该网站还是强大、活跃的 PowerShell 社区入口——你可以找到免费的电子书、线下的 PowerShell 与 DevOps 峰会，以及一年中各个区域及本地用户组举行的 PowerShell 相关的活动。请参与这些社区——这会使得 PowerShell 成为你的职业生涯中强大的一部分。

　　请享受本书——在学习使用 Shell 的过程中祝你好运！

# 前言

关于本书中大多数你所需知道的内容都在第 1 章中进行描述,但有一些事需要提前告知。

首先,如果你计划跟随我们的示例并完成动手实验,你需要一台运行 Windows 8.1 或 Windows Server 2012 以及更新版本的计算机或虚拟机。我们在第 1 章中进行了更详细的阐述。你也可以在 Windows 7 上运行这些示例,但在动手实验中有一些知识点无法进行实验。

其次,请准备好从头到尾,按照章节先后顺序阅读本书。同样,我们在第 1 章中会进行详细解释,但背后的思想是每一章都会介绍一些新的内容,这些内容都会在下一章中被用到。请不要尝试一次性完成对整本书的阅读——请坚持每天一章的方式。人的大脑一次只能理解有限的信息,通过将 PowerShell 分解为小的片段,你实际上可以更快、更彻底地学习 PowerShell。

再次,本书包含大量的代码段。大多数代码段较短,因此你可以很容易地输入这些代码。实际上,我们推荐你手工输入一遍代码,这样做可以巩固核心 PowerShell 技能:准确地输入!较长的代码段也同样在代码清单中或通过网站 https://www.manning.com/books/learn-windows-powershell-in-a-month-of-lunches-third-edition 进行下载。

也就是说,还有一些需要注意的惯例。代码总是以特殊字体进行显示,例子如下。

```
Get-WmiObject -class Win32_OperatingSystem
➡ -computerName SERVER-R2
```

本示例还描述了在本书中使用的行继续符。这意味着这两行在 PowerShell 中实际上是作为一行进行输入。换句话说,不要在 Win32_OperationSystem 后按回车键或返回键,而是在该语句右侧继续进行输入。PowerShell 允许较长的行,但本书的纸张大小却不能容纳那么长的代码。

有时，你还能在本书中看到代码字体，如当我们写 Get-Command 时。这只是为了让你知道你正在查看的是一个命令、参数或其他你将会在 Shell 中输入的元素。

然后是一个我们在很多章节使用的有点让人难以琢磨的主题：重音符（`）。下面是示例：

```
Invoke-Command -scriptblock { Dir } `
-computerName SERVER-R2,localhost
```

该字符在第一行的最后，它并不是洒出来的墨水，而是你需要输入的实际符号。在美式键盘中，重音符（或者称为沉音符）通常位于键盘的左上部分，在 Esc 键下面，和波浪号（~）位于同一个键位。当你在代码清单中看到重音符时，请按照原样输入它。此外，当该字符出现于行尾时，正如之前示例所示，请确保该字符是行的最后一个字符。如果在该字符之后又存在任何空格或 Tab 符号，重音符则无法正常生效。在本书代码段的重音符之后不会存在空格或者 Tab 符号。

最后，我们将会偶尔将你导向到 Internet 资源上。这些 URL 会很长并难以输入。我们会将这些 URL 替换为基于 Manning 出版社的短链接，看上去就像 http://mng.bz/S085（你会在第 1 章中看到该链接）。

## 作者在线

购买本书还包含了访问由 Manning 出版社运营的专用论坛。在该论坛中，你可以对本书进行评价、提出技术问题并得到作者和其他用户的帮助。通过浏览 https://www.manning.com/books/learn-windows-powershell-in-a-month-of-lunches-third-edition 并单击 Book Forum 链接来访问和订阅论坛。该页面提供了在注册后如何访问论坛的信息，以及可以得到的帮助的类型与论坛行为规范。

Manning 出版社对读者的承诺是提供一个交流的场所。在该场所，读者和读者以及读者和作者之间可以进行有价值的对话。但并不承诺作者需要花多少时间在论坛中，作者参与论坛都是志愿的（且不收报酬）。我们建议你尝试问作者一些有挑战性的问题，从而使他们保持兴趣。

作者在线论坛以及之前讨论内容的存档，在本书出版时，就可以通过 Manning 出版社的网站进行访问。

# 目录

# 第 1 章 背景介绍

自从 2006 年 Windows PowerShell（第 1 版）面世以来，我们就一直在致力于对该技术进行教学推广。那时候，PowerShell 的大部分使用者都是长期使用 VBScript 的用户，而且他们也非常期待能以 VBScript 作为基础学习 PowerShell。于是，开展培训以及编写 PowerShell 书籍的作者都采用了一种和其他编程语言教学一样的方式来教学 PowerShell。

但是从 2009 年开始发生了一些改变。越来越多没有 VBScript 经验的人开始学习 PowerShell 这门语言。因为之前我们主要关注于脚本的编写，所以对 PowerShell 的教学不再那么卓有成效。也就是在那个时候，我们意识到 PowerShell 并不仅仅是一门脚本语言，其实是一种运行命令行工具的命令行 Shell。和其他优秀的 Shell 一样，虽然 PowerShell 可以通过脚本实现很复杂的功能，但脚本仅是使用 PowerShell 的一种方式，因此学习 PowerShell 并不一定需要从脚本开始。之后，我们在每年的技术演讲会议上逐渐改变了我们的教学方式，同时也将这些教学方式的变化体现在我们的教学课程中。最后，我们出版了这本书，这也是我们想出的针对非编程背景的人员教学 PowerShell 的最好方式。但是在开始学习之前，我们需要了解一下背景。

## 1.1  为什么要重视 PowerShell

从 Batch、KiXtart、VBScript 到现在，可以看到 Windows PowerShell 并不是微软（或者其他公司）首次为 Windows 管理员提供自动化管理的工具。我们认为，有必要让你们了解为什么需要关注 PowerShell 这个工具。因为当你们这样做的时候，会发现花费一定的时间去学习 PowerShell 是值得的。想象一下，在没有使用 PowerShell 之前我们的工作是怎样的？在使用该工具后又有哪些变化？

### 1.1.1  没有 PowerShell

Windows 操作系统管理员总是喜欢通过单击用户图形化界面去完成他们的工作。用户图形化界面（GUI）是 Windows 操作系统的最大特点——毕竟这个操作系统的名字并不是 "Text"。因为 GUI 总是让我们很轻易找到我们能做的一切，所以它是那么强大。作者仍然记得第一次展开活动目录下的用户和计算机的场景。通过单击各种按钮、阅读工具栏提示信息、选择下拉菜单、右键单击某些图标来查看用户与计算机中的各项功能。GUI是使得我们能够更容易学习的一种工具。但是不幸地是，GUI 并不能带来任何效率提升上的回报。如你花费 5 分钟在活动目录中创建一个新的用户（合理地设想一下，需要填写大量的信息），之后再新建用户时，也不会更快。那么新建 100 个新用户就会花费 500 分钟来完成——没有其他任何办法使得我们输入信息以及单击操作更快，从而加快该过程。

微软之前也尝试去解决该问题，VBScript 可能算是其中最成功的一次尝试。你可能需要花费一小时编写一条 VBScript 语句将 CSV 文件中的新用户导入到活动目录中，但在此之后你可能只需要花费几秒钟就可以完成同样的工作。VBScript 的问题在于微软没有全心全意地对其提供支持，微软需要确保各种对象都可以通过 VBScript 访问、调用，而如果开发人员因为时间的原因或者是忘记这块知识，那么你就只能卡在那儿了。例如，想通过 VBScript 修改网卡 IP，没问题。但是，想检查网络连接的速度，那就不行了，因为没人记得可以把这个功能设置为 VBScript 可访问的形式。这也算是一种遗憾。Jeffery Snover，Windows PowerShell 的架构师，称之为 "最后一英里"。你可以通过 VBScript（或者其他类似的技术）来做很多事情，但是在某些时刻总会让人失望，从来不会让我们顺利通过 "最后一英里" 完成之后的工作。

Windows PowerShell 正是微软公司试图改善这一缺陷的尝试，让你顺利通过 "最后一英里"，进而完成工作。目前来看，该尝试非常成功。微软的多个产品组都采用了 PowerShell，第三方生态系统扩展也是基于 PowerShell，并且全球的社区专家与爱好者也都帮助 PowerShell 变得越来越好。

### 1.1.2  拥有 PowerShell

微软对 Windows PowerShell 的定位是我们可以通过该 Shell 管理 Windows 系统中的所有功能。微软仍然继续开发 GUI 的控制台，但是底层运行的仍然是 PowerShell 命令。通过这种方式，微软保证我们可以在该 Shell 中完成 Windows 系统中任意的工作。如果需要自动化一个重复性的任务或者完成在 GUI 中不支持的工作，那么你可以使用该 Shell 来达成所愿。

很多微软的产品都已经采用了这种开发方法，如 Exchange Server 2007 以及之后版本、Sharepoint Server 2010 以及之后版本、大部分 System Center 产品、Office 365 以及

Windows 系统中大量的组件。接下来，越来越多的产品和 Windows 系统中组件会采用这个 Shell。Windows Server 2012（首次引入 PowerShell V3）甚至可以完全通过 PowerShell 或者使用基于 PowerShell 的 GUI 工具来进行管理。这也就是为什么我们要重视 PowerShell。在接下来的几年，PowerShell 会成为越来越多的管理功能的底层实现。PowerShell 已经成为大量高层技术的基础，包括 Desired State Configuration（DSC），PowerShell Workflow 以及更多。PowerShell 无处不在！

　　此时，我们仔细想想：如果你正在管理一个拥有很多 IT 工程师的团队，你希望谁的职级更高，希望谁能拿更多的薪水，是每次都要花费几分钟使用 GUI 来完成一个任务的人，还是一个可以通过脚本花费几秒钟自动化完成的人？无论你是来自哪个领域的 IT 从业人员，我们都知道应该如何选择。询问一个思科的管理员、AS/400 的操作员或者 Unix 管理员，他们都会回答"我更希望选择可以借助命令行更有效率地完成工作的人员"。以后的 Windows 系统工程师可以简单分为两类，一部分会使用 PowerShell，另一部分则不会。正如 Don 在微软 2010TechEd 会议上著名的言论：我们的选择是"学习 PowerShell"，还是"来包炸薯条"？

　　我们很欣慰，你已经决定学习 PowerShell。

## 1.2　现在只剩下"PowerShell"，而不是"Windows PowerShell"

　　在 2016 年中期，微软迈出了在此之前不敢想象的一步，那就是完整开源了 Windows PowerShell。同时，还发布了非 Windows 版本的 PowerShell，包含 macOS 与大量 Linux 发行版。太棒了！现在，这个面向对象的 Shell 在多种操作系统上可用，并且可以被世界范围内的社区共同提升。对本书的第 3 版来讲，我们决定确保主要所讲述的 PowerShell 不仅仅是基于 Windows 平台。我们认为 PowerShell 最大的受众是 Windows 用户，但我们也希望确保你能够理解 PowerShell 是如何在其他操作系统上工作的。

## 1.3　本书适用读者

　　这本书并不是适合所有人。实际上，微软 PowerShell 团队已经定义了三类适用 PowerShell 的人群：

- 主要使用命令行以及采用第三方开发工具的管理员；
- 能将命令行和工具集成为一个更复杂的工具（之后那些缺乏经验的成员可以立即使用该工具完成相关工作）的管理员；
- 开发可重复使用的工具或者程序的管理员或者开发人员。

　　本书主要是针对第一类人编写的。所有人，即使是开发人员在内的所有人，也有必要理解如何使用 Shell 运行命令。毕竟，如果你正准备去开发一个工具或者编写一些命令，那么你应该知道这个 Shell 的运行机制，这样可以确保开发出来的工具或者命令能像在 Shell 中运行得那么顺畅。

使用你有兴趣通过创建脚本自动化复杂的流程，比如新建一个用户，在学习完本书后，你可以学习到如何实现该功能，甚至可以编写自己的脚本，并且该脚本可以让其他管理员使用。但是本书并不会深入地讲解 PowerShell 的每项功能。我们的宗旨是让你能够使用 Shell，并立即应用到生产环境。

我们也会使用多种方法来演示如何将 PowerShell 关联到其他的管理工具。在后续章节中，我们会以 WMI（Windows Management Instrumentation）以及常用的命令作为示例。大体上，我们仅会介绍 PowerShell 可以与哪些技术进行关联，并讲解它们之间如何进行关联。其实，这些主题甚至都可以单独出书介绍（我们会在本书适当的地方给出对应的建议）。在本书中，我们仅仅介绍与 PowerShell 相关的部分。如果你对更深入地学习这部分技术感兴趣，我们将会提供针对后续学习的建议。简而言之，本书并不是你学习 PowerShell 所用的最后一本书，本书的定位是第一本 PowerShell 入门书。

## 1.4　如何使用本书

本书的理念是每天完成一章的学习。我们不需要在用餐时间阅读本书，因为我们只需要接近 40 分钟就可以完成对一章的阅读，之后再花 20 分钟去享用剩余的三明治以及进行对应的练习。

### 1.4.1　主要章节

第 2～25 章为本书的主要内容，算下来差不多只要花费 24 顿午餐的时间完成阅读。这也就意味着你可以预期在一个月内完成对本书主要章节的阅读。你需要尽可能严格地遵守该学习计划，不要感觉需要一天内阅读其他额外章节。更为重要的是，我们需要花费一定的时间完成每个章节之后的练习题，用以巩固学习成果。当然，并不是每个章节都需要花费完整的一小时，所以有时你在上班之前有更多的时间进行练习（或者吃午餐）。我们发现很多人坚持每天只学习一章会学得更快，这是因为这使得你可以有更多的时间动脑思考新主意，以及更多的时间进行练习。请不要揠苗助长，你会发现自己的学习进度会比想象得更快。

### 1.4.2　动手实验

在主要章节的结尾都布置了需要完成的实验题目。我们会给你对应的说明，甚至可能是一两个提示。这些动手实验的答案，我们会放在每章节的末尾，但是建议你在查看这些答案之前尽力独立完成这部分实验。

### 1.4.3　代码示例

贯穿全书你会遇到代码清单。有一些比较长的 PowerShell 示例。但无需手动输入。如果你查看 www.manning.com 并找到本书的页面，就会找到本书所有代码的下载链接了。

### 1.4.4　进一步学习

Don 的 YouTube 频道，YouTube.com/PowerShellDon，包含大量为本书的第一版制作的免费视频——现在仍然是 100%适用。这种方式是获得一些短小、快速入门 demo 的捷径。他还是一些工作室的视频主播，这些视频都值得一看。我们还建议登入 PowerShell.org 频道，YouTube.com/powershellorg，这里包含了大量的视频内容。你会发现大量来自 PowerShell + DevOps 全球峰会、在线社区研讨会以及其他活动的视频，全部免费！

Jeff 为 Petro IT 知识库（www.petri.com）撰写过大量的文章，这里你可以发现大量的内容，涵盖 PowerShell 的各方面主题。你还可以在 Jeff 的 Youtube 频道：http://YouTube.com/jdhitsolutions 发现他的最新动态。

### 1.4.5　补充说明

在学习 PowerShell 的时候，有些时候我们可能会钻入死胡同，去研究为什么会这样或那样运行。如果这样学习，我们就不会学到很多实用的技能，但我们会对这个 Shell 到底是什么及其工作原理有更深入的了解。我们在"补充说明"章节中会提供这方面的信息。这些信息只需要花费几分钟就可以读完。如果你是那种喜欢钻研原理部分的人，这部分信息也可以提供一些有用的材料。如果你觉得该小节会使得你分心而不能很好地完成实践学习，那么你可以在首次阅读时忽略该小节。当然，如果你掌握了所有章节部分的主要内容，建议再返回阅读这部分。

## 1.5　搭建自己的实验环境

在本书的学习过程中，你会进行大量的 PowerShell 的动手实验，那么你必须构建一个属于你自己的实验环境（请记住，不要在公司的生产环境中进行测试）。

你需要在带有 PowerShell v3 或更新版本的 Windows 中运行本书中大部分示例以及完成每章节的动手实验。我们建议的环境是 Windows 8.1 或更新版本，或者是 Windows Server 2012 R2 或更新版本，这两个版本都带有 PowerShell v4。但是需要注意的是，某些版本（如简易版）的操作系统中可能不存在 PowerShell。如果你对 PowerShell 学习抱有很大的兴趣，那么你必须找到一个带有 PowerShell 的 Windows 系统。同时，有些动手实验是基于 Windows 8 或者 Windows Server 2012 中 PowerShell 的新特性才能完成的。如果你使用的是老版本的操作系统，那么最终结果可能会有不同。在每个动手实验开始时，我们都会特别说明你需要在什么操作系统中去完成这部分实践。

在本书中，我们都是以 64 位（x64）操作系统为环境进行学习的。我们知道有两个版本：Windows PowerShell 以及特定版本的图形化 Windows PowerShell 集成脚本环境（ISE）。在开始菜单（Windows 8 中是"开始"界面），这两个组件的 64 位版本显示为"Windows PowerShell"和"Windows PowerShell ISE"。32 位版本的在快捷方式中会显示"x86"字样。在使用 x86 版本 PowerShell 时，在窗口栏中也会看到 x86 字样。如果操作系统本身就是 32 位的，那么你只能安装 32 位的 PowerShell，并且不会显示 x86 字样。

本书中的示例基于 64 位版本的 PowerShell 和对应的 ISE。如果你并不是使用的 64 位环境，那么有些时候运行示例时可能和我们得出的结果不一致，甚至某些动手实验部分根本无法正常进行。32 位版本的 PowerShell 主要是针对向后兼容性。例如，一些 Shell 扩展程序只存在于 32 位 PowerShell 中，并且也只能导入到 32 位（或者 x86）的 Shell 中。除非你确实需要使用这部分扩展程序，否则我们建议你在 64 位操作系统上使用 64 位的 PowerShell。微软后续主要的精力会放在 64 位 PowerShell 上；如果你现在因为使用的 32 位操作系统而无法进行下去，那么很遗憾，以后仍然会无法继续进行。

提示：我们完全可以在一个独立操作系统的 PowerShell 环境中完成本书的所有学习。但是如果使用同一个域的两台或者三台计算机的 PowerShell 环境联合起来进行测试，那么某些动手实验可能会变得更有趣。在本书中，我们在 CloudShare（CloudShare.com）上创建多个虚拟机来解决这个问题。如果你对这种场景感兴趣，你可以了解一下这个服务或者其他类似的一些服务。但是需要注意，并不是在所有国家都可以访问 CloudShare.com。另一种解决方案是使用 Windows 8 或更新版本的操作系统中的 Hyper-V 功能来承载几台虚拟机。

如果使用的是非 Windows 版本的 PowerShell，你需要考虑几个选项。首先是从 http://github.com/PowerShell/PowerShell 的上获取适合你的操作系统（MacOS 或 Linux 等）的发行版，然后就可以开始了。但请记住，本书示例中大量的功能只有在 Windows 下可用。例如，你无法获得 Linux 的服务列表，这是由于 Linux 没有服务的概念（Linux 有守护进程，类似 Windows 的服务，但略有区别）。

# 1.6　安装 Windows PowerShell

从 Windows Server 2008、Windows Server 2008 R2、Windows 7 操作系统开始，我们已经可以使用第 3 版的 Windows PowerShell。Windows Vista 操作系统无法支持第 3 版，但是可以使用第 2 版 PowerShell。最近发布的几个操作系统中已经预装了 Windows

PowerShell。如果采用老版本的操作系统，那么必须手动安装 PowerShell。PowerShell v4 在 Windows 7 或 Windows Server 2008 R2 以及更新版本的操作系统上可用。虽然这些版本的 Windows 上并不是所有的组件都与 PowerShell "关联"，这也是为什么我们推荐使用 Windows 8 或 Windows 2012 作为最低版本。当然，新版本的操作系统可能会采用更新版本的 PowerShell，当然这没什么坏处。

**提示：** 你可以采用如下方法来检查安装的 PowerShell 版本：进入 PowerShell 控制台，输入 `$PSVersionTable`，然后按回车键。如果返回错误或者输出结果并未显示为 "PSVersion 4.0"，那么你安装的版本就不是 PowerShell 第 4 版。

如果你想要检查最新的 PowerShell 可用版本或下载 PowerShell，请访问 http://msdn.microsoft.com/owershell。该官方 PowerShell 主页有一个指向最新版本 Windows 管理框架（WMF）安装包的链接，该安装包用于安装 PowerShell 与其相关功能。再次声明，由于本书的内容是入门级，你不会发现太多 v3 版本之后的变更，但使用最新版 PowerShell 总是很有乐趣。

PowerShell 包含两个应用程序组件：基于文本的标准控制台（PowerShell.exe）和集成了命令行环境的图形化界面（ISE；PowerShell_ISE.exe）。我们大部分时间都会使用基于文本的控制台。当然，如果你更喜欢 ISE，也可以使用 ISE。

**注意：** PowerShell ISE 组件并没有预装到 Server 版操作系统中。如果你需要使用，那么你需要进入 Windows 的功能（使用 "服务器管理器"），然后手动添加 ISE 功能（你也可以打开 PowerShell 的控制台，再运行 `Add-WindowsFeaturePowerShell-ise`）。在未包含完整 GUI 模式的操作系统（如 Server Core 或 Nano Server 版本的系统）对应的安装程序中并没有包含 ISE 的安装程序。

在你继续学习 PowerShell 之前，建议花几分钟设置 Shell 的显示界面。如果你使用基于文本的控制台，那么强烈建议你修改显示的字体为 Lucida（固定宽度），不要使用默认的字体。假如使用默认字体，我们会很难去区分 PowerShell 使用的一些特殊字符。可以参照下面的步骤修改显示字体。

（1）右键单击控制台界面上侧边框（PowerShell 字符位于控制台界面的左上方），选择目录中的属性。

（2）在弹出的会话框中，可以在几个标签页中修改字体、窗口颜色、窗口大小和位置等。

**提示：** 强烈建议窗口大小和屏幕缓冲器使用相同的宽度。

另外，需要注意的是，当应用对默认控制台的修改之后，后续所有新开的窗口都会使用变更之后的设置。当然，所有这些设置仅仅应用于 Windows：在非 Windows 操作系统中，你通常会安装 PowerShell，打开操作系统的命令行（例如，一个 Bash shell），然后运行 powershell。控制台窗口会控制颜色、屏幕布局等，因此请调整命令行从而满足你的需求。

## 1.7  联系我们

我们对帮助向你一样学习 Windows PowerShell 的人充满激情，我们会尽可能地提供我们所知道的资源。我们同时也期望你的反馈，因为这会帮助我们为新的资源想出新的主意，然后我们就可以把这部分资源放到网站上，这也是一种帮助我们提升本书下一版的方式。你可以在 Twitter 的@concentratedDon 找到 Don 以及@JeffHicks 找到 Jeff。我们还经常会在 http://PowerShell.org 上回答问题。http://PowerShell.org 也是一个寻找资源的好地方，这些资源包括免费的电子书、年度现场会议、免费的在线研讨会等。我们也为这两个地方添砖加瓦，在你完成本书之后，这两个地方是我们推荐给你继续学习 PowerShell 最好的地方。

## 1.8  赶紧使用 PowerShell 吧

"可以立即使用"是我们编写本书的一个主要目标。我们在每一章中尽可能仅关注某一部分的知识，并且你在学习之后，可以立即在生产环境中使用。这就意味着，在开始的时候，我们可能会避开一些细节的讨论，但是在必要时，我们承诺后续会回到这些问题并给出详细说明。在很多情形下，我们必须在首先给出 20 页的理论或者直接讲解并完成某些部分的学习（暂不解释、分析其中的细微差别或者详细情况）中做出选择。当需要做出这类选择时，我们总是选择第二个，以便使得你可以立即使用起来。但是之前的那些细节，我们会在另外一个时间进行分析讲解。

好了，背景知识大概就介绍到这里。下面就开始第 2 章课程的学习。

# 第 2 章　初识 PowerShell

本章将协助读者选择一种最适合的 PowerShell 界面（不错，你可以做出选择）。如果你曾经使用过 PowerShell，可以直接跳过本章，但是你依旧可以从本章中找到一些对你有帮助的信息。

同时，本章仅仅关注 Windows 版本的 PowerShell，非 Windows 版本的 PowerShell 没有这么多选项，如果你使用的是非 Windows 版本的 PowerShell，请跳过本章。

## 2.1　选择你的"武器"

在 Windows 中，微软提供了两种（如果你是很严谨的人，可以认为是 4 种）使用 PowerShell 的方式。图 2.1 显示了【开始】菜单中的【所有程序】界面，其中包含四种 PowerShell 图标。可以通过图中划线部分快速找到这些图标。

提示：在旧版本的 Windows 中（本书环境基于 Windows Server 2012），这些图标位于【开始】菜单中，可以通过依次选择【所有程序】→【附件】→【Windows PowerShell】来找到它们。除此之外，还可以在【开始】菜单中运行 "PowerShell.exe"，然后单击【确认】，打开 PowerShell 的控制台应用程序。在 Windows 8 和 Windows Server 2012 或更新版本中，使用 Windows 键（通常是位于 Ctrl 键和 Alt 键之间的 Windows 图标）加 R 打开运行对话窗口，或者单击 Windows 键，然后在输入框中输入 PowerShell，即可快速打开 PowerShell 图标。

在 32 位操作系统中，最多只有两个 PowerShell 图标。在 64 位系统中，最多有 4 个。它们分别是：

- Windows PowerShell——64 位系统上的 64 位控制台和 32 位系统上的 32 位控制台。
- Windows PowerShell(x86)——64 位系统上的 32 位控制台。

- Windows PowerShell ISE——64 位系统上的 64 位图形化控制台和 32 位系统上的 32 位图形化控制台。
- Windows PowerShell(x86)——64 位系统上的 32 位图形化控制台。

图 2.1　你可以选择四种 PowerShell 启动方式的其中一种

换句话说，32 位操作系统仅有 32 位的 PowerShell 应用程序，而 64 位操作系统可以有 32 位和 64 位两个版本的 PowerShell 应用程序，其中 32 位应用程序在图标名中会包含 "x86" 字样。需要注意的是，有些扩展程序只支持 32 位环境，不支持 64 位。微软现在已经把全部精力放到 64 位系统中，而 32 位仅用于向后兼容。

提示：在 64 位系统中，人们经常会错误地打开 32 位应用程序，此时应该注意窗体的标题，如果显示 "x86"，证明你在运行 32 位程序。另外，64 位扩展程序不能运行在 32 位应用程序中，所以建议用户把 64 位应用程序以快捷方式的形式固定在【开始】菜单中。

## 2.1.1　控制台窗口

图 2.2 展示了 PowerShell 控制台窗口界面，这是大多数人第一次见到的 PowerShell 界面。

接下来，从使用简单的 PowerShell 控制台命令和参数开始本小节。

- PowerShell 不支持双字节字符集，也就是说，大部分非英语语言不能很好地展示出来。

■ 剪切板操作(复制和粘贴)使用的是非标准键,意味着使用起来较为不便。

■ PowerShell 在输入时会提供少量帮助信息(这个相对于 ISE 而言,在下面即将介绍),在 PowerShell v5 中有很大的提升。在 Windows 10 中,微软修改了命令行 Shell,解决了一些我们提到过的长期问题,因此你的使用体验在 v5 中会略有不同。

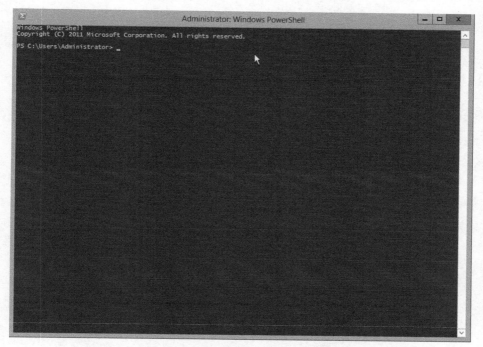

图 2.2  标准的 PowerShell 控制台窗口:PowerShell.exe

综上所述,PowerShell 控制台应用程序将是你在没有安装 GUI Shell 的服务器上运行 PowerShell 的唯一选择(如 Server Core 与 Nano Server 版本,或者 Windows Server 中服务器 GUI Shell 功能被移除或未安装的情景)。其优点是:

■ 控制台程序非常轻量,可以快速加载且不需要太多内存。

■ 不需要任何非 PowerShell 自身必需的.NET Framework 之外的资源。

■ 可以在黑色背景中设置绿色字体,正如在 20 世纪 70 年代的机器上工作一样。

如果你打算使用控制台应用程序,在你配置时有些建议可供参考。可以通过单击窗体左上角的图标,并选择【属性】实现,如图 2.3 所示。在 Windows 10 中该窗口看上去会略有不同,因为该版本增加了一些选项,但这里提到的主旨并无不同。

在【选项】标签页,可以调大"命令记录"的缓冲区大小。这个缓冲区可以记住你在控制台输入的命令,并且通过键盘的上、下键重新调用它们。你也可以通过按 F7 键弹出命令列表。

在【字体】标签页，选择稍微大于默认 12 像素的字体。不管你是否拥有 1.5 的视力，稍微提高一下字体大小也没什么坏处。PowerShell 需要你能快速区分相似的字符，比如'（撇号或单引号）和`（重音符）。

如果使用小像素字体，区分这类字符将比较困难。

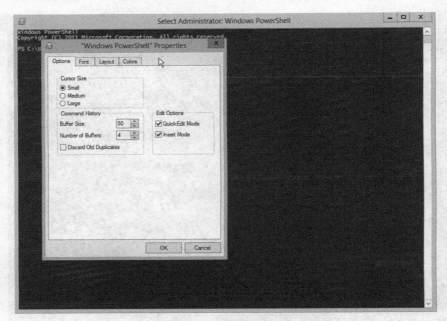

图 2.3　配置控制台应用程序的属性

在【布局】标签页，把所有"宽度"设为相同的数值，并且确保输出结果窗体能适合你的显示屏。如果设置不合理，会导致 PowerShell 窗体下方出现水平滚动条。这可能导致一部分输出结果被挡住，这会导致你忽略这些输出结果。作者的学生就曾经花了半小时运行命令，他们以为没有任何输出结果，实际上输出结果被隐藏在右边。

最后，在【颜色】标签页，强烈建议不要修改，保持高度反差将有助于阅读。如果你不喜欢默认的蓝底白字，可以考虑灰底黑字的形式。

需要记住一件事：这个控制台应用程序并不是真正的 PowerShell，仅仅是你和 PowerShell 交互的界面。控制台应用程序本身可以追溯到大约 1985 年，所以你不要指望能从中得到流畅的体验。

## 2.1.2　集成脚本环境（ISE）

图 2.4 展示了 PowerShell 集成脚本环境，也称为 ISE。

提示：如果你不经意打开了标准控制台应用程序，可以输入"ise"并按回车键，从而打开 ISE。

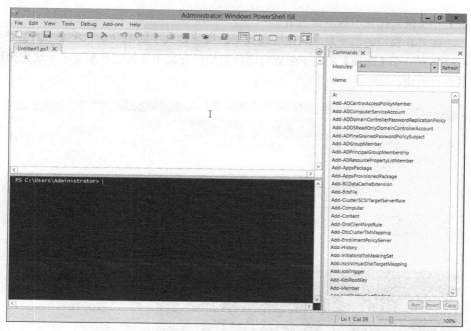

图 2.4　PowerShell ISE（PowerShell_ISE.exe）

表 2.1 列出了 ISE 的优缺点，从中可以得到大量背景信息。

表 2.1　ISE 的优缺点

| 优点 | 缺点 |
| --- | --- |
| ISE 界面友好且支持双字节字符集 | ISE 要求 Windows Presentation Foundation（WPF），意味着不能在没有安装 GUI 的服务器上运行 ISE |
| 在后续章节可以看到 ISE 能在你创建 PowerShell 命令和脚本时提供更多的帮助 | 启动和运行需要较长时间，但是这通常只是几秒的差异 |
| ISE 使用标准的复制、粘贴按键 | 在 PowerShell 5.0 之前版本的 ISE 不支持转录 |

　　下面从一些基本定位开始。图 2.5 展示了 ISE 的 3 个主要区域，图中划线部分即为 ISE 的工具栏。

　　在图 2.5 中，最上方的区域是【脚本编辑窗格】，直到本书最后才会用到。在它的右上角，可以看到一个蓝色的小箭头，单击它可以最小化【脚本编辑窗格】并最大化【控制台窗格】。控制台窗口是我们将要使用的地方。右边是【命令管理器】，可以通过它最右上方的"×"打开或者关闭这个窗口。除此之外，可以通过工具栏倒数第二个按钮来浮动【命令管理器】。如果你已经关闭【命令管理器】又想让它重新出现，可以单击工具栏的最后一个按钮。工具栏中的前 3 个按钮用于控制【脚本编辑器】和【控制台窗格】的布局。可以通过这些按钮把窗体设置为【在顶部显示脚本窗格】【在右侧显示脚本窗格】和【最大化显示脚本窗格】。

在 ISE 窗口的右下角，可以发现用于改变字体大小的滚动条。在【工具】菜单中，可以找到一个【选项】项用于配置定制化的颜色方案和其他显示配置——这完全根据你的喜好而定。

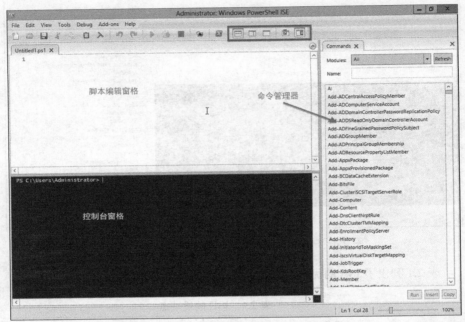

图 2.5   ISE 的 3 个主要区域及控制它们的工具栏

**动手实验**：首先我们假设读者在需要编写脚本时，将会在余下章节中只使用 ISE，然后隐藏【脚本编辑窗格】。如果你愿意，也可以把【命令管理器】隐藏。把字体大小设置到你喜欢的样子。如果你不能接受默认的颜色方案，请自行选择。如果你更喜欢控制台应用程序，请放心使用，本书的绝大部分内容同样能在控制台中运行。一些仅在 ISE 中才能使用的功能将会额外标注。

## 2.2   重新认识代码输入

PowerShell 是一个命令行接口，意味着你需要大量输入代码。然而输入命令就可能出现错误，例如拼写错误。幸运的是，这两种 PowerShell 应用程序都提供了帮助减少打错的方式。

**动手实验**：接下来的例子在本书中可能显得不太实际，但是在本节看来却很炫。读者可以在自己的环境中尝试一下。

控制台应用程序支持 4 种 "Tab 键补全"。

- 输入 "Get-S"，然后按几下 Tab 键，再按 Shift+Tab 组合键。PowerShell 会循环地显示以 Get-S 开头的所有命令。然后不停按 Shift+Tab 组合键，直到出现你期望的命令为止。
- 输入 "Dir"，按空格键，然后输入 "C:\"，再按 Tab 键，PowerShell 会从当前文件夹开始循环遍历所有可用的文件和文件夹名。
- 输入 "Set-Execu"，按 Tab 键，然后输入一个空格和横杠（-），再开始按 Tab 键，可以看到 PowerShell 循环显示当前命令的所有可用参数。另外，也可以输入参数名的一部分，例如-E，然后按 Tab 键，开始循环匹配的参数名。按 Esc 键可以清空命令行。
- 再次输入 "Set-Execu"，按 Tab 键，再按空格键，然后输入 "-E"，再次按 Tab 键，然后按一次空格键，再按 Tab 键。PowerShell 会循环显示关于这些参数的合法值。这个功能仅对那些已经预设了可用值（称为枚举）的参数有效。按 Esc 键同样可以清空命令行。

PowerShell ISE 提供了类似功能，甚至可以说比 "Tab 键补全" 功能更好的功能：智能提示。该功能在上面提到的 4 种场景下都能运行。图 2.6 演示了如何通过弹出菜单实现你在使用 Tab 键时完成的功能。可以使用上下箭头按钮来滚动菜单，找到你想要的选项，然后按 Tab 键或者按回车键选择，再继续输入剩余代码。

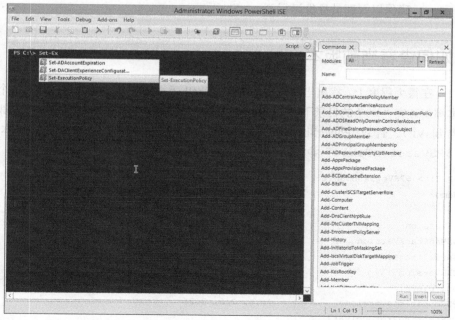

图 2.6 在 ISE 中类似 Tab 键自动补全功能的智能提示功能

智能提示可以在 ISE 的控制台窗格和脚本编辑窗格中工作。

**警告**：当你在 PowerShell 中输入时，请极其小心。在某些情况下，一个错位的空格、引号或者单引号都会带来错误或者失败。如果出现了错误，请再三检查你的输入内容。

## 2.3 常见误区

接下来，让我们快速回顾一些会影响你享受 PowerShell 旅途的绊脚石。

- 在控制台应用程序中的水平滚动条——从多年的教学经验中我们得知，正如前面提到过的，配置控制台的窗口，使其不出现水平滚动条非常重要。
- 32 位 VS 64 位——建议你使用 64 位的 Windows 并使用 64 位的 PowerShell 应用程序（没有出现"x86"字样的应用程序）。虽然对于某些人来说，购买 64 位的计算机和 64 位的 Windows 可能是件大事，但是如果你希望 PowerShell 高效运行，那么这些投资还是必需的。虽然在本书中我们尽可能覆盖 32 位环境，但是这些内容在 64 位的生产环境上将带来很大的差异。
- 确保 PowerShell 应用程序的窗体标题显示"管理员"——如果你发现打开的窗体上没有"管理员"字样，关闭窗体并右键单击 PowerShell 图标，选择"以管理员身份运行"。在生产环境中，不一定总是要这样。本书后面将演示如何使用特定的凭据运行命令。但是通常情况下，为了避免运行时出现一些问题，最好确保以管理员身份运行 PowerShell。

## 2.4 如何查看当前版本

在很大程度上，找出当前使用的 PowerShell 版本不是件容易的事，因为每个发布版本都安装在"1.0"的目录下面（1.0 是引用的 Shell 引擎语言版本，即所有版本都向后兼容到 v1）。针对 PowerShell v3 或更新版本，有一种简单的方式检查版本。输入"$PSVersionTable"并按回车键。

```
PS C:\> $PSVersionTable

Name                         Value
----                         ----
PSVersion                    3.0
WSManStackVersion            3.0
SerializationVersion         1.1.0.1
CLRVersion                   4.0.30319.17379
BuildVersion                 6.2.8250.0
PSCompatibleVersions         {1.0, 2.0, 3.0}
PSRemotingProtocolVersion    2.2
```

可以看到每个 PowerShell 相关技术的版本号，包括 PowerShell 自身的版本号。如果命令不能运行，或者显示最少需要 PSVersion 3.0 等字样，则需要使用第 1 章中展示的方式安装最新版本的 PowerShell。

**动手实验：**现在就开始使用 PowerShell，首先检查你的 PowerShell 版本是否满足最低的 3.0 版本，如果不是，请先至少升级到 v3 版本。

PowerShell v3（以及更新版本）可以与 v2 同时安装。实际上，你可以通过命令 `PowerShell.exe -version 2.0` 显式指定运行 v2 版本。你可以在代码与 v3 版本不兼容时（非常罕见）运行 v2 版本。PowerShell v3 的安装包并不会自动安装 v2。只有在 v2 已经安装的情况下才能运行 v2。如果已经安装了 v1，v2 与 v3 的安装包会覆盖 v1；它们不能同时并存。同时，诸如 v4 等新版本也可以在 v2 模式下运行，但没有任何其他模式。因此 v4 无法以 v3 模式运行。

**提示：**新版本的 Windows 默认会安装新版的 PowerShell，但可能会包含 PowerShell v2 引擎。如果需要，可以在 PowerShell 中运行 `Add-WindowsFeature powershell -v2` 来安装 v2 引擎。如果 `powershell v2` 功能在你的 Windows 版本中不可用，那就无法再安装 v2，但通常来讲，此时你也不会再需要 v2。

# 2.5　动手实验

因为这是本书第一个实验，所以我们会花一些时间去描述该机制。对于后续的每个实验，我们会给出一些任务，以便你可以自己动手尝试和完成。一般我们只给出一些提示或者方向性指引。所以从现在开始，你只能靠自己了。

我们保证所有需要用于完成实验的知识仅限于当前章节或之前的章节（对于之前章节的知识，我们一般采用提示的方式给出）。我们不会把答案说得太明显，更多地，当前章节会告诉你如何发现你所需要的信息，你需要自己去发现这些问题的答案。虽然看起来有点让人沮丧，但强迫自己去完成，从长远来说绝对可以让你在 PowerShell 的世界里面走得更远。

顺带提醒，你可以在每章的末尾中找到示例答案。这些答案不一定完全匹配你的问题，但是当我们一步一步地深入之后，答案将变得越来越准确。实际上，我们会发现 PowerShell 针对几乎所有的问题都能提供几种甚至更多的解决方式。我们会尽可能地使用最常用的方式，但是如果你尝试使用另外一些不同的方式，并不代表你是错误的。任何能实现结果的方式都是正确的。

**注意：**本实验需要 PowerShell v3 或以上版本。

我们从简单的例子开始：希望你能从控制台和 ISE 的配置中实现相同的结果。然后按照下面五步进行。

（1）选择适合你自己的字体和颜色。

（2）确保控制台应用程序下方没有水平滚动条。（本章中已经第三次提到，可见其重要性。）

（3）在 ISE 中，最大化控制台窗格，移除或最小化命令管理器。

（4）在所有应用程序中，输入一个单引号（'）和一个重音符（`），确保你可以轻易区分它们。在美式键盘中，重音符位于左上角，在"Esc"键下面，和波浪号（~）位于同一个键中。

（5）同样输入括号（()），中括号（[]），尖括号（<>）和花括号（{}），确保你所选择的字体和大小能很好地展示这些符号，足以让你马上区别他们。否则，请选择其他字体或者加大字体大小。

前面已经提到过如何实现这些步骤，所以本章并没有提供对应答案，你要做的只是完成这 5 个步骤。

# 第 3 章　使用帮助系统

在这本书的第 1 章，我们提到由于图形用户界面具有更强的可发现性，所以更容易学习和使用。但对于像 PowerShell 这样的命令行接口-CLIs（command-line interfaces）的学习却往往要困难一些，因为它们缺乏可发现性这个特性。事实上，PowerShell 拥有出色的可发现性，但是它们并不是那么明显。其中一个主要的可发现性的功能是它的帮助系统。

## 3.1　帮助系统：发现命令的方法

请忍受 1 分钟的时间让我们走上讲台给你讲述下面的内容。

我们工作在一个不是特别重视阅读的行业，但是我们有一个缩写 RTFM（Read The Friendly Manual）。当我们希望他们可以"阅读易于使用的手册"时，就能巧妙地把命令传递给用户。大多数管理员更加倾向于直接上手、依赖于 GUI 工具的提示和上下文菜单等这些 GUI 的可发现性工具领会如何操作。这也是我们工作的方式。我们假设你也是以同样的方式进行工作的。但是我们来认清一点：

如果你不愿意花时间去阅读 PowerShell 的帮助文档，那么你就无法高效使用 PowerShell，也很难进一步学习如何使用它，更不用说使用它管理类似 Windows 或 Exchange 等产品，最终你无法摆脱使用 GUI 的方式。

让我们澄清一下，虽然上面一段看上去很无趣，但绝对是真理。想象一下，当你使用活动目录和计算机或是其他管理控制台时没有帮助提示、菜单、上下文菜单会怎样。学习 PowerShell 而不去花时间去学习帮助文件也是如此。这就好像你去宜家不阅读手册就组装家具，那么你必然会经历挫折、困惑以及感到无能为力。为什么呢？

- 如果你需要执行一项任务，但是却不知道应该使用什么命令，帮助系统就可以帮助你找到这个命令，而无需使用 Google 或者 Bing。

- 如果你在运行一个命令的时候返回错误信息，帮助系统就可以告诉你如何正确运行命令，因此不再出现错误。

- 如果你想将多个命令组合在一起来执行一项复杂的任务，帮助系统就可以帮你找到哪些命令是可以和其他命令结合使用。你不需要在 Google 或者 Bing 搜索示例，只需要学习如何使用他们，以便你可以创建出自己的示例和解决方案。

我们意识到我们的讲解过于关注动手实践，但我们看到学生在课堂上或者在工作中面临的问题：如果他们能腾出几分钟坐下来、深呼吸，然后阅读帮助，90%的问题都能迎刃而解。阅读这一章，将帮助大家理解 PowerShell 的帮助文档。

从现在开始，我们鼓励你阅读帮助文档有下面几个原因。

- 虽然我们将在我们的示例中展示多个命令（我们几乎从未展示一个命令的完整功能和选项），但是你也应该阅读我们展示每个命令的帮助，这样你才会熟悉每个命令所能够完成的其他工作。

- 在本书的实验里，我们将提示你使用哪个命令完成任务，但是我们不会提示语法细节。为了完成这些实验，你必须自己使用帮助系统找到相应命令的语法。

我们向你保证，掌握帮助系统是成为 PowerShell 专家的一个关键。但你不会在帮助文档中找到每一个细节。很多高级资料并没有在帮助系统中留下文档，但为了有效的日常管理，你需要掌握帮助系统。本书会帮助你深入理解该系统以及在帮助文档中没有具体解释的部分，但只有在与帮助系统结合的情况下才会这么做。

是时候走下讲台了。

---

**Command 对比 Cmdlet**

　　PowerShell 包含了多种类型的可执行命令，有些叫作 Cmdlet，有些叫作函数，还有一些被称为工作流等。它们的共同点都是命令，所有这些命令都在帮助系统囊括的范围内。Cmdlet 的概念是 PowerShell 中独有的，你运行的大多数命令都属于 Cmdlet。但在谈论更通用的可执行工具时，我们会使用"命令"表示，从而保证一致性。

---

## 3.2　可更新的帮助

　　当你第一次使用帮助时，你也许会很惊讶，因为里面什么都没有。不要着急，我们会为你讲解。

　　微软在 PowerShell v3 中加入了一个新的功能，叫作"可更新的帮助"。PowerShell 可以通过互联网下载帮助文件的更新、修正和扩展。不过，为了做到可更新，微软不能把任何帮助放到安装包中。当你需要查看一个命令的帮助时，你可以得到一个自动生成的简易版的帮助，以及如何更新帮助文档的信息，如下：

```
PS C:\> help Get-Service
```

```
NAME
    Get-Service
SYNTAX
    Get-Service [[-Name] <string[]>] [-ComputerName <string[]>]
    [-DependentServices] [-RequiredServices] [-Include <string[]>]
    [-Exclude <string[]>] [<CommonParameters>]

    Get-Service -DisplayName <string[]> [-ComputerName <string[]>]
    [-DependentServices] [-RequiredServices] [-Include <string[]>]
    [-Exclude <string[]>] [<CommonParameters>]

    Get-Service [-ComputerName <string[]>] [-DependentServices]
    [-RequiredServices] [-Include <string[]>] [-Exclude <string[]>]
    [-InputObject <ServiceController[]>] [<CommonParameters>]
```

别名
    gsv

备注
    Get-Help 在本机无法找到关于这个 Cmdlet 命令对应的帮助文档。
    这只显示了部分帮助信息。
        -- 可使用 Update-Help 下载和安装包含这个 Cmdlet 模板的帮助文档。
        -- 可输入"Get-Help Get-Service -Online"命令或者
    输入网址 http://go.microsoft.com/fwlink/?LinkID=113332
        查看关于帮助主题的在线文档。

**提示**：一个容易被忽略的事实是通常本地并没有安装帮助，在你第一次使用帮助的时候，
        PowerShell 会提示你更新帮助系统。

更新 PowerShell 的帮助文档应该是你的首要任务。这些文件存储在 System32 这个
目录下，这意味着你的 Shell 必须在更高特权下运行。如果在 PowerShell 的标题中没有
出现"管理员"的字眼，你将会获得一个错误信息。

```
PS C:\> update-help

Update-Help : 无法更新以下模块的帮助：
'Microsoft.PowerShell.Management, Microsoft.PowerShell.Utility,
Microsoft.PowerShell.Diagnostics, Microsoft.PowerShell.Core,
Microsoft.PowerShell.Host, Microsoft.PowerShell.Security,
Microsoft.WSMan.Management' :
命令无法更新 Windows PowerShell 核心模块或 $pshome\Modules 目录中任意模块的帮助主题。若要更新
这些帮助主题，请使用"以管理员身份运行"命令启动 Windows PowerShell，然后重试运行 Update-Help。
所在位置 行:1 字符: 1
+ update-help
+ ~~~~~~~~~~~
```

```
    + CategoryInfo          : InvalidOperation: (:) [Update-Help], Except
ion
    + FullyQualifiedErrorId : UpdatableHelpSystemRequiresElevation, Micros
oft.PowerShell.Commands.UpdateHelpCommand
```

我们将之前错误信息的重点部分用粗体进行标识，该信息告诉你问题所在并如何解决。以管理员身份运行 **Shell**，再次运行 Update-Help 命令，几分钟内你就可以发现已经成功更新了帮助。

每隔一个月左右的时间重新获取帮助是一个很重要的习惯。**PowerShell** 甚至可以下载非微软发布命令的帮助文档，只要这些命令模块在合适的位置进行本地化之后加入到在线以供下载。

假如你的计算机不能连上互联网，那该怎么办呢？不要担心，首先找到一台可以上网的机器，并使用 Save-Help 命令把帮助文档下载一份到本地。然后把它放到一个文件服务器或者其他你可以访问的网络中。接着通过在 Update-Help 加上-SourcePath 参数指向刚刚下载的那份帮助文档的地址。这可以让局域网内任何计算机从中心服务器获取更新后的帮助，无需再连接互联网。

---

**帮助文件已经开源**

　　微软的 PowerShell 帮助文件已经在 http://github.com/powershell 开源。该网址是查看最新源码的好地方，该部分帮助可能在 PowerShell 中无法下载。

---

## 3.3　查看帮助

**Windows** 的 **PowerShell** 提供了 Get-Help 这个 **Cmdlet** 命令访问帮助系统。你可能看到很多示例（特别是在互联网）都是使用 "Help" 或 "Man"（来自 UNIX，指代 **Manual**）关键字来代替 Get-Help。Man 和 Help 都不是原生的 **Cmdlet** 命令，而是对核心 **Cmdlet** 命令进行封装后的函数。

---

**macOS 与 Linux 中的帮助**

　　macOS 与 Linux 中的帮助文件，都使用操作系统传统的 Man（manual）功能进行显示，该命令会 "接管" 屏幕，从而显示帮助，在阅读完帮助后返回正常屏幕。

---

Help 的工作原理类似 Get-Help，但它可以把输出的信息通过管道传送给 More 命令。这样你就可以以分屏这样友好的方式来查看帮助的内容，而不是一次性打印出所有的帮助信息。运行 Help Get-Content 和 Get-Help Get-Content，会返回相同的结果。前者是一次一页显示，你也可以使用 Get-Help Get-Content | More 分页显示，但这需要输入更多的字符，我们通常仅使用 Help。但我们想让你知道底层实现。

**注意**：从技术上来说，Help 是一个函数，而 Man 是 Help 的一个别名，或者叫昵称。但是它们返回的结果相同。我们将会在下一章讨论别名。

顺便提醒一下，有些时候你可能会讨厌分页显示，因为你想一次性获取所有的信息，但是它却一次次让你输入空格键显示余下的信息。如果你遇到这样的情况，在 Shell 控制台窗口按 Ctrl+C 组合键取消命令并立即返回到 Shell。Ctrl+C 组合键总是表示"返回"的意思，而不是"拷贝到剪切板"的意思。而在图形化 Windows PowerShell ISE 中，Ctrl+C 表示拷贝到剪切板。工具栏中有一个红色按钮"停止"，它可以用于停止正在运行的命令。

**注意**：很多命令在图形化的 ISE 中不起作用，即使使用 Help 或 Man 时，它也会一次性返回所有的帮助信息，而不是一次返回一页。

帮助系统有两个主要的目标：一个是帮助你找到实现特定任务的命令，另一个就是找到命令后帮助你学会如何使用它们。

# 3.4 使用帮助系统查找命令

从技术上来说，帮助系统不知道 Shell 中存在哪些命令。它只知道有哪些可用的帮助主题。某些命令可能并没有帮助文档，这会导致帮助系统不能确认这个命令是否存在。幸好微软几乎发布的每个 Cmdlet 都包含一个帮助主题，这意味着你通常不会发现不同。另外，帮助系统也包含了除特定 Cmdlet 之外的其他信息，包括背景概念和其他基础信息。

与大多数命令一样，Get-Help（等同于 Help）有几个参数。其中一个最为重要的参数是-Name。该参数指定你想要访问帮助的主题名称，并且它是一个位置参数，所以你无需输入-Name，只需提供所需查找的命令名称。它也支持通配符，这让帮助系统更加容易找到命令。

例如，你想操作系统事件日志，但是你却不知道使用哪个命令，你决定搜索包含事件日志的帮助主题，可以运行下面两个命令中的一个。

```
Help *log*
Help *event*
```

第一个命令在你的计算机返回如下列表。

```
Name                     Category    Module
----                     --------    ------
Clear-EventLog           Cmdlet      Microsoft.PowerShell.M...
Get-EventLog             Cmdlet      Microsoft.PowerShell.M...
Limit-EventLog           Cmdlet      Microsoft.PowerShell.M...
New-EventLog             Cmdlet      Microsoft.PowerShell.M...
```

| Remove-EventLog | Cmdlet | Microsoft.PowerShell.M... |
| Show-EventLog | Cmdlet | Microsoft.PowerShell.M... |
| Write-EventLog | Cmdlet | Microsoft.PowerShell.M... |
| Get-AppxLog | Function | Appx |
| Get-DtcLog | Function | MsDtc |
| Reset-DtcLog | Function | MsDtc |
| Set-DtcLog | Function | MsDtc |
| Get-LogProperties | Function | PSDiagnostics |
| Set-LogProperties | Function | PSDiagnostics |
| about_Eventlogs | HelpFile | |
| about_Logical_Operators | HelpFile | |

**注意：** 你可以注意到，前面的这个列表包含来自 Appx、MsDtc 模块的命令（和函数）等。即使你还没有将这些模块加载到内存，帮助系统也一样会显示所有模块。这可以帮助你发现电脑上被遗漏的命令。它可以发现那些安装在适当位置所有扩展中的命令。对此，我们会在第 7 章进行讨论。

前面的列表中有许多关于事件日志的函数，它们都基于"动词-名词"这个命名格式，但是最后出现了两个关于帮助主题的特殊 Cmdlets 命令却不是这种格式。这两个 "about" 主题提供了关于某个命令的背景信息。最后一个看起来跟事件日志没有什么关系，但是它被搜索到是因为其中有一个单词"logical"的其中一部分包含了"log"。只要有可能，我们尽量使用"*event*"或者"*log*"搜索，而不是使用"*eventlog*"，因为这样可以返回尽可能多的结果。

当发现一个 Cmdlet 有可能完成所需完成的工作时（比如说，后面示例中 Get-EventLog 看起来就是做这件事的），可以查看该 Cmdlet 的帮助文档进行确认。

```
Help Get-EventLog
```

不要忘记使用 Tab 键补全命令！它可以让你只输入部分命令名称，按下 Tab 键，接着 Shell 会完成与你刚刚输入最接近的命令。你可以连续按 Tab 键来选择其他匹配的命令。

**动手实验：** 输入 Help Get-Ev，接着按下 Tab 键。第一次匹配到的是 Get-Event，这并不是你想要的；再次按下 Tab 键就匹配到 Get-EventLog，这就是你想要的命令。你可以敲回车键接受该命令并显示这个命令对应的帮助信息。如果你使用 ISE，你不需要敲 Tab 键。所有匹配的命令都会以列表的形式呈现，你可以选择其中一个并敲回车键，这样就完成了命令的输入。

你也可以使用最为重要的"*"通配符，它可以匹配 Help 后面零个到多个字符。如果 PowerShell 只找到一个匹配你输入的命令，它并不是以列表的形式返回这个单一项，而是直接显示这一单项的具体帮助内容。

**动手实验：** 运行 Help Get-EventL*命令，你应该可以看到关于 Get-EventLog 的帮助信息，而不是返回一个匹配的帮助主题列表。

如果你一直跟随本书的示例进行实验，那么现在你就应该在看 Get-Eventlog 的帮助文档了。这个文档被称为概要帮助，这意味着它只有简单的命令描述和语法提示。当你需要快速了解如何使用一个命令时，这些信息非常有用，我们通过该帮助文档来进行示例讲解。

> **补充说明**
>
> 有些时候，我们想分享的信息虽然不错，但不是至关重要的 Shell 知识。我们将把这些信息放到"补充说明"部分，正如现在这个部分。如果你跳过这段，你并没有什么损失，但是如果你进行阅读，你通常会学会以另外一种方式解决问题，或者能够更深入地了解 PowerShell。
>
> 我们前面提到过 Help 命令并不是为了搜索 Cmdlet 命令，而是为了搜索帮助主题。由于每个 Cmdlet 都有一个帮助文件，我们可以说，这些搜索到的结果集相同。但是你也可以直接使用 Get-Command 命令搜索 Cmdlet 命令（或者它的别名 Gcm）。
>
> 与 Help 这个命令一样，Get-Command 接受通配符，意味着你可以运行 Gcm *event* 查看所有名称包含 "event" 的命令。不管怎么样，这个返回的列表将不止包含 Cmdlet 命令，还会包含一些不一定有用的外部命令，如 netevent.dll。
>
> 一个比较好的方式是使用 "-noun"（名词）或者 "-verb"（动词）参数。因为只有 Cmdlet 名的名称有名词和动词，返回的结果将会限制为 Cmdlet 命令。Get-Command -noun *event* 将会返回一个关于事件命令的列表；Get-Command -verb Get 将会返回一个具有检索能力的列表。你也可以使用 -CommandType 参数来指定命令的类型。比如，Get-Command *log* -type Cmdlet 将会返回一个所有命令名称包含 "log" 的命令列表，并且这个列表不会包括任何其他扩展应用程序或者扩展命令。

## 3.5 帮助详解

PowerShell 的 Cmdlet 帮助文件有一些特殊的约定。从这些帮助文件中提取大量信息的关键是你需要明白自己在寻找什么，并学会更高效地使用这些 Cmdlet 命令。

### 3.5.1 参数集和通用参数

大部分命令可以有多种使用方式，这依赖于你需要用它们来做什么。例如，下面是 Get-EventLog 的语法帮助部分。

```
SYNTAX
    Get-EventLog [-AsString] [-ComputerName <string[]>] [-List][<CommonParameters>]

    Get-EventLog [-LogName] <string> [[-InstanceId] <Int64[]>] [-After <DateTime>]
    [-AsBaseObject] [-Before <DateTime>] [-ComputerName<string[]>] [-EntryType
    <string[]>] [-Index <Int32[]>] [-Message<string>] [-Newest <int>] [-Source
    <string[]>] [-UserName <string[]>] [<CommonParameters>]
```

　　　注意，该命令在语法部分出现了两次，这表示这个命令提供了两个不同的参数集，你可以有两种方式使用该命令。你可能已经注意到，有些参数是这两个参数集共享的。例如，这两个参数集都包含-ComputerName 参数。但是这两个参数集总会有些差异。在这个实例中，第一个参数集提供了-AsString 和-List，这两个参数都没有出现在第二个参数集中；而第二个参数集包含许多第一个参数集中没有的参数。

　　　下面来说明它们是如何工作的：如果你使用一个只包含在某个参数集中的参数，那么你就只能使用同一个参数集里的其他参数。如果你选择使用-List 参数，那么你能够使用的其他参数就只能是-AsString 和-ComputerName，因为存在-List 的参数集中只剩这两个参数可选。你不能添加-LogName 参数，因为它不存在于第一个参数集中。这意味着-List 和-LogName 是相互排斥的，即你不能同时使用它们，因为它们存在于不同的参数集中。

　　　有些时候，可以只带有所有参数集中共有的参数运行命令。在这种情况下，Shell 通常会选择第一个参数集。理解你运行的命令带有的参数属于哪个参数集非常重要，因为每个参数集意味着不同的功能。

　　　你可能已经注意到，在每个 PowerShell 的 Cmdlet 参数的结尾都有[<Common-Parameters>]。不管你以何种方式使用 Cmdlet，这泛指每个 Cmdlet 命令都是使用的一组包含 8 个参数的集合。现在暂时不讨论通用参数，我们会在本书后面章节真正使用它们的时候来讨论。不过，在本章后面，如果你有兴趣，我们会告诉你哪里可以学习到更多关于通用参数的知识。

　　**注意：**聪明的读者现在已经能够识别出我们提供示例中的变化。读者会注意到基于 PowerShell 版本的不同，Get-EventLog 的帮助布局也会不同。你甚至会看到一些新的参数，但我们所解释的基础与概念并没有变。不要因为你所看到的帮助与本书的帮助不同而卡在这里。

## 3.5.2　可选和必选参数

　　　运行一个 Cmdlet 命令时，你无需提供全部参数。PowerShell 的帮助文档把可选参数放到一个方括号中。例如，[-ComputerName <string[]>]表示整个-ComputerName 参数是可选的。你可以不使用该参数，因为在没有为该参数指定一个具体值的时候，Cmdlet 会默认为本地计算机。这也就是为什么[<CommonParameters>]在方括号内，你就可以在不使用任何通用参数的情况下运行该命令。

　　　几乎所有的 Cmdlet 命令都最少有一个可选参数。你可能永远不会需要使用其中的一些参数，以及可能日常使用其他参数。记住，当你选择一个参数时，你只需输入足够的参数名称就可以让 PowerShell 明白你所需的参数是什么。例如，-L 不能充分表示-List，因为-L 可以表示-LogName。但是-Li 是一个适合-List 的的缩写，因为其他参数名称没有以-Li 开头的。

如果运行命令时忘了指定必选参数，会发生什么呢？来看看 `Get-EventLog` 的帮助。例如，你可以看到 `-LogName` 参数是必选参数，该参数并不在方括号内。尝试在没有指定日志名称的情况下运行 `Get-EventLog`。

**动手实验**：通过运行 `Get-EventLog` 命令而不提供任何参数。

PowerShell 会提示你需要输入必选的 `LogName` 参数。如果你输入类似 `System` 或者 `Application` 的参数值之后敲回车键，该命令就能正常运行。你可以按下 **Ctrl+C** 组合键终止该命令。

### 3.5.3　位置参数

PowerShell 设计者知道有些参数会被频繁地使用，而你不希望不断地输入参数名称。通常来说，参数是具有位置性的。这意味着只要你把参数值放在正确的位置，你就可以只提供这个参数值，而不需要输入具体的参数名。

有两种方式可以用于确定位置参数：通过语法概要或者通过详细的帮助文档。

**在语法概要中找到位置参数**

你可以在语法概要中找到第一种方式：只有参数名被方括号括起来的参数。比如，查看 `Get-EventLog` 的第二个参数集的前两个参数。

```
[-LogName] <string> [[-InstanceId] <Int64[]>]
```

第一个参数：`-LogName`。它是必选参数。我们可以识别出它是必选参数，是因为它的参数名称和参数值不在一个方括号里面。但是它的参数名称处在一个方括号内，这让它成了一个位置参数，所以我们可以只提供日志名称而不需要输入参数名称`-LogName`。并且由于该参数出现在帮助文档的第一个位置，所以我们知道这个日志名称是我们必须提供的第一个参数。

第二个参数：`-InstanceId`。它是可选的，因为它的参数名称与参数值位于同一个方括号内。在方括号内，`-InstanceId` 本身又处在一个方括号里，意味着它同时还是一个位置参数。它出现在第二个位置，所以我们省略这个参数名称，就必须在该位置提供一个参数值。

参数`-Before`（出现在语法的后面，通过运行 `Help Get-EventLog` 命令自行查找）是一个可选参数，因为参数名和参数值同在一个方括号里面。`-Before` 参数名没有单独放在方括号里，这告诉我们，当选择使用这个参数时，必须输入该参数名称（或者至少是它的别名）。

下面介绍使用位置参数时的几个技巧。

- 位置参数可以同时出现指定和不指定参数名称的情况，但是位置参数必须处在正确的位置。例如，`Get-EventLog -newest 20 -Log Application` 是正确的；`Application` 会被匹配到`-Log` 参数，因为这是第一个位置的参数值，`20` 将表示`-Newest` 参数值，因为你已经指定了参数名称。

- 指定参数名称总是合法的。当你这样做了，输入的顺序就变得不重要。Get-EventLog -newest 20 -Log Application 是正确的，因为我们已经使用了参数名称（在这个示例中是-LogName，我们这里使用了缩写-Log）。
- 如果使用多个位置参数，不要忘了它们的位置。Get-EventLog Application 0 可以运行，Application 会附加到-LogName 参数，0 会附加到-InstanceId 参数。Get-EventLog 0 Application 会运行失败，因为 0 会附加-LogName 参数名，但是却找不到名为"0"的日志。

我们将提供一个最佳实践：总是使用参数名，直到你能顺手地使用每个 Cmdlet 并厌倦了一遍一遍输入常用的参数。在此之后，使用位置参数来节省时间。当需要把一个命令以文件的形式存储在文本文件以方便重用时，通常使用完整的 Cmdlet 名称和完整的参数名称。这样做的目的是将来可以方便地阅读和理解，因为你不需要重复输入参数名称（这毕竟也是你把命令存储在一个文件的目的），这不会增加你太多额外的输入。

### 在详细的帮助文档中找到位置参数

我们说通常有两种方式来找到位置参数。第二种方式需要你使用 Help 命令指定 -full 参数来打开帮助文档。

**动手实验：** 运行 Help Get-EventLog -full 命令。记得使用空格分页地查看帮助文档，如果你想停止查看，可以使用 Ctrl+C 组合键到达帮助文件的末尾。现在，可以通过滚动窗口重复查看整个页面。同时，如果不使用-full 参数尝试使用 -ShowWindow 参数，该参数可以在客户端版本的 Windows 或带有 GUI 的 Server 版本 Windows 上执行。但是请注意成功使用-ShowWindow 的前提是底层帮助 XML 文件的质量。如果文件格式不对，你可能无法查看所有内容。注意 -ShowWindow 参数无法在非 Windows 操作系统中使用。

分页查看，直到你看到类似下面关于-LogName 参数的信息。

```
-LogName <string>
    指定事件日志。输入一个事件日志的日志名称（Log 属性的值；而非 LogDisplayName）。
    不允许使用通配符。此参数是必需的。

    是否必需?                     True
    位置?                         1
    默认值
    是否接受管道输入?             False
    是否接受通配符?               False
```

在前面的例子中，你可以看到这是一个强制参数，并且是一个位置参数，同时，它出现在 Cmdlet 命令之后的第一个位置。

当学生开始使用一个 Cmdlet 命令的时候，我们总是鼓励他们把焦点放在阅读帮助上，而不只是缩写语法的提示上。阅读帮助可以让我们理解得更加详细，包括参数的使用描述。你可以看到该参数不接受通配符，这意味着你不能提供类似 App* 的参数值，你需要输入日志名称的全称，如 Application。

## 3.5.4 参数值

帮助文档同样给你提供了每个参数的数据类型。有些参数被称为开关参数，无需任何输入值。在缩写语法中，它们看起来如下所示。

```
[-AsString]
```

在详细语法中，它们看起来如下所示。

```
-AsString [<SwitchParameter>]
```
以字符串而非对象的形式返回输出。

| | |
|---|---|
| 是否必需? | False |
| 位置? | named |
| 默认值 | |
| 是否接受管道输入? | False |
| 是否接受通配符? | False |

通过 [<SwitchParameter>] 可以确认这是一个开关参数，并不需要任何输入值。开关参数的位置可以随意放置，你必须输入参数名（或者至少是一个缩写）。开关参数总是可选的，这可以让你选择是否使用它们。

其他参数希望获得的数据类型，通常会跟在参数名称之后，并使用空格与参数名称分开（不是冒号、等号或者其他字符，虽然你时不时可能会遇到错误）。在缩写语法里面，输入的类型使用尖括号表明（我们的朋友 Jason 称之为 chi-hua-huas，在他说到这一点时带有手势比划），例如：

```
[-LogName] <string>
```

在详细语法中以相同的方式显示：

```
-Message <string>
```
获取其消息中具有指定字符串的事件。可以使用此属性来搜索包含特定单词或短语的消息。允许使用通配符。

| | |
|---|---|
| 是否必需? | False |
| 位置? | named |
| 默认值 | |
| 是否接受管道输入? | False |
| 是否接受通配符? | True |

下面来看看通常的输入类型。

- string——一系列字母和数字，有些时候也会包含空格符。如果出现空格符，那么全部字符串必须包含在引号内。例如，类似 C:\Windows 的字符串不需要使用引号，但是 C:\Program Files 这样的字符串就需要，因为它包含了一个空格。现在，你可以交替使用单引号或者双引号，但是最好坚持使用单引号。
- Int、Int32 或 Int64——一个整数类型（整个数字不包含小数）。
- DateTime——通常，基于你本地计算机的时区配置，字符串被解释成的日期会有所不同。在美国，通过的日期格式为 10-10-2010，即月-日-年。

关于更多类型，我们将在遇到的时候再做讨论。

你也许注意到有些值包含多个方括号：

```
[-ComputerName <string[]>]
```

string 后面的方括号（我们的朋友 Jason 称之为奶嘴）并不意味着某些东西是可选的。事实上，string[]意味着该参数可以接受数组、集合，或者是一个列表类型的字符串。在这种情况下，只提供一个值也符合语法。

```
Get-EventLog Security -computer Server-R2
```

但是指定多个值也符合语法。一个简单的方式是提供一个以逗号为分隔符的列表。PowerShell 把以逗号为分隔符的列表作为数组值对待。

```
Get-EventLog Security -computer Server-R2, DC4, Files02
```

再次说明，任何一个单一值中如果包含了空格，就必须使用引号。但是作为一个整体的列表，不需要使用引号，只有单一值才需要使用引号。这一点非常重要。下面的命令符合语法。

```
Get-EventLog Security -computer 'Server-R2', 'Files02'
```

如果你想为每个值都加上引号，这也是可以的（即使这些值没有一个需要引号）。但是下面将会出错：

```
Get-EventLog Security -computer 'Server-R2, Files01'
```

在该示例中，Cmdlet 命令会查找一个名称为 Server-R2, Files01 的计算机。这也许不是你想要的。

另外一种提供列表值的方式是把它们输入到一个文本文件中，每一个值一行。例如：

```
Server-R2
Files02
Files03
DC04
DC03
```

接着，你可以使用 Get-Content 这个 Cmdlet 命令来读取该文件的内容，并且发送这些内容到-computerName 参数中。你可以强制 Shell 先执行 Get-Content 命令，这样就可以把结果送到这个参数了。

记得高中数学中()圆括号可以用来在数学表达式中指定操作的顺序。这同样适用于PowerShell。使用圆括号把命令括起来，就强制这些命令先执行。

```
Get-EventLog Application -computer (Get-Content names.txt)
```

前面一个示例展示了一个有用的技巧：我们可以把 Web 服务器、域名控制器和数据库服务器等不同类型的服务器放到一个文本文件中，接着使用这个技巧再次运行这个包含全部计算机集合的命令。

你也可以使用其他方式来输入一个列表值，包含从活动目录中读取计算机名称。这些技术会更加复杂。在学习一些 Cmdlet 命令之后，便能玩转这些技巧，我们会在后面的章节学习到。

另一种为参数（假设它是一个强制参数）指定多个值的方式是不指定参数。与所有强制参数一样，PowerShell 将提示你输入参数值。对于接受多个值的参数，你可以输入第一个值并按回车键，继续输入直到完成，最后空白处按回车键，这将告诉 PowerShell 你已经完成输入。像通常一样，如果你不想被提示输入项，可以按 Ctrl+C 组合键终止命令。

## 3.5.5 发现命令示例

我们倾向于通过示例学习，这就是在本书放置大量示例的原因。PowerShell 的设计者知道大部分管理员都喜欢示例，这也是他们把大量的示例放置到帮助文档的原因。如果你滚动到 Get-EventLog 帮助文档的末尾，很可能发现大量如何使用该 Cmdlet 命令的例子。

如果你只想查看示例，我们有一个简单获取到这些示例的方法：在 Help 命令中加入-example 参数，而不是使用-full 参数。

```
Help Get-EventLog -example
```

**动手实验**：使用这个新的参数来获取一个 Cmdlet 命令的示例。

我们喜欢这些示例，尽管其中一些会比较复杂。如果遇到一个对你来说太复杂的示例，请忽略它，并测试其他示例。或者通过一点点的尝试（总是在非生产机器上测试），看你是否知道该示例的用途以及这样用的原因。

## 3.6 访问"关于"主题

在本章的前面部分，我们提到 PowerShell 的帮助系统包含许多背景主题，可以用来帮助定位指定的 Cmdlet 命令。这些背景主题通常被称为"关于"主题，因为它们都是以"about_"开头的。你可能还记得在本章的前面，所有的 Cmdlet 命令都提供一个通用参数集。怎样才能更多了解这些常见的参数？

**动手实验**：在你继续读本书之前，确认你是否可以通过帮助系统列出公用参数。

先使用通配符。因为 "common" 在本书已经被多次使用，所以先从下面的关键字开始。

```
Help *common*
```

这真是一个好的关键字。事实上，这只会在帮助主题中匹配到一条记录：About_common_parameters。该主题将会自动显示，因为只有唯一一条配置的主题。浏览显示的帮助主题，你会发现如下 8 个通用参数。

```
-Verbose
-Debug
-WarningAction
-WarningVariable
-ErrorAction
-ErrorVariable
-OutVariable
-OutBuffer
```

这个帮助文档提到两个额外的 "风险缓解" 参数，但是并不是每个 Cmdlet 命令都提供这两个参数。

在帮助系统中，"关于" 这个主题非常重要。但是，因为它们没有关联到某个特定的 Cmdlet 命令，所以很容易被人忽略。如果你运行 help about*列出所有信息，你也许会吃惊怎么有那么多额外的文档信息隐藏在 Shell 中。

## 3.7　访问在线帮助

PowerShell 的帮助文档是由人编写的，这意味着它们并不一定准确无误。除了更新帮助文档（你可以运行 Update-Help），微软也在其网站上发布帮助文档。PowerShell help 命令的-online 参数，使用它可以在网络中找到你所想要命令的帮助信息：

```
Help Get-EventLog -online
```

微软的 TechNet 站点承载该帮助，并且它通常比安装 PowerShell 中帮助文档要更新。如果你认为在示例或者语法中发现了一个错误，尝试查看在线版本的帮助文档。PowerShell 在线文档不会包含所有 cmdlet 的帮助信息，而是由各个产品团队负责（如 Exchange 团队、SQLServer 团队、SharePoint 团队等）共同提供帮助文档的更新。但 PowerShell 在线文档在可用的情况下，将会是内置帮助文档的补充。

我们喜欢在线帮助文档，是因为当我们在 PowerShell 输入脚本的时候，可以在另一个窗口上阅读文档（帮助文档在 Web 浏览器也能有良好的格式）。Don 通过一个简单的设置就可以使用双屏显示，效果更佳。你也可以使用我们之前提到过的-ShowWindow 这个开关参数而不是-Online 参数，在另一个窗口中打开本地帮助文档。

## 3.8 动手实验

**注意:** 在本实验中,你需要在计算机中运行 PowerShell v3 或更高版本。

我们希望这一章已经帮你认识到在 PowerShell 中掌握帮助系统的重要性。现在是时候通过下面任务帮助你磨练技巧了。请记住示例答案在下一小节。使用 Help 命令寻找下面任务中的斜体字,并将它们作为提示。下面一部分步骤仅在 Windows 有效,我们会指出这些步骤。

1. 运行 `Update-Help` 并确保它执行无误。这会让你的本机下载一份帮助文档。条件是你的电脑能连上互联网,并且需要在更高特权下运行 Shell(这意味着必须在 PowerShell 的标题中出现"管理员"的字眼)。

2. 仅 Windows:哪一个 Cmdlet 命令能够把其他 Cmdlet 命令输出的内容转换到 HTML?

3. 部分仅 Windows:哪一个 Cmdlet 命令可以重定向输出到一个文件(file)或者到打印机(printer)?

4. 哪一个 Cmdlet 命令可以操作进程(process)?(提示:记住,所有 Cmdlet 命令都包含一个名词。)

5. 你可以用哪一个 Cmdlet 命令向事件日志(log)写入(write)数据(该步骤仅在 Windows 系统有效,但你可以得到一个不同的答案)?

6. 你必须知道别名是 Cmdlet 命令的昵称。哪一个 Cmdlet 可以用于创建、修改或者导入别名(alias)?

7. 怎么保证你在 Shell 中的输入都在一个脚本(transcript)中,怎么保存这个脚本到一个文本文件中?

8. 仅 Windows:从安全事件(event)日志检索所有的条目可能需要很长时间,你怎么只获取最近的 100 条记录呢?

9. 仅 Windows:是否有办法可以获取一个远程计算机上安装的服务(services)列表?

10. 是否有办法可以看到一个远程计算机运行了什么进程(process)(你可以在非 Windows 操作系统找到答案,但命令本身会有区别)?

11. 尝试查看 `Out-File` 这个 Cmdlet 命令的帮助文档。通过该 Cmdlet 命令输出到文件每一行记录的默认宽度大小为多少个字符?是否有一个参数可以让你修改这个宽度?

12. 在默认情况下,`Out-File` 将覆盖任何已经存在具有相同的文件名。是否有一个参数可以预防 Cmdlet 命令覆盖现有的文件?

13. 如何查看在 PowerShell 中预先定义所有别名(alias)列表?

14. 怎么使用别名和缩写的参数名称来写一条最短的命令,从而能检索出一台名称为 Server1 的计算机中正在运行的进程列表?

15. 有多少 Cmdlet 命令可以处理普通对象?(提示:记得使用类似"object"的单数名词好过使用类似"objects"的复数名词。)

16．这一章简单提到了数组（arrays）。哪一个帮助主题可以告诉你关于数组的更多信息？

## 3.9　动手实验答案

1. `Update-Help`
   或者同一天执行多次：
   `Update-Help -force`
2. `help html`
   或可以尝试使用 `Get-Command`：
   `get-command -noun html`
3. `get-command -noun file,printer`
4. `Get-command -noun process`
   或：
   `Help *Process`
5. `get-command -verb write -noun eventlog`
   如果不确定名词部分是什么，使用通配符。
   `help *log`
6. `help *alias`
   或：
   `get-command -noun alias`
7. `help transcript`
8. `help Get-Eventlog -parameter Newest`
9. `help Get-Service -parameter computername`
10. `help Get-Process -parameter computername`
11. `Help Out-File -full`
    或：
    `Help Out-File -parameter Width`
    应该展示给你 PowerShell 默认的控制台宽度是每行 80 个字符。
12. 如果你运行 `Help Out-File -full` 查看参数，你将会看到 `-NoClobber`。
13. `Get-Alias`
14. `ps -c server1`
15. `get-command -noun object`
16. `help about_arrays`
    或者可以使用通配符：
    `help *array*`

# 第 4 章　运行命令

当开始在互联网上查看 PowerShell 示例时，很容易觉得 PowerShell 是某种基于.NET Framework 的脚本或编程语言。我们的伙伴微软最有价值专家（MVP）奖项获得者，以及大量其他 PowerShell 用户都是一本正经的极客（Geek）。我们乐于深入挖掘 Shell 的潜力并发挥它的最大价值。但几乎我们所有人都是以本章标题那样开始：运行命令。这也是本章我们将要做的：没有脚本、没有编程语言，仅仅是运行命令和命令行工具。

## 4.1　无需脚本，仅仅是运行命令

PowerShell，如其名称所示，是一个 Shell。它和你之前可能使用过的 Cmd.exe 命令行 Shell 类似，甚至更像是与 20 世纪 80 年代第一台 PC 一起发布的 MS-DOS。它与 UNIX 的 Shell 也十分类似，比如说 20 世纪 80 年代后期的 Bash，甚至是 20 世纪 70 年代面世的最原始的 UNIX Bourne Shell。虽然 PowerShell 更加现代，但最终，PowerShell 并不是一个类似 VBScript 或 KiXtart 的脚本语言。

这些语言和大多数编程语言一样，你在文本编辑器（即使是 Windows 记事本）中键入大量关键字形成脚本。当脚本完成保存为文件后，可能还需要双击该文件进行测试。PowerShell 能够以这种方式工作，但这并不是 PowerShell 的主要工作模式，尤其是当你开始学习 PowerShell 时。使用 PowerShell，你输入一个命令，然后通过添加一些参数来定制化命令行为，单击返回，立刻就能看到结果。

最终，你会厌倦一遍遍输入同样的命令（和参数），然后你会将其复制粘贴到一个文本文件中，并将文件的扩展名更名为.PS1，然后你瞬间就拥有了一个 "PowerShell 脚本"。现在，你不再需要一遍遍输入命令，而是直接执行该文件中的脚本。这也和你在 Cmd.exe Shell 中使用的批处理文件是同一种模式，但相较于脚本或编程而言却要简单许多。实际上，这与 UNIX 管理员使用多年的模式很类似。通用 UNIX/Linux shell，比如

Bash，也是类似的方式：运行命令，直到你获得正确的结果，然后将这些命令粘贴到一个文本文件中，并称之为脚本。

别理解错我们的意思：你可以将 PowerShell 用得极其复杂。实际上，PowerShell 支持与 VBScript 和其他脚本或编程语言同一种使用模式。PowerShell 拥有能够访问整个.Net Framework 底层的能力（虽然在非 Windows 操作系统中，只是整个 Framework 的子集），我们也看到 PowerShell "脚本" 实际上与通过 Visual Studio 编写的 C#语言使用模式也十分类似。PowerShell 支持这两种不同的使用模式，是因为其设计目标是为了拥有更广阔的使用场景。关键是，不能仅仅是由于 PowerShell 可以实现得非常复杂，就意味着你也必须将 PowerShell 使用到这种程度，也并不意味着你不能以更简单的方式实现非常高效的结果。

来看这样一个类比：你或许有一辆车，如果你和我们一样，或许换机油是你对车做过的最复杂的机械性工作。我们并不是汽车专家，也不能重建一个引擎。我们也不能完成如你在电影中所见的非常酷的漂移。你从未见过我们在汽车广告中的封闭赛道开车，虽然 Jeff 的梦想就是这么做（他看了太多的 Top Gear（译者注：一档由英国 BBC 电视台出品的汽车节目））。虽然我们并不是专业的赛车手，但是并不会阻挡我们在日常中以更低的复杂度高效驾驶。如果某天我们决定来一场特技驾驶（我们的保险公司会被吓死的），这时或许多学一点汽车工作的原理并掌握一些新的技巧才更有帮助。留给我们进阶的选择一直就在那儿。但目前为止，我们对完成普通驾驶就非常满意了。

目前为止，我们依然是一位普通的 "PowerShell 驾驶员"，以比较简单的方式操纵 Shell。无论你是否相信，在该阶段的用户才是 PowerShell 的主要目标用户。你会发现，在这个阶段，你就能够完成很多难以置信的工作。你仅需要掌握如何在 Shell 中运行命令即可。

## 4.2　剖析一个命令

图 4.1 展示了对复杂 PowerShell 命令的一个基本剖析。我们称之为一个命令的完整语法形式。我们尝试使用一个有点复杂的命令，这样你就能看到可能出现的所有部分。

图 4.1　剖析一个 PowerShell 命令

为了确保你能够完全熟悉 PowerShell 的规则，下面更详细地阐述上图中的每一部分。

■ 名称为 `Get-EventLog` 的 **Cmdlet**。**PowerShell Cmdlet** 总是以这种动词-名词形式命名。我们在下一章关于 **Cmdlet** 的章节会进一步解释。

■ 第一个参数名称为 `-LogName`，并赋值为 **Security**。由于参数值中并不包含任何空格或标点符号，因此并不需要用引号括起来。

■ 第二个参数名称为 `-ComputerName`，以逗号分隔列表的形式赋了两个值：**Win8** 和 **Server1**。由于这两个参数中都不包含空格或标点符号，因此这两个参数都不需要用引号括起来。

■ 最后一个参数是 `-Verbose`，是一个开关参数。这意味着该参数无须赋值，仅仅指定参数即可。

■ 注意：在命令名称和第一个参数之间必须有空格。

■ 参数名称总是以英文短横线（`-`）开头。

■ 参数名称之间必须有空格，多个参数值之间也必须有空格。

■ 无论参数名称之前的破折号，还是参数值本身包含的破折号，都不需要加空格。

■ **PowerShell** 不区分大小写。

请逐渐习惯这些规则，并开始对这种精确、优雅的输入方式敏感。多注意空格、破折号和其他部分可以最大程度减少 **PowerShell** 报低级错误的机会。

## 4.3 Cmdlet 命名惯例

首先，让我们以讨论一些术语开始。据目前我们所知，只有我们在每天的对话中使用这些术语。但为了确保对术语理解的统一性，我们还需要详细解释一下。

■ **Cmdlet** 是一个原生的 **PowerShell** 命令行工具。该术语仅仅存在于 **PowerShell** 和类似 C#的.Net Framework 语言中。**Cmdlet** 仅仅出现在 **PowerShell** 中，所以当你在 Google 或 Bing 搜索该关键字时，返回结果主要是关于 **PowerShell** 的。该术语读音为 "command-let"。

■ 函数和 **Cmdlet** 类似，但不是以.Net 语言编写，而是以 **PowerShell** 自己的脚本语言编写。

■ 工作流是嵌入 **PowerShell** 的工作流执行系统的一类特殊函数。

■ 应用程序是任意类型的外部可执行程序，包括类似 PING、Ipconfig 等命令行工具。

■ 命令是一个通用的术语，用于代表任何或所有上面提到的术语。

微软已经为 **Cmdlet** 建了一个命名惯例。因此同样的命名规则也应该被用于函数和工作流。虽然微软并没有强制要求，但开发人员应该遵循该惯例。

规则应该以标准的动词开始，比如 `Get`、`Set`、`New` 或 `Pause`。你可以运行 `Get-Verb` 查看允许使用的动词列表（虽然只有少部分是常用的，但你大概会看到 100 个左右）。在动词之后紧接着一个破折号，然后是一个单数形式的名词，比如 `Service` 或 `Process`

或 EventLog。由于 PowerShell 允许开发人员自己命名名词，因此并没有一个"Get-Noun"的 Cmdlet 来显示所有名词。

这个规则的妙处在哪里？假设我们告诉你如下几个 Cmdlet 名称：New-Service、Get-Service、Get-Process、Set-Service 等。你是否能够猜出哪一个命令可以创建一个新的 Exchange 邮箱？哪一个命令可以修改活动目录用户？如果你猜是"Get-Mailbox"，那么第一个就猜对了。如果你猜"Set-User"，那么第二个就非常接近了。实际上是 Set-ADUser，你可以在活动目录模块的域控制器中找到该用户。重点是，通过一致的命名规则以及有限的动词集合，猜测命令名称变为可能，在此之后才是使用帮助或"Get-Command"加通配符验证猜想。估计你所需要的命令名称会变得更加简单，而无须每次都去搜索 Google 或 Bing。

注意：并不是所有所谓的动词都是动词。虽然微软官方使用术语"动词-名词命名规范"，你仍
        然能看到类似 New、Where 等"动词"，请逐渐习惯吧。

## 4.4  别名：命令的昵称

虽然 PowerShell 命令名称足够好，并具有良好的一致性，但仍然可能很长。类似 Set-WinDefaultInputMethodOverride 的命令名称，即使有 Tab 键补全，对于输入来说也是太长。虽然命令名称非常清晰——看到名称就能大概猜到其功能，但对于输入来说还是太长。

这也是为什么需要 PowerShell 别名。别名仅仅是命令的昵称。厌倦了输入 Get-Service？尝试下面的代码。

```
PS C:\> get-alias -Definition "Get-Service"
Capability      Name
----------      ----
Cmdlet          gsv -> Get-Service
```

现在你知道 Gsv 是 Get-Service 的别名了。

无论是否使用别名，命令的工作方式不会变。参数还是原来的参数，其他部分也不会有任何改变——仅仅是命令名称变得更短。如果你习惯使用 UNIX 或 Linux，就会知道别名也可以包含一些参数，只是记住 PowerShell 并不是以这种方式工作。

如果你看到一个别名（网上的一些家伙倾向于使用别名，就好像我们都能够记住所有 150 个内置别名）而不知道其含义，请查阅帮助。

```
PS C:\> help gsv
NAME
    Get-Service
SYNOPSIS
```

```
Gets the services on a local or remote computer.

SYNTAX
    Get-Service [[-Name] <String[]>] [-ComputerName <String[]>]
    [-DependentServices [<SwitchParameter>]] [-Exclude <String[]>]
    [-Include <String[]>] [-RequiredServices [<SwitchParameter>]]
    [<CommonParameters>]
    Get-Service [-ComputerName <String[]>] [-DependentServices
    [<SwitchParameter>]] [-Exclude <String[]>] [-Include <String[]>]
    [-RequiredServices [<SwitchParameter>]] -DisplayName <String[]>
    [<CommonParameters>]
    Get-Service [-ComputerName <String[]>] [-DependentServices
    [<SwitchParameter>]] [-Exclude <String[]>] [-Include <String[]>]
    [-InputObject <ServiceController[]>] [-RequiredServices
    [<SwitchParameter>]] [<CommonParameters>]
```

在根据别名查阅帮助时，帮助系统将会显示完整命令的帮助，其中也会包含命令的完整名称。

> **补充说明**
>
> 你可以使用 New-Alias 创建自定义别名，使用 Export-Alias 导出别名列表。当创建一个别名时，其生命周期只能持续到当前的 Shell 会话结束。一旦关闭窗口，别名就会不复存在。这也是你需要导出别名的原因，以便后续重新导入。
>
> 我们通常会避免创建和使用自定义别名，因为这些别名除我们之外的别人无法使用。如果某个用户无法查到 xtd 的含义，这会导致混淆。
>
> xtd 仅仅是我们编造的一个假的别名，不会做任何工作。

我们必须指出，由于现在 PowerShell 可以在非 Windows 系统中可用，因此别名的意义会根据环境的不同有所区别，比如说，Linux。在 Linux 中，别名可以作为一种运行一个包含一堆参数的命令的快捷方式。PowerShell 却非如此。一个别名仅仅是命令名称的一个昵称，别名无法包含任何预定义的参数。

# 4.5　使用快捷方式

这也是 PowerShell 奇妙的地方。之前提到过 PowerShell 唯一的方式就是我们之前给你展示的那样，但实际上我们撒谎了。如果你希望在网络上"偷取"（或者再利用）其他人的示例代码，那首先需要懂得如何看懂它。

除了作为快捷方式的命令的别名之外，参数也同样可以使用别名。总共有三种方式可以实现这一点，每一种都可能造成混淆。

### 4.5.1　简化参数名称

　　PowerShell 并不强制要求输入完整的参数名称。例如，你可以通过输入-comp 代替 -ComputerName，简化的规则是必须输入足够的字母让 PowerShell 可以识别不同参数。如果既存在-composite 参数，也存在-computerName 以及-common 参数，你至少要输入-compu、-commo 和-compo。这是由于上述值是唯一识别参数所需要输入的最少部分。

　　如果你很希望使用简便方式，那上面就是一个不错的选择。如果你在输入最少部分的参数之后记得按 Tab 键，PowerShell 会帮你自动完成余下的输入。

### 4.5.2　参数名称别名

　　尽管参数的别名不在帮助文件或任何方便查阅的地方而难以识别，但参数也拥有别名。比如说，Get-EventLog 命令有-ComputerName 参数。可以运行下述命令，查阅该参数别名。

```
PS C:\> (get-command get-eventlog | select -ExpandProperty parameters)
   . computername.aliases
```

　　上述命令已经用粗体标出命令和参数名称。你可以用任意你希望了解的命令和参数名称进行替换。在本例中，数据结果展示了-Cn 是-computerName 的别名，所以你可以运行下述命令。

```
PS C:\> Get-EventLog -LogName Security -Cn SERVER2 -Newest 10
```

　　Tab 键补全将会展示出-Cn 这个别名。如果你输入 Get-EventLog -C 并开始按 Tab 键，该别名将会出现。但是命令的帮助并不会显示关于-Cn 的任何信息，且 Tab 键补全并不会显示-Cn 和-ComputerName 实际上是同一个命令。

### 4.5.3　位置参数

　　当你在帮助文件中查看命令语法时，你可以很容易认出位置参数。

```
SYNTAX
   Get-ChildItem [[-Path] <String[]>] [[-Filter] <String>] [-Exclude
   <String[]>] [-Force [<SwitchParameter>]] [-Include <String[]>] [-Name
   [<SwitchParameter>]] [-Recurse [<SwitchParameter>]] [-UseTransaction
   [<SwitchParameter>]] [<CommonParameters>]
```

　　在上述语法中，-Path 和-Filter 参数是位置参数，这是由于参数名称被中括号给括了起来。在完整的帮助文档（本例是 help Get-ChildItem -Full）中会有更清晰的解释，如下：

```
-Path <String[]>
    Specifies a path to one or more locations. Wildcards are
    permitted. The default location is the current directory (.).
    Required?                         false
    Position?                         1
    Default value                     Current directory
    Accept pipeline input?            true (ByValue, ByPropertyName)
    Accept wildcard characters?       True
```

上述帮助明显解释了-Path 参数在位置 1。对于位置参数来说，你无须输入参数名称——仅需要在正确的位置提供参数值，例如：

```
PS C:\> Get-ChildItem c:\users
    Directory: C:\users
Mode                LastWriteTime        Length Name
-----               -------------        ------ ----
d----        3/27/2012   11:20 AM               donjones
d-r--        2/18/2012    2:06 AM               Public
```

和下述命令完全相同。

```
PS C:\> Get-ChildItem -path c:\users
    Directory: C:\users
Mode                LastWriteTime        Length Name
-----               -------------        ------ ----
d----        3/27/2012   11:20 AM               donjones
d-r--        2/18/2012    2:06 AM               Public
```

位置参数的一个弊端是你必须记住每一个位置所代表的参数。你还必须首先按照正确的顺序输入位置参数，然后才能输入命名（非位置）参数。如果你将位置参数的顺序搞混，命令则会失败。对于你可能已经使用多年的简单 DIR 命令来说，如果提供-Path参数将会变得很怪异，没有人会这么做。但对于更复杂的命令来说，比如一行包含 3 至4 个位置参数的命令，将难以记住每一个位置所代表的参数。

比如说，下面命令将会难以阅读和理解。

```
PS C:\> move file.txt users\donjones\
```

下面的版本显式指定了参数名称，将会更容易理解。

```
PS C:\> move -Path c:\file.txt -Destination \users\donjones\
```

下面的版本将参数调换顺序，只有在指定参数名称时才允许这么做。

```
PS C:\> move -Destination \users\donjones\ -Path c:\file.txt
```

我们倾向于不推荐使用位置（也就是不指定参数名）参数，除非你仅仅是即时输入一个命令并不会带来任何后续影响。任何将命令长期保存的方式，包括在批处理文件中或是写入博客中，都要把所有的参数名称带上。我们在本书中尽量不使用不指定参数名称的方式，只有在少数示例中由于命令过长影响到排版时，我们才会使用。

## 4.6　小小作弊一下：Show-Command

尽管我们拥有多年使用 PowerShell 的经验，但命令语法的复杂度有时依然会让我们抓狂。PowerShell v3（以及更新版本，虽然不包含非 Windows 操作系统）提供的一个非常棒的特性是 Show-Command commlet。如果你在命令语法方面遇到困难，包括空格、破折号、逗号、引号或是其他方面，Show-Command 将成为你的助手。该命令允许你指定你无法用对的命令名称，并以图形化的方式将命令的参数名称展示出来。如图 4.2 所示，参数集分布于不同的选项卡（在前一章学到的），因此不同参数集之间的参数不会搞混——选择一个选项卡并仅一次只使用一个选项卡。注意该功能无法在没有安装 GUI 的服务器操作系统上生效。

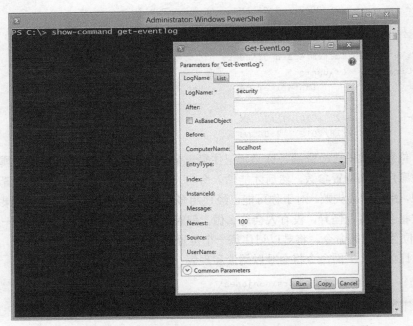

图 4.2　Show-Command 命令使用图形提示帮助填写命令参数

当完成后，你可以单击运行执行命令，或使用我更喜欢的选项——单击复制将完成后的命令复制到剪贴板，返回 Shell，将命令粘贴（右击控制台，或是在 ISE 中使用 Ctrl+V 组合键）到 Shell 中进行查看。这也是自学 PowerShell 语法最好的方式，如图 4.3 所示。你每次都能获得正确的语法。

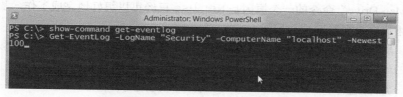

图4.3 基于初始条目对话框，Show-Command 生成合适的命令行语法

以这种方式产生的命令，总会是命令的完整形式。完整的命令名称，完整的参数名称，所有的参数名称都显式输入（即不会出现位置参数）。因此，这种方式可以说是使用 PowerShell 最完美、被推荐并符合最佳实践的方式。

不幸的是，Show-Command 一次只能展示一个命令。因此，当希望了解多个命令时，只能逐个使用该命令。

# 4.7 对扩展命令的支持

目前为止，你所有在 Shell 中运行的命令（至少是我们建议你运行的命令）都是内置 Cmdlet。大约 400 个 Cmdlet 被集成到 Windows 客户端操作系统中，上千个被集成到 Windows 服务器版本的操作系统中，并且你还能添加更多——类似 Exchange Server、Sharepoint Server 和 SQL Server 都包含数以百计的额外 Cmdlet。

但是你并不会被局限在仅仅使用随 PowerShell 一同发行的 Cmdlet——你还可以使用一些或许你已经使用多年的外置命令行工具，包括 Ping、Nslookup、Ipconfig、Net 等。由于这些都不是原生 PowerShell Cmdlet，因此你可以按照原来使用这些命令的方法继续使用这些命令。PowerShell 将会在后台启动 Cmd.exe。由于 PowerShell 知道如何运行扩展命令，因此返回的结果都会被显示在 PowerShell 窗口。请尝试运行一些你已经熟悉的 CMD 命令。我们经常会被问到如何使用 PowerShell 关联一个普通的网络驱动器——你可以在对象资源管理器中看到那个。我们经常使用的 Net Use 命令在 PowerShell 中也能正常工作。

在非 Windows 操作系统中也是如此：你可以使用 grep、bash、sed、awk、ping 以及任何可用的命令行工具。这些命令可以正常执行，PowerShell 能够以传统 shell（例如 Bash）同样的方式展示输出结果。

**动手实验**：在 PowerShell 中运行一些之前你熟知的外部命令行工具。是否能够正常工作？哪些命令会执行失败？

Net Use 示例传递出一个重要信息：使用 PowerShell，微软并不是说"你必须重新来过，重新学习所有的一切"，而是说"如果你已经知道了如何完成工作，请继续保持。我们会提供更好、更完整的工具帮助你，但你之前所学依然可用"。PowerShell 中不存

在 "Map-Drive" 命令的一个原因是 Net Use 已经可以很好地完成工作,那为什么不继续使用该命令呢?

注意: 我们已经使用 Net Use 多年,甚至是 PowerShell v1 发行之前,该命令依然是非常好的命令。但 PowerShell v3 证实微软开始寻找合适的时机推出 PowerShell 风格的方式来完成这些传统任务。从 PowerShell v3 开始,现在你可以发现 New-PSDrive 命令多了一个 -Persisit 参数,该参数决定是否启用文件系统提供程序。这样一来,新的磁盘将会在文件资源管理器中被查看到。

有一些确定的例子说明微软已经为一些已经存在的老的命令提供了一些更好的替代工具。比如说,原生的 Test-Connection Cmdlet 相比之前的提供了更多选项和更灵活的输出方式。还有外部的 Ping 命令,如果你知道如何使用 Ping 命令,它可以解决你的所有需求,请立刻使用它。Ping 命令在 PowerShell 中可以正常工作。

综合上面,我们必须透漏出一个严酷的事实:并不是所有的外部命令都可以流畅地运行在 PowerShell 中,至少如果你不做一些调整是不行的。这是由于 PowerShell 解析器——Shell 的该部分读取你输入的内容并尝试解析出你希望 Shell 执行什么——并不是每次都能猜对。有时你输入一个外部命令,就会导致 PowerShell 产生混乱,输出错误信息,因此命令不会生效。

比如说,当一个外部命令拥有很多参数时,事情就变得很难办。这也是 PowerShell 在大多数场景下无法工作的情形。我们深入其不能正常工作的细节,但可以提供下面的命令,从而确保运行一个命令且其参数可以准确无误。

```
$exe = "C:\Vmware\vcbMounter.exe"
$host = "server"
$user = "joe"
$password = "password"
$machine = "somepc"
$location = "somelocation"
$backupType = "incremental"

& $exe -h $host -u $user -p $password -s "name:$machine" -r $location -t
$backupType
```

假设你有一个名为 vcbMounter.exe 的外部命令(这是一个由某些 VMWare 虚拟化产品所提供的真实命令;如果你从未使用或安装过该命令,没有关系——大多数传统的命令行工具都以同样的方式工作,所以这依然是一个很好的教学案例),该命令接受 6 个参数。

■ -h 用于指定主机名称。
■ -u 用于指定用户名。

- -p 用于指定密码。
- -s 用于指定服务器名称。
- -r 用于指定区域。
- -t 用于指定备份类型。

我们所做的是将不同的元素——可执行路径和名称，以及所有的参数值放入容器。这部分操作以 $ 开始。这使得 PowerShell 将这些值当作一个单元，而不是尝试对其进行解析来发现是否包含命令或特殊字符等。然后我们使用调用操作符（&），将可执行程序的名称以及所有参数名称与参数值传递给该操作符。任何可以在 PowerShell 中运行的命令行工具，都可以使用这种方式在 PowerShell 中调用。

听上去很复杂？好吧，我们有一些好消息：在 PowerShell v3 或更新版本中，你不必再如此纠结，仅需要在外部命令名称之后加两个破折号和一个百分号。如果你这么做，PowerShell 甚至不会解析该命令，仅仅是将该命令传递到 Cmd.exe 中。这意味着你基本上可以使用 Cmd.exe 的语法在 PowerShell 中运行任何命令，而不用担心该命令在 PowerShell 中解析的实现细节。说得更清楚些，这意味着你不能将变量作为参数传递。

下面是一个示例展示什么情况下会失败。

```
PS C:\> $n = "bits"
PS C:\> C:\windows\system32\sc.exe --% qc $n
[SC] OpenService FAILED 1060:
```

我们尝试运行命令行工具 sc.exe 查询一个服务。但如果我们显式声明我们所需的，PowerShell 将会将所有参数传递给底层命令，而不做任何处理。

```
PS C:\> C:\windows\system32\sc.exe --% qc bits
[SC] QueryServiceConfig SUCCESS

SERVICE_NAME: bits
        TYPE               : 20 WIN32_SHARE_PROCESS
        START_TYPE         : 2 AUTO_START (DELAYED)
        ERROR_CONTROL      : 1 NORMAL
        BINARY_PATH_NAME   : C:\windows\System32\svchost.exe -k netsvcs
        LOAD_ORDER_GROUP   :
        TAG                : 0
        DISPLAY_NAME       : Background Intelligent Transfer Service
        DEPENDENCIES       : RpcSs
                           : EventSystem
        SERVICE_START_NAME : LocalSystem
PS C:\>
```

希望这并不是你经常遇到的需求。

## 4.8　处理错误

在刚开始使用 PowerShell 时无可避免地会遇见丑陋的红色文本提示，在不同水平阶段依然可以遇到，甚至当你成为专家级的 Shell 用户时也避免不了。我们都能遇到，但不要让红字把你逼疯。

先不管用于警告目的的红字，PowerShell 的错误信息的目的是用于帮助。例如，如图 4.4 所示，红字尝试展示给你 PowerShell 错误的地方。

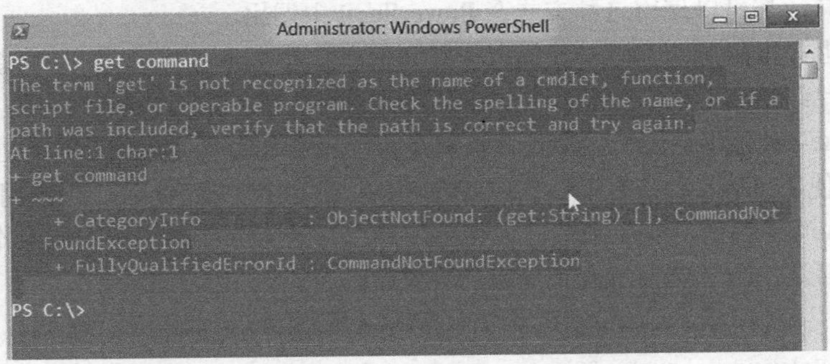

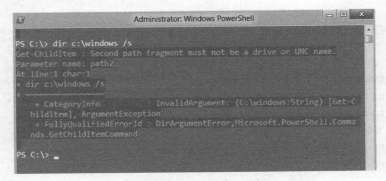

图 4.4　解释 PowerShell 的错误信息

错误信息几乎总是会包括 PowerShell 认为有歧义地方的行数和字符数。在图 4.4 中，是第一行，字符 1——就是命令开始部分。其表达的意思为"你输入了 'get'，我不知道该词的意思"。这是由于我们输错了命令，正确应该是 Get-Command，而不是 Get Command。那么图 4.5 是什么情况？

图 4.5　"第二路径片段"是什么？

图 4.5 中所示的错误信息"第二路径不得为驱动器或 UNC 名称"让人感到困惑，什么第二路径？我们并没有输入第二路径。我们输入了一个路径 c:\windows 和一个命令行参数/s，不是吗？

当然不是。解决该类问题最简便的方式就是阅读帮助，并完整输入命令。如果你输入 `Get-ChildItem -path C:\Windows`，就会发现 `/s` 并不是正确的语法。我们希望该值对应的参数是 `-recurse`。有时，错误信息并不一定很有帮助，就好像你和 PowerShell 说的不是同一种语言。当然，PowerShell 不可能改变其语言，那么只能是你错了，所以你得去改变。通过咨询帮助并拼写出完整的命令和参数，通常都是解决问题的最快方式。还有不要忘了使用 `Show-Command` 找出正确语法。

## 4.9 常见误区

当合适时，我们会在一章中安排一个简短的小节，包含我们在教学过程中存在的一些常见误区。这样做的目的是帮助其他像你一样的管理员，从而避免该类问题——或是至少在你开始使用 Shell 时对这些问题找到解决办法。

### 4.9.1 输入 Cmdlet 名称

首先是输入 Cmdlet 名称。该名称永远是动词-名词形式，比如说 Get-Content。下面是我看到的一些新手尝试输入的命令，但显然难以奏效。

- `Get Content`
- `GetContent`
- `Get=Content`
- `Get_Content`

其中一些问题是由于输入错误（比如说"="，而不是"-"），还有一些是省略破折号。我们都会将命令读成"Get Content"，省略了破折号。但输入时必须输入破折号。

### 4.9.2 输入参数

参数同样需要正确书写。参数可以不赋值，比如说-recurse，在参数名称之前加上破折号。但必须在 Cmdlet 名称和参数之间加空格，参数之间也需要空格。下述命令都正确。

- `Dir -rec`（可以使用参数名称的简写）
- `New-PSDrive -name DEMO -psprovider FileSystem -root \\Server\ Share`

但下述写法不正确。

- `Dir-rec`（在名称和参数之间没有空格）
- `New-PSDrive -nameDEMO`（参数和值之间没有空格）
- `New-PSDrive -name DEMO-psprovider FileSystem`（在第一个参数值和第二个参数名之间没有空格）

　　PowerShell 并不会挑剔大小写问题，也就是说 dir 和 DIR 并无不同，-RECURSE、-recurse 和-Recurse 也是如此。但 PowerShell 会挑剔空格和破折号的写法。

## 4.10 动手实验

　　**注意：** 对于本次实验，你需要 Windows 8（或更新版本）或 Windows 2012（或更新版本）的计算机来运行 PowerShell v3 或更新版本。

　　请使用在本章以及之前关于帮助系统章节所学的内容，使用 PowerShell 完成下述任务。

　　1．显示正在运行的进程列表。

　　2．显示最新的 100 个应用程序日志（请不要使用 Get-WinEvent，我们已经为你展示过完成该任务的另一个命令），任务仅限于 Windows 操作系统。

　　3．显示所有类型为"Cmdlet"的命令（我们已经展示了 Get-Command，你还需要阅读帮助文档，从而找出缩小该列表范围，正如本次动手实验所要求的）。

　　4．显示所有的别名。

　　5．创建一个新的别名。使用该别名，你可以运行"np"从 PowerShell 提示符中启动一个记事本。该任务仅限于 Windows 操作系统，除非你在 Linux 系统上安装了 wine。

　　6．显示以字母 M 开头的服务名称。同样，你需要阅读帮助文档找出所需的命令。请不要忘了星号（*），这是 PowerShell 中通用的通配符。该任务仅限于 Windows 操作系统。

　　7．显示所有的 Windows 防火墙规则，你需要使用 Help 或 Get-Command 找出所需的 Cmdlet。该任务仅限于 Windows 操作系统。

　　8．显示所有 Windows 防火墙的入站规则。可以使用和之前任务同样的 Cmdlet，但你需要阅读帮助文档找出所需的参数以及可选值。该任务仅限于 Windows 操作系统。

　　我们希望上述任务对你来说很直白。如果是这样，那就太好了。你已经利用现有的命令行技巧来使得 PowerShell 帮助你完成实际的工作。如果你是命令行世界的新手，那么上述任务将会是你学习本书其他章节的敲门砖。

# 第 5 章　使用提供程序

PowerShell 中较难以理解的一部分是如何使用提供程序。在这里提前声明，本章某些内容或许对你们来说有点难。我们期许读者对 Windows 的文件系统比较熟悉，比如，你们可能知道如何通过 Windows 命令行窗口管理文件系统。请记住，我们会利用与命令行管理文件系统类似的方式解释一些内容，读者可以借助之前所熟悉的文件系统的知识作为铺垫，从而更好地使用提供程序。同时，也请谨记，PowerShell 并不是 Cmd.exe。你可能觉得某些东西看起来差不多，但是我们确信它们大有不同。

## 5.1　什么是提供程序

一个 PowerShell 的提供程序，或者说 PSProvider，其本质上是一个适配器。它可以接受某些数据存储，并使得这些介质看起来像是磁盘驱动器一样。你可以通过下面的命令查看当前 Shell 中已经存在的提供程序。

```
PS C:\> Get-PSProvider
Name                    Capabilities                        Drives
--------                ----------------                    -------
Alias                   ShouldProcess                       {Alias}
Environment             ShouldProcess                       {Env}
FileSystem              Filter, ShouldProcess, Credentials  {C, A, D}
Function                ShouldProcess                       {Function}
Registry                ShouldProcess, Transactions         {HKLM, HKCU}
Variable                ShouldProcess                       {Variable}
```

我们可以通过模块或者管理单元将一些提供程序添加到 PowerShell 中，这也是 PowerShell 仅支持的两种扩展方式。（我们会在第 7 章中讲解该部分知识。）有些时候，如果启用了某些 PowerShell 功能，可能也会新增一个 PSProvider。比如，当开启了远程处理时（将在第 13 章中讨论该话题），会新增一个 **PSProvider**，比如：

```
PS C:\> Get-PSProvider
Name                        Capabilities                          Drives
--------                    ----------------                      -------
Alias                       ShouldProcess                         {Alias}
Environment                 ShouldProcess                         {Env}
FileSystem                  Filter, ShouldProcess, Credentials    {C, A, D}
Function                    ShouldProcess                         {Function}
Registry                    ShouldProcess, Transactions           {HKLM, HKCU}
Variable                    ShouldProcess                         {Variable}
WSMan                       Credentials                           {WSMan}
```

我们可以看出每个提供程序都有各自不同的功能。这非常重要，因为这将决定我们如何使用这些提供程序。下面是常见的一些功能描述。

- ShouldProcess——这部分提供程序支持-WhatIf 和-Confirm 参数，保证我们在正式执行这部分脚本之前可以对它们进行测试。
- Filter——在 Cmdlet 中操作提供程序的数据时，支持-Filter 参数。
- Credentials——该提供程序允许使用可变更的凭据连接数据存储。这也就是-Credentials 参数的作用。
- Transactions——该提供程序支持事务，也就是允许你在该提供程序中将多个变更作为一个原子操作进行提交或者全部回滚。

你也可以使用某个提供程序创建一个 **PSDrive**。**PSDrive** 可以通过一个特定的提供程序连接到某些存储数据的介质。这和在 Windows 资源管理器中类似，本质上是创建了一个驱动器映射。但是由于 **PSDrive** 使用了提供程序，除了可以连接磁盘之外，还能连接更多的数据存储介质。运行下面的命令，可以看到当前已连接的驱动器。

```
PS C:\> Get-PSDrive

Name         Used (GB)      Free (GB)  Provider      Root
------       ---------      ---------  --------      ------
A                                      FileSystem    A:\
Alias                                  Alias
C            9.88           54.12      FileSystem    C:\
D            3.34                      FileSystem    D:\
Env                                    Environment
Function                               Function
HKCU                                   Registry      HKEY_CURRENT_USER
HKLM                                   Registry      HKEY_LOCAL_MACHINE
Variable                               Variable
```

在上面返回的列表中，可以看到有 3 个驱动器使用了 FileSystem 提供程序，两个使用了 Registry 提供程序，等等。PSProvider 会适配对应的数据存储，通过 PSDrive 机制使得数据存储可被访问，然后可以使用一系列 Cmdlets 去查阅或者操作每个 PSDrive 呈现出来的数据。大多数情况下，操作 PSDrive 的 cmdlet 名词部分都会包含 "Item"。

```
PS C:\> Get-Command -noun *Item*
CommandType              Name                         Name
----------------         -------------------          -------------------
Function                 Get-DAEntryPointTableItem     DirectAccessClientComponents
Function                 New-DAEntryPointTableItem     DirectAccessClientComponents
Function                 Remove-DAEntryPointTableItem  DirectAccessClientComponents
Function                 Rename-DAEntryPointTableItem  DirectAccessClientComponents
Function                 Reset-DAEntryPointTableItem   DirectAccessClientComponents
Function                 Set-DAEntryPointTableItem     DirectAccessClientComponents
Cmdlet                   Clear-Item                    Microsoft.PowerShell.Management
Cmdlet                   Clear-ItemProperty            Microsoft.PowerShell.Management
Cmdlet                   Copy-Item                     Microsoft.PowerShell.Management
Cmdlet                   Copy-ItemProperty             Microsoft.PowerShell.Management
Cmdlet                   Get-ChildItem                 Microsoft.PowerShell.Management
Cmdlet                   Get-ControlPanelItem          Microsoft.PowerShell.Management
Cmdlet                   Get-Item                      Microsoft.PowerShell.Management
Cmdlet                   Get-ItemProperty              Microsoft.PowerShell.Management
Cmdlet                   Invoke-Item                   Microsoft.PowerShell.Management
Cmdlet                   Move-Item                     Microsoft.PowerShell.Management
Cmdlet                   Move-ItemProperty             Microsoft.PowerShell.Management
Cmdlet                   New-Item                      Microsoft.PowerShell.Management
Cmdlet                   New-ItemProperty              Microsoft.PowerShell.Management
Cmdlet                   Remove-Item                   Microsoft.PowerShell.Management
Cmdlet                   Remove-ItemProperty           Microsoft.PowerShell.Management
Cmdlet                   Rename-Item                   Microsoft.PowerShell.Management
Cmdlet                   Rename-ItemProperty           Microsoft.PowerShell.Management
Cmdlet                   Set-Item                      Microsoft.PowerShell.Management
Cmdlet                   Set-ItemProperty              Microsoft.PowerShell.Management
Cmdlet                   Show-ControlPanelItem         Microsoft.PowerShell.Management
```

我们将在系统中使用上述 Cmdlet 或者它们的别名来调用提供程序。或许对你而言，文件系统应该算是最熟悉的提供程序了，所以我们将会从文件系统 PSProvider 开始学习。

## 5.2　FileSystem 的结构

Windows 文件系统（以及 macOS 与 Linux 的文件系统）主要由 3 种对象组成：磁盘驱动器、文件夹和文件。磁盘驱动器是最上层的对象，包含文件夹和文件。文件夹是一种容器对象，它可以包含文件以及其他文件夹。文件不是一种容器对象，该对象处于层级的末尾。

你或许习惯于通过 Windows 资源管理器来查看 Windows 的文件系统，如图 5.1 所示。在图中，我们可以直观地观察到磁盘驱动器、文件夹和文件的层级分布。

PowerShell 中的术语和文件系统中的略有不同。因为 **PSDrive** 可能不是指向某个文件系统——比如 **PSDrive** 可以映射到注册表（显然注册表并不是一种文件系统），所以 **PowerShell** 并不会使用"文件"以及"文件夹"的说法。相反，PowerShell 采用更通俗的说法——"项"（Item）。一个文件或者一个文件夹都叫作项，尽管本质上是两种不同的项。这也就是为什么前面返回的 Cmdlet 名字中都有"Item"字符。

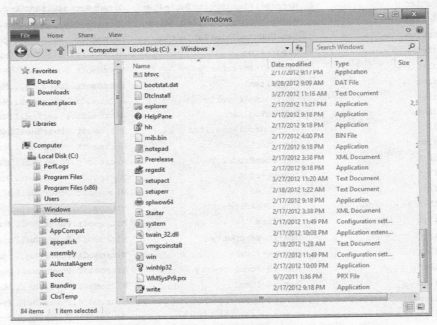

图 5.1 在 Windows 资源管理器中查看文件、文件夹及磁盘

每个项基本上都会存在对应的属性。比如，一个文件项可能有最后写入的时间、是否只读等属性。一些项，比如文件夹，可能包含子项（子项包含在文件夹项中）。了解这些信息会有助于你们理解前面演示的命令列表中的名词以及动词。

- 比如 Clear、Copy、Get、Move、New、Remove、Rename 以及 Set 等动词可以应用于这些项（比如文件或者文件夹）以及它们对应的属性（比如该项最后写入的时间或者该项是否只读）。
- Item 名词对应的是单独对象，比如文件或者文件夹。
- ItemProperty 代表一个项对应的属性。比如只读、项创建时间、长度等。

■ ChildItem 名词对应一个项（比如文件或者子文件夹）包含于另外一个项（文件夹）中。

需要记住的是，这些 Cmdlet 都是通用的，因为它们需要处理各种不同的数据源。但是某些 Cmdlet 在某些特定场合下不一定能正常工作。比如，FileSystem 提供程序不支持事务，所以文件系统驱动器下的 Cmdlet 中的命令都不支持-UseTransaction 参数。再比如，注册表不支持 Filter 功能，所以注册表驱动器下的 Cmdlet 也都不支持-Filter 参数。

某些 PSProvider 并不具有对应的项属性。比如，Environment 这个 PSProvider 主要用来构造 PowerShell 中可用的 ENV：类型驱动器（如 Env:\PSModulePath）。该驱动器主要的作用是访问 Windows 中的环境变量，但是如下所示，它并没有对应的项属性。

```
PS C:\> Get-ItemProperty -Path Env:\PSModulePath
Get-ItemProperty ：无法使用接口。此提供程序不支持 IPropertyCmdletProvider 接口。
所在位置 行:1 字符: 17
+ Get-ItemProperty <<<<  -Path Env:\PSModulePath
   + CategoryInfo      : NotImplemented: (:) [Get-ItemProperty], PSNot
SupportedException
   +FullyQualifiedErrorId: NotSupported, Microsoft.PowerShell.Commands.
GetItemPropertyCommand
```

对刚接触 Windows PowerShell 的朋友而言，由于每个 PSProvider 都不尽相同，可能会导致你们无法很好地理解各种提供程序。你们必须去了解每个提供程序能够实现什么功能，并且认识到即便 Cmdlet 知道如何实现某些功能，也并不意味着该提供程序真正支持对应的操作。

## 5.3 理解文件系统与其他数据存储的类似之处

文件系统可以算作其他数据存储的模板。例如，图 5.2 展示了 Windows 注册表的结构。

注册表以类似文件系统的结构呈现，其中注册表的键等同于文件系统中的文件夹，对应的键值类似于文件系统中的文件，等等。正是这种广泛的相似性，使得文件系统成为其他形式数据源的最佳模板。所以当用 PowerShell 访问其他数据存储的时候，显示为驱动器的形式（可以依次展开为项以及查看对应的属性）。但是相似性到这一层级也就结束了：如果你再继续向下展开，那么你会发现不同形式的存储其实差别很大。这也就是为什么各种项的 Cmdlet 支持如此多的功能，但是并不是每个功能在每种存储中都能运行。

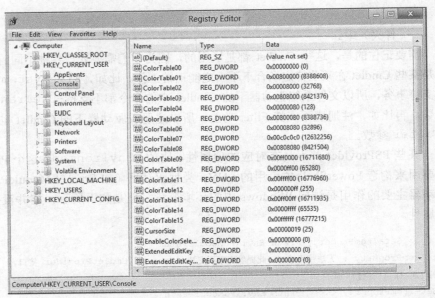

图 5.2　注册表和文件系统具有相同的分层结构

## 5.4　使用文件系统

在使用提供程序时，需要熟悉的另外一个 Cmdlet 是 Set-Location。该参数的功能是将 Shell 中当前路径变更为不同路径，比如变更到另一个文件夹下。

```
PS C:\> Set-Location -Path C:\Windows
PS C:\Windows>
```

你可能对该命令的另一种写法 cd 更为熟悉，其实就是 cmd.exe 中的 change directory 的简写。

```
PS C:\Windows> cd 'C:\Program Files'
PS C:\Program Files>
```

这里我们使用了该别名，然后传入特定的路径作为位置参数。

### 非 Windows 操作系统的驱动器

macOS 与 Linux 并不使用驱动器指代具体附加的存储设备，而是整个操作系统只有一个根节点，以斜杠表示（ 在 PowerShell 中，也能接受斜杠 ）。但 PowerShell 仍然能够在非 Windows 操作系统中提供 PSDrive。尝试运行 Get-PSDrive 查看可用项。

PowerShell 中另外一个比较棘手的任务是创建新的项。比如，如何创建一个新的目录。运行 New-Item，将会返回一个意外的提示。

```
PS C:\Users\gaizai> New-Item testFolder
Type:
```

需要注意的是，New-Item 这个 Cmdlet 在很多地方都是通用的——它根本无法得知你是想新建一个文件夹。这个 Cmdlet 可以用来新建文件夹、文件、注册表项以及其他项，所以你必须告知你希望创建的类型是什么。

```
PS C:\Users\gaizai> New-Item testFolder
Type: Directory


    目录: C:\Users\gaizai
Mode          LastWriteTime          Length Name
------        -------------          ------ ----
d-----        2015/1/5   14:18              testFolder
```

PowerShell 中也包含 MKDir 命令。很多人都认为该命令是 New-Item 的别名，但使用 MKDir 并不需要输入类型。

```
PS C:\Users\gaizai> Mkdir test2


    目录: C:\Users\gaizai
Mode          LastWriteTime          Length Name
-----         ----------------       ------ -----
d-----        2015/1/5   14:22              test2
```

返回什么？内部实现上，Mkdir 是一个函数，而并不是一个别名。但是实际上，它仍然调用了 New-Item，只不过隐式赋予了 -Type Directory 这个参数，这样使得 MkDir 看起来更像一种 Cmd.exe。请记住这一点以及其他的一些小细节，当使用到这些提供程序时，会很有用处。你知道并不是每个提供程序都是一样，并且项的 Cmdlet 又是非常通用的，所以在真正使用这些提供程序之前需要思考更多。

## 5.5　使用通配符与字面路径

大部分项的 Cmdlet 都包含了 -Path 属性。默认情况下，该属性支持通配符输入。比如，我们查看 Get-ChildItem 的完整帮助文档，如下所示。

```
PS C:\Users\gaizai> Get-Help Get-ChildItem  -Full
-Path <String[]>
    指定一个或多个位置的路径。允许使用通配符。默认位置为当前目录 (.)。

    是否必需?                    False
    位置?                        1
    默认值                       Current directory
```

| | |
|---|---|
| 是否接受管道输入？ | true (ByValue, ByPropertyName) |
| 是否接受通配符？ | True |

"＊" 通配符代表 0 个或者多个字符，"？" 通配符仅代表单个字符。你应该曾经多次使用过这两种通配符，当然你可能使用的是 Get-ChildItem 的别名 **Dir**。

```
PS C:\windows> Dir *.exe
    目录: C:\windows
```

| Mode | LastWriteTime | | Length Name |
|------|------|------|------|
| ------ | ------------- | | ------ ---- |
| -a--- | 2012/7/26 | 3:08 | 75264 bfsvc.exe |
| -a--- | 2013/6/1 | 11:34 | 2391280 explorer.exe |
| -a--- | 2012/11/6 | 4:20 | 883712 HelpPane.exe |
| -a--- | 2012/7/26 | 3:08 | 17408 hh.exe |
| -a--- | 2012/7/26 | 3:08 | 159232 regedit.exe |
| -a--- | 2012/7/26 | 3:08 | 126464 splwow64.exe |
| -a--- | 2012/7/26 | 3:21 | 10752 winhlp32.exe |
| -a--- | 2012/7/26 | 3:08 | 10752 write.exe |

前面例子中列出来的通配符和微软的文件系统中一样（都是采用 MS-DOS 中的方式）。"＊" 和 "？" 比较特殊，它们是通配符，所以在文件或者文件夹的名称中不允许带有 "＊" 或者 "？" 字符。但是在 PowerShell 中，并不仅仅支持文件系统格式的数据存储。在大部分其他类型的数据存储中，"＊" 和 "？" 都可以包含在 Item 的名称中。比如，在注册表中，你可以看到一些项的名称中包含 "？" 字符。你应该发现了，这将导致一个问题。当在一个路径中使用了 "＊" 或者 "？"，PowerShell 会如何对待，是作为一个通配符还是一个特定的字符？比如，如果你输入 Windows? 来寻找某个项，你到底是想寻找名称为 Windows? 的项，还是将 "？" 看成一个通配符，然后返回 Windows 7 或者是 Windows 8 的值。

针对此问题，PowerShell 给出的解决办法是新增一个参数 -LiteralPath。该参数并不支持通配符。

```
-LiteralPath <String[]>
    指定一个或多个位置的路径。与 Path 参数不同，LiteralPath 参数的值严格按
    照其键入形式使用。不会将任何字符解释为通配符。如果路径包括转义符，请将
    其括在单引号中。单引号会告知 Windows PowerShell 不要将所有字符都解释为
    转义序列。
```

| | |
|---|---|
| 是否必需？ | True |
| 位置？ | named |
| 默认值 | |
| 是否接受管道输入？ | true (ByValue, ByPropertyName) |
| 是否接受通配符？ | False |

如果需要查询名字中带有*或者?，就要使用-LiteralPath 参数，而不要使用-Path。需要注意的是，-LiteralPath 这个参数不可隐式赋予。如果确定需要使用该参数，必须显式申明-LiteralPath 参数。如果你在一开始就提供了路径，如我们前面例子所示的*.exe，那么它会被隐式转化为-Path 参数，通配符也是如此。

## 5.6 使用其他提供程序

如果想对其他提供程序有个大致的认识，以及了解其他项的 Cmdlet 如何工作，最好的办法就是去尝试一下非文件系统格式的 PSDrive。在 PowerShell 内置的提供程序中，注册表应该算是比较好的一个示例，我们可以进行简单的尝试。（选择注册表作为示例，部分原因是它在每个版本的 Windows 中都存在。）下面的例子中，我们最终要达成的目的是关闭 Windows 中的桌面透明特性。

我们现在先将路径切换到 HKEY_CURRENT_USER，在 PowerShell 中显示为 HKCU: 驱动器。

```
PS C:\Windows> Set-Location -Path HKCU:
```

接下来看注册表的右边。

```
PS HKCU:\> Set-Location -Path SoftWare
PS HKCU:\SoftWare> Get-ChildItem


    Hive: HKEY_CURRENT_USER\SoftWare


Name                         Property
----                         --------
AppDataLow
Microsoft
Mine                         (default) : {}
Policies
Wow6432Node
Classes


PS HKCU:\SoftWare> Set-Location Microsoft
PS HKCU:\SoftWare\Microsoft> Get-ChildItem


    Hive: HKEY_CURRENT_USER\SoftWare\Microsoft


Name                         Property
----                         --------
Active Setup
Advanced INF Setup
```

```
Assistance
Command Processor              PathCompletionChar : 9
                               EnableExtensions   : 1
                               CompletionChar     : 9
                               DefaultColor       : 0

CTF
EventSystem
Feeds
FTP                            Use PASV : yes
IME
Internet Connection Wizard     Completed : 1
Internet Explorer
MSF
ServerManager                  InitializationComplete        : 1
                               CheckedUnattendLaunchSetting : 1

SystemCertificates
WAB
Windows
Windows NT
Wisp
```

　　测试到这里基本上就结束了。你可以看到，我们前面都是用 Cmdlet 的全称，并没有使用它们的别名，从而强调 cmdlet 本身。

```
PS HKCU:\SoftWare\Microsoft> Set-Location .\Windows
PS HKCU:\SoftWare\Microsoft\Windows> Get-ChildItem


    Hive: HKEY_CURRENT_USER\SoftWare\Microsoft\Windows


Name                           Property
----                           --------
CurrentVersion
DWM                            Composition                    : 1
                               ColorizationColor              : 3226847725
                               ColorizationColorBalance       : 87
                               ColorizationAfterglow          : 3226847725
                               ColorizationAfterglowBalance   : 10
                               ColorizationBlurBalance        : 3
                               EnableWindowColorization       : 1
                               ColorizationGlassAttribute     : 1

Roaming
Shell
Windows Error Reporting        Disabled       : 0
                               MaxQueueCount  : 50
                               DisableQueue   : 0
```

```
                              LoggingDisabled           : 0
                              DontSendAdditionalData    : 0
                              ForceQueue                : 0
                              DontShowUI                : 0
                              ConfigureArchive          : 1
                              MaxArchiveCount           : 500
                              DisableArchive            : 0
                              LastQueuePesterTime       : 130649182874302227
                              LastQueueNoPesterTime     : 130649188485744670
```

你可以在该列表中看到 EnableWindowColorization 的键值，现在将它修改为 0。

```
PS HKCU:\SoftWare\Microsoft\Windows> Set-ItemProperty -Path DWM -PSProperty Enable
WindowColorization -Value 0
```

你还可以使用 -Name 参数代替 -PSProperty 参数。
下面再执行之前的命令来确认修改已经生效。

```
PS HKCU:\SoftWare\Microsoft\Windows> Get-ChildItem


    Hive: HKEY_CURRENT_USER\SoftWare\Microsoft\Windows


Name                          Property
----                          --------
CurrentVersion
DWM                           Composition                : 1
                              ColorizationColor          : 3226847725
                              ColorizationColorBalance   : 87
                              ColorizationAfterglow      : 3226847725
                              ColorizationAfterglowBalance : 10
                              ColorizationBlurBalance    : 3
                              EnableWindowColorization   : 0
                              ColorizationGlassAttribute : 1
Roaming
Shell
Windows Error Reporting       Disabled                   : 0
                              MaxQueueCount              : 50
                              DisableQueue               : 0
                              LoggingDisabled            : 0
                              DontSendAdditionalData     : 0
                              ForceQueue                 : 0
                              DontShowUI                 : 0
                              ConfigureArchive           : 1
                              MaxArchiveCount            : 500
                              DisableArchive             : 0
                              LastQueuePesterTime        : 130649182874302227
                              LastQueueNoPesterTime      : 130649188485744670
```

　　到这里，这个示例已经全部完成，可以看到这个值的修改已经生效。采用这种方法，你可以处理其他提供程序类似的问题。

## 5.7　动手实验

**注意**：本章动手实验环节，需要运行 3.0 版本或者版本更新的 PowerShell。该动手实验仅适用于 Windows 操作系统。

　　完成如下任务。

　　1．在注册表中，定位到 **HKEY_CURRENT_USER\software\microsoft\Windows\currentversion\explorer**。选中 "Advanced" 项，然后修改 `DontPrettyPath` 的值为 0。

　　2．创建一个名为 C:\Labs 的文件夹。

　　3．创建一个长度为 0 的文件，命名为 C:\Labs\Test.txt（使用 `New-Item` 命令）。

　　4．尝试使用 `Set-Item` 去修改 C:\Labs\Test.txt 的内容为 TESTING，是否可行？或者是否有报错？如果有报错，也请想一下：为什么会报错？

　　5．使用环境提供程序，显示操作系统变量`%TEMP%`。

　　6．`Get-ChildItem` 的 `-Filter`、`-Include` 和 `-Exclude` 参数之间有什么不同？

## 5.8　进一步学习

　　你可以看到，大部分的其他软件程序包都存在提供程序，比如 Internet Information Service（IIS）、SQL Server，甚至是活动目录。很多时候，这些产品的开发者都会选择使用提供程序，因为这样他们的产品才会具有动态扩展功能。他们不知道以后还会有什么功能加到他们的产品中，所以他们并不会写一个静态的命令集。提供程序可以保证开发者能一致性地动态扩展他们的结构，所以特别是对 IIS 和 SQL Server 团队而言，都会搭配使用 Cmdlet 和提供程序。

　　如果你需要使用这些产品（如果是 IIS，那么请使用 7.5 或者之后的版本；如果是 SQL Server，我们建议使用 SQL Server 2012 或者之后的版本），请花费一定的时间去研究一下对应的提供程序。那么你会发现，这些产品研发部门已经将其 "驱动器" 结构安排得很好，因此你很容易发现如何使用本章中讲解到的 Cmdlet 命令去查看以及修改对应的配置选项或者其他的详细配置。

## 5.9　动手实验答案

　　1．`cd HKCU:\software\microsoft\Windows\currentversion\explorer`
　　　`cd advanced`

```
Set-ItemProperty -Path . -Name DontPrettyPath -Value 1
```

2. 你可以使用 mkdir 函数。

```
mkdir c:\labs
```

或 New-Item cmdlet:

```
new-item -path C:\Labs -ItemType Directory
```

3. New-Item -path c:\labs -Name test.txt -ItemType file

4. 文件系统提供程序不支持该操作。

5. 下面两个命令都能完成任务:

```
Get-item env:temp
```

```
Dir env:temp
```

6. 如果查询一个容器, **Include** 与 **Exclude** 必须使用 -Recurse 参数。Filter 使用了 **PS** 提供程序的过滤功能, 并不是所有的提供程序都支持该参数。例如, 你可以在文件系统中使用 DIR -filter, 但无法在注册表中使用——虽然你可以在注册表中使用 DIR -include 命令实现过滤输出结果。

# 第 6 章　管道：连接命令

在第 4 章中已经介绍过在 PowerShell 中运行命令的方式和其他 Shell 并无不同：输入一个命令名，传输给它一些参数，然后按 "Enter" 键。让 PowerShell 独树一帜的不是运行命令的方式，而是它提供了管道功能，通过管道功能，只需要在一个序列行中，多个命令就可以很好地彼此连接。

## 6.1　一个命令与另外一个命令连接：为你减负

PowerShell 通过管道（pipeline）把命令互相连接起来。管道通过传输一个命令，把其输出作为另外一个 Cmdlet 的输入，使得第二个命令可以通过第一个的结果作为输入并联合起来运行。

你已经见过如 "Dir | More" 命令的运行情况，它把 "Dir" 命令的输出以管道方式传输给 "More" 命令。"More" 命令把目录每次展现到一个页中。PowerShell 把管道的概念有效延伸。实际上，PowerShell 的管道类似 UNIX 和 Linux 的 Shell 中的管道功能。你将会在下面认识到，PowerShell 的管道功能非常强大。

## 6.2　输出结果到 CSV 或 XML 文件

下面尝试几个命令，比如：
- Get-Process（或者 Ps，该命令可以在 macOS 或 Linux 上运行）
- Get-Service（或者 Gsv，只能在 Windows 下运行）
- Get-EventLog Security -newest 100（只能在 Windows 下运行）

这里提到这些命令是因为它们相对简单、直观。其中括号部分是分别对应 "Get-Process" 和 "Get-Service" 的别名。对于 "Get-EventLog"，我们强制使用了

"-newest"参数，避免命令运行太久。

**动手实验**：选择你想尝试的命令动手尝试。下面将使用"Get-Process"作为演示。当然，你可以选择其他命令，或者都尝试，以便查看它们的差异。

当运行"Get-Process"时，屏幕会显示出图 6.1 所示的结果。

```
Administrator: Windows PowerShell
PS C:\> get-process

Handles  NPM(K)    PM(K)    WS(K) VM(M)   CPU(s)     Id ProcessName
-------  ------    -----    ----- -----   ------     -- -----------
     45       5      564     2076    18     0.00   1352 coherence
     29       5      612     1876    38     0.02   1436 coherence
     33       6      756     1028    39     0.02   1444 coherence
    100      10     2660    10848    94     2.61   1220 conhost
    154      10     1620     2948    46     0.13    396 csrss
    196      13     1840     3608    47     0.89    460 csrss
     81       7     1084     3808    53     0.02   2056 dllhost
    105       9     1616     5336    40     0.03   2820 dllhost
    172      18    49016    26712   150     1.44    760 dwm
   1511      95    29212    39916   425     8.20   1288 explorer
      0       0        0       20     0             0 Idle
    631      17     2900     5796    35     0.58    556 lsass
    446      30    56320    15380   181    22.33   1596 MsMpEng
    520      38   104620   111024   699     9.09   1776 powershell
    276      26     3792     8368   105     0.41   3008 prl_cc
    121      11     1612     4332    76     0.08   1476 prl_tools
     90      11     1228     3344    51     0.05   1424 prl_tools_ser...
     83      10     3868     7892    91     0.31    812 regedit
    491      29    14480     8180   615     0.20   2500 SearchIndexer
    195      11     3452     5348    32     0.98    548 services
     36       2      280      788     4     0.05    288 smss
    328      16     3048     5820    47     0.09   1080 spoolsv
    583      37    13512    14056  1386     2.13    404 svchost
    295      12     2116     6240    36     0.13    632 svchost
    313      14     2708     5372    34     0.55    676 svchost
    635      26    14036    12976   118     0.53    736 svchost
    319      23    13244     9668    93     5.05    856 svchost
    574      28     7736     8748   133     0.89    892 svchost
   1071      44    11628    13988   134     3.17    932 svchost
```

图 6.1 "Get-Process"的输出是一个带有几列信息的表格

虽然屏幕上展示了结果，但是也许不是你想要的，比如如果你想把内存和 CPU 的利用率整理成一些图表，那么可能需要把数据导出到 CSV 文件中，比如微软的 Excel。

## 6.2.1 输出结果到 CSV

管道和另外一个命令可以在导出文件时派上用场。

```
Get-Process | Export-CSV procs.csv
```

与用管道把"Dir"连接到"More"类似，我们已经把进程信息传输到"Export-CSV"中。第二个 Cmdlet 有一个强制的位置参数，用于指定输出文件名称。因为"Export-CSV"是一个内置的 PowerShell Cmdlet，它知道如何把通过"Get-Process"产生的常规表格转换到一个普通的 CSV 文件中。

现在用 Windows 记事本打开文件，如图 6.2 所示。

```
Notepad procs.csv
```

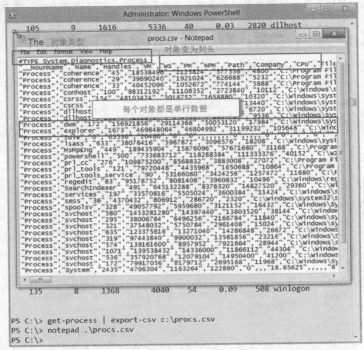

图 6.2　在 Windows 记事本中查看已导出的 CSV 文件

　　文件的第一行是以"#"开头的注释，代表着文件中包含的信息类型。以图 6.2 为例，"System.Diagnostics.Process"是 Windows 用于标识一个正在运行的进程相关的底层名称。文件的第二行是列名，接下来的每一行代表着每个正在计算机上运行的进程的信息。

　　你可以把几乎所有的"Get-Cmdlet"用管道传输到"Export-CSV"，然后输出结果。同时，你应该意识到 CSV 文件包含了比显示到屏幕时更多的信息，因为 Shell 知道不可能把所有信息全部显示到屏幕中，所以它使用微软提供的配置文件，把最重要的部分显示到屏幕上。在本章的后面，我们会展示如何覆盖默认配置从而显示你期望的输出结果。

　　一旦信息保存到 CSV 文件，就可以轻易地以附件形式发送给同事并让其在 PowerShell 中查看。只需要用下面的命令把文件导入即可。

```
Import-CSV procs.csv
```

　　Shell 会读取 CSV 文件然后展示，该输出并不是基于实时的信息，而是基于 CSV 创建时的快照。

## 6.2.2 输出结果到 XML

如果 CSV 文件不是你想要的，怎么办？没关系，PowerShell 还提供了"Export-CliXML"Cmdlet，用于创建常规的命令行界面可扩展标记语言文件（generic command-line interface (CLI) Extensible Markup Language(XML)）。CliXML 是 PowerShell 专用的，但任何能够解析 XML 文件的程序都能够读取它。对应的还有"Import-CliXML" Cmdlet。所有的 import 和 export 的 Cmdlets（比如"Import-CSV"和"Export-CSV"）都需要提供文件名称作为必要参数。

**动手实验**：尝试导出一些信息如服务、进程或者事件日志到 CliXML 文件中。确保导出的文件可以用于导入，并且尝试使用记事本和 IE 查看这些信息。

除此之外，PowerShell 还提供了其他导入导出命令吗？有，可以用"Get-Command"Cmdlet 配合"-verb"参数来找到所有"Import"或"Export"的命令。

**动手实验**：尝试找一下 PowerShell 是否自带其他导入导出的 Cmdlets。你可以在加载新命令到 Shell 之后反复尝试，详情请见下一章。

## 6.2.3 对比文件

在展示、共享信息给别人及后续重新查看过程中，CSV 和 CliXML 文件都很有用。实际上，"Compare-Object"可以在此过程中发挥重要作用。我们会用到它的别名：Diff。

首先，运行"help diff"并阅读相关帮助信息。注意 3 个参数：-ReferenceObject，-DifferenceObject 和-Property。

Diff 用于把两个结果集组合在一起并进行比对。比如，你在两台不同的机器上运行"Get-Process"。可以把正确配置的计算机的配置信息放到左边（称为参照计算机）。右边的计算机信息可能相同或相似（称为差异计算机）。在两边运行命令之后，就可以开始对比两者的信息了，你只需要从中找出它们的差异。

因为这些进程都是类似的，比如你只需要检查类似 CPU、内存使用率的值的差异，因此可以忽略一些列。如把注意力放到"Name"列，用于查看是否包含了多于或少于参照计算机的处理器。如果使用 Diff，可以减少用于人工匹配的开销。

下面在参照计算机上运行：

```
Get-Process | Export-CliXML reference.xml
```

在这里，我们选择 CliXML 而不用 CSV，是由于 CliXML 包含了比 CSV 更多的信息。然后把 XML 文件传输到差异计算机，运行：

```
Diff -reference (Import-CliXML reference.xml)
➥ -difference (Get-Process) -property Name
```

下面解释一下前面这个比较棘手的步骤。

- 在数学层面上，括号在 PowerShell 中用于控制执行的顺序。在前面的例子中，强制
  "Import-CliXML"和"Get-Process"先于"Diff"运行。接着从"Import-CLI"
  得到的结果被送到"-reference"参数中，而"Get-Process"的结果被送
  到"-difference"参数中。参数名称实际上是"-referenceObject"和
  "-differenceObject"，在这里你可以提供足够 Shell 用于识别参数的缩写名
  称即可。也就是本例中的"-reference"和"-difference"已经足够唯一
  标识这两个参数了。即使我们把这两个参数缩短到"-ref"和"-diff"，命令
  也依旧能运行。
- 相对于匹配两个完整的表格，Diff 更加关注"Name"列，所以例子中使用了
  "-property"这个参数。如果我们不这样定义，结果将全部有差异，因为如
  "VM""CPU"和"PM"这些列的值都不一样，结果集会被认为有差异。
- 匹配结果将以表格形式展示，对于存在于参照结果集但是不存在于差异结果集
  的数据，会用"<="标识符表示。对于存在于差异结果集但是不存在于参照结
  果集的数据，会用"=>"标识符表示。而两者均存在的，则不会出现在"Diff"
  输出的结果中。

**动手实验**：请动手尝试一下，如果手上没有两台电脑，可以把当前信息导出到一个 CliXML
文件中。然后开启一个新程序，比如记事本、Windows 游戏等。再导出数据作为
差异结果集，就可以看到效果了。

这是我们的测试结果。

```
PS C:\> diff -reference (import-clixml reference.xml) -difference
➥ (get-process) -property name

name                                SideIndicator
----                                -------------
calc                                =>
mspaint                             =>
notepad                             =>
conhost                             <=
powerShell_ise                      <=
```

这是一个不错的运维方法，特别是已经建立配置基线，可以对比现有计算机然后找
出它们的差异。通过学习这本书，你可以发现很多 Cmdlets 都能用于运维方面，并且都
可以通过管道导出到 CliXML 文件中以便建立基线。这些基线一般包括服务、进程、操
作系统配置、用户及群组等，并且可在任意时刻使用，从而比对现有系统的差异。

**动手实验**：作为尝试，再次执行"Diff"命令，但是不要使用"-property"参数。然后
看结果，你会看到每个单独的进程都被列出来，因为诸如 PM/VM 等的值都被更
改，即使它们是相同的进程。这些输出看上去用处不大，因为它们只显示进程类
型和进程名称而已。

　　顺便一提，"Diff"命令在对比文本文件时并不表现得很好。虽然有些操作系统或者 Shell 有专门用于匹配文本文件的"Diff"命令，但是 PowerShell 的"Diff"命令却不一样。你可以在本章的总结实验中体会到。

**注意：** 我们希望你多用"Get-Process""Get-Service"和"Get-EventLog"。这些命令是 PowerShell 内置的，并且不像 Exchange 或者 SharePoint 需要额外的插件才能使用。也就是说，这些技能可以用于以前你学过的所有 Cmdlet 中，包括 Exchange、SharePoint、SQL Server 和其他服务器产品。第 26 章将详细介绍它们。但是目前，请把注意力集中在"如何"使用这些 Cmdlets 上，而不要过多关注它们的工作原理。我们会在适当的时候加以解释。

## 6.3　管道传输到文件或打印机

　　每当你通过"Get-Service"或者"Get-Process"创建一些美观的输出时，你可能想把它们保存到一个文件中甚至纸上。通常来说，Cmdlet 是直接输出到 PowerShell 所在的本地机器的屏幕上，但是你可以修改输出位置。实际上，我们前面已经演示了其中一种方式。

```
Dir > DirectoryList.txt
```

　　其中">"符是 PowerShell 向后兼容旧版本 cmd.exe 命令的一个快捷方式。而实际上，当运行这个命令时，PowerShell 底层会以下面的方式实现。

```
Dir | Out-File DirectoryList.txt
```

　　可以自己尝试运行类似的命令，用这种方式替代">"符号。"Out-File"提供了一些参数让你定制替代的字符编码（如 UTF8 或 Unicode）、追加内容到现有文件等功能。默认情况下，用"Out-File"创建的文件有 80 列宽，意味着有时候使用 PowerShell 需要修改命令的输出，以便适应这 80 列的限制。这种修改可能导致存到文件的内容格式与使用同样命令显示到屏幕上的不一致。仔细阅读"Out-File"的帮助文档，看看你是否能找到把默认值修改成大于 80 列的参数。

**动手实验：** 先别看下面的内容，请打开帮助文档看看能否找到答案。我保证你能很快找到。

　　PowerShell 有很多"Out- Cmdlets"，其中一个叫"Out-Default"。它是其中一个不需要额外指定的"Out- Cmdlets"，为什么？请看下面。

```
Dir
```

　　当你运行"Dir"时，实际上是在运行"Dir | Out-Default"。"Out-Default"只是把内容指向"Out-Host"，意味着你在无意中运行了：

```
Dir | Out-Default | Out-Host
```

而 "Out-Host" 是显示结果到显示器中。除此之外，你还找到其他什么 "Out-Cmdlets" 了吗？

**动手实验：** 是时候研究其他 "Out-Cmdlets" 了。我们从使用 "Help" 命令开始，使用如 "Help Out*" 这样的通配符来获取帮助。这种方式也可以用于 "Get-Command" 命令，如 "Get-Command Out*"，或者指定 "-verb" 参数 "Get-Command-verb Out"。

"Out-Printer" 可能是余下以 "Out-" 开头的 Cmdlet 中最有用的命令了。虽然该命令只能在 Windows 中使用，但 "Out-GridView" 也有类似功能，但是需要安装 .NET Framework v3.5 和 Windows PowerShell ISE 之后才能使用，这些在 Server 版本的 Windows 以及非 Windows 系统并不是默认就有。如果你安装了这些，可以尝试运行 "Get-Service | Out-GridView" 查看结果。"Out-Null" 和 "Out-String" 也非常有用，但是暂时我们不深入探讨。如果你愿意，可以先查看它们的帮助文档。

# 6.4　转换成 HTML

用 PowerShell 生成 HTML 报告可行吗？该功能在非 Windows 系统中不可用（在本书写作时），但在 Windows 系统中很容易实现。只需要通过管道将结果传递给 "ConvertTo-HTML" 命令即可。该命令可以生成结构良好的、通用的 HTML 数据，并可以在任何 Web 浏览器中打开。但是这只是原始数据，如果需要美观，需要引用 CSS（Cascading Style Sheet）文件定制样式。注意，该命令不需要文件名。

```
Get-Service | ConvertTo-HTML
```

**动手实验：** 确保在阅读本书的时候自己亲手运行命令，我们希望你在理解它们之前先知道它们的功能。

在 PowerShell 世界里面，动词 "Export" 意味着你把数据提取出来，然后转换成其他格式，最后把转换后的格式以某种形式保存，如文件。而动词 "ConvertTo" 仅仅是处理过程的一部分，它仅转换不保存。当你执行前面的命令时，可以看到全屏的 HTML 数据，明显不是你想要的。那么请思考一下：你应该怎么把 HTML 存入磁盘的文本文件上？

**动手实验：** 如果你想到其他方式，尽管尝试。下面的命令就是其中一种。

```
Get-Service | ConvertTo-HTML | Out-File services.html
```

你现在是否看到越来越多强大的命令了？每个命令单独执行一个处理操作，而整个命令行可以被视为一个整体完成一个任务。

PowerShell 附带其他 "ConvertTo-Cmdlets"，包括 "ConvertTo-CSV" 和 "ConvertTo-XML" 等。正如 "ConvertTo-HTML" 一样，这些命令都不在磁盘上创建文件，只是把命令的输出结果分别转换成 CSV 或 XML。你需要用管道把它们和 "Out-

File"连接起来以便存储到磁盘上，但是它们比使用"Export-CSV"或"Export-CliXML"更简短。另外，它们能既转换又存储。

> **补充说明**
>
> 现在闲聊一些背景知识。在本例中，经常有学生问：为什么微软提供了"Export-CSV"和"ConvertTo-CSV"这两个对于 XML 数据来说看上去几乎一样的功能？
>
> 在某些高级场景中，你可能不想把结果存到磁盘文件上。比如你想把数据转换成 XML 然后传输到 Web 服务，或者其他地方。通过使用不需要存储文件的"ConvertTo-Cmdlets"，你可以灵活地实现你的需求。

# 6.5  使用 Cmdlets 修改系统：终止进程和停止服务

导出和转换不是你希望连接两个命令的唯一目的。比如下面的例子，记住不要运行。

```
Get-Process | Stop-Process
```

你能想象一下使用这个命令会怎样吗？会宕机！它会检索每一个进程，然后尝试逐个终止。该命令可能获取到关键进程，比如本地安全权限（Local Security Authority），你的电脑很可能进入蓝屏死机状态。如果你在虚拟机中运行 PowerShell，倒是可以尝试一下。

这个例子想说明的是带有相同名词（本例中的进程）的 Cmdlets 可以在彼此之间互传信息。通常情况下，你最好带上特定进程名称而不是终止全部进程：

```
Get-Process -name Notepad | Stop-Process
```

服务也是类似的，"Get-Service"命令的输出结果能和其他 Cmdlets（如 Stop-Service、Start-Service、Set-Service 等）一起被管道传输。

你可能想象得到，命令之间能互相连接是需要符合某些特定规则的。比如，当你看到这样：Get-ADUser | New-SQLDatabase 的指令序列，你会知道它不会实现什么有意义的功能（虽然它的确做了一些无用功）。在第 7 章中，我们会深入解释这些管理命令间互相连接的规则。

下面我们希望你对类似"Stop-Service"和"Stop-Process"这些 Cmdlets 有更深入的了解。这些 Cmdlets 以某些方式修改系统，并且有一个内部定义的影响级别（impact level）。Cmdlet 的创建者已经设定了这些影响级别，并且不允许修改。而 Shell 有一个相应的"$ConfirmPreference"设置，默认为"High"。可以通过下面的命令查看你的 Shell 的设置。

```
PS C:\> $ConfirmPreference
High
```

工作原理：当 Cmdlet 的内部影响级别大于等于 Shell 的 "$ConfirmPreference"
设置时，不管 Cmdlet 正准备做什么，Shell 都会自动询问 "你确定要这样做吗？（Are you
sure?）"。实际上，如果你使用虚拟机尝试前面提到的那个 "宕机" 命令，你会发现对于每
个进程，都会问一次 "Are you sure?"。当 Cmdlet 的内部影响级别小于 Shell 的
"$ConfirmPreference" 设置时，不会自动弹出这个提示。

但是如果你 "喜欢" 它总是弹出，可以使用下面的命令。

```
Get-Service | Stop-Service -confirm
```

我们在这里加了 "-confirm" 参数，对于某些被支持的用于修改系统的 Cmdlet，
会弹出提示，并对这些被支持的 Cmdlet 显示对应的帮助文档。

另外一个类似的参数是 "-whatif"，可用于支持 "-confirm" 的 Cmdlet。但是
它并不默认触发，可以在你想用的时候使用。

```
PS C:\> get-process | stop-process -whatif
What if: Performing operation "Stop-Process" on Target "conhost (1920)
".
What if: Performing operation "Stop-Process" on Target "conhost (1960)
".
What if: Performing operation "Stop-Process" on Target "conhost (2460)
".
What if: Performing operation "Stop-Process" on Target "csrss (316)".
```

它会告诉你哪些 Cmdlet 会被执行，但是并不真正运行。这个功能为那些可能有潜
在风险的 Cmdlet 的预览提供了很好的帮助，并且可以检查是否是你想要的结果。

## 6.6　常见误区

在 PowerShell 中，其中一个常见的困惑是 "Export-CSV" 和 "Export-CliXML"
的异同。这两个命令从技术上都是用于创建文本文件。也就是说，两者的输出结果都能
在记事本中查看，如图 6.2 所示。但是你必须承认两个结果有明显的差异——一个是逗
号分隔值，而另外一个则是 XML。

这个问题主要关心的是用户如何把文件重复读入 Shell 中。为此你是否使用
"Get-Content"（或者它的别名，Type/Cat）？举个例子，假设你这样使用：

```
PS C:\> get-eventlog -LogName security -newest 5 | export-csv events.csv
```

现在你需要使用 "Get-Content" 命令从 Shell 中读出来。

```
PS C:\> Get-Content .\events.csv
#TYPE System.Diagnostics.EventLogEntry#security/Microsoft-Windows-Security
-Auditing/4797
```

```
"EventID", "MachineName", "Data", "Index", "Category", "CategoryNumber", "EntryT
ype", "Message", "Source", "ReplacementStrings", "InstanceId", "TimeGenerated",
"TimeWritten", "UserName", "Site", "Container"
"4797", "DONJONES1D96", "System.Byte[]", "263", "(13824)", "13824", "SuccessAudi
t", "An attempt was made to query the existence of a blank password for an
account.

Subject:
        Security ID:                S-1-5-21-87969579-3210054174-450162487-100

        Account Name:               donjones
        Account Domain:             DONJONES1D96
        Logon ID:                   0x10526

Additional Information:
        Caller Workstation:         DONJONES1D96
        Target Account Name:        Guest
        Target Account Domain:      DONJONES1D96", "Microsoft-Windows-Security-
Auditing
","System.String[]", "4797", "3/29/2012 9:43:36 AM", "3/29/2012 9:43:36 AM",,
,
"4616", "DONJONES1D96","System.Byte[]","262","(12288)","12288","SuccessAudi
t","The system time was changed.
```

　　我们截断了前面的输出，但是还是可以看到有很多相同的部分。回顾原始的 CSV 数据，你是否觉得有很多垃圾信息？该命令没有尝试解析、编译这些数据。现在对比一下"Import-CSV"的结果。

```
PS C:\> import-csv .\events.csv

EventID            : 4797
MachineName        : DONJONES1D96
Data               : System.Byte[]
Index              : 263
Category           : (13824)
CategoryNumber     : 13824
EntryType          : SuccessAudit
Message            : An attempt was made to query the existence of a
                     blank password for an account.
                     Subject:
                     Security ID:
                     S-1-5-21-87969579-3210054174-450162487-1001
                             Account Name:          donjones
                             Account Domain:        DONJONES1D96
```

```
                        Logon ID:          0x10526
                        Additional Information:
                          Caller Workstation:    DONJONES1D96
                          Target Account Name:   Guest
                          Target Account Domain:   DONJONES1D96
Source             : Microsoft-Windows-Security-Auditing
ReplacementStrings : System.String[]
InstanceId         : 4797
TimeGenerated      : 3/29/2012 9:43:36 AM
TimeWritten        : 3/29/2012 9:43:36 AM
UserName           :
```

是不是好很多？"Import-Cmdlets"会关注文件中的内容，尝试解析它们，然后创建一个比原始命令（本例中的"Get-EventLog"）看上去更加顺眼的输出结果。如果你使用"Export-CSV"创建文件，可以使用"Import-CSV"命令来读取它们。如果使用"Export-CliXML"命令创建文件，通常建议使用"Import-CliXML"命令读取。使用这些配套命令可以得到更好的结果。仅在从一个文本文件中读取内容并且不需要 PowerShell 解析数据时，才使用"Get-Content"命令，也就是你仅需要原始内容。

## 6.7　动手实验

**注意：** 本实验需要 PowerShell v3 或以上版本。

　　由于前面演示的例子稍微花时间，所以我们尽可能保证本章文字的简洁，因为我们希望你能把更多精力花在下面的动手实验中。如果你还没完成本章中所有"动手实验"的任务，我们强烈建议你先去完成它们，然后进行下面的任务。

　　1．创建两个类似却不同的文本文件。尝试使用 Diff 比对它们。执行类似 Diff -reference (Get-Content file1.txt) -difference (Gen-Content File2.txt)的命令。如果这两个文本只有一行不同，该命令是有效的。

　　2．在控制台运行"Get-Service | Export-CSV services.csv | Out-File"时会发生什么情况（在 Windows 操作系统）？为什么会这样？

　　3．除了获取一个或多个服务及以管道方式传输到"Stop-Service"之外，"Stop-Service"服务还提供了其他什么方式让你指定服务或停止服务？有什么方式可以在不使用"Get-Service"的前提下停止一个服务？

　　4．如何创建一个竖线分隔符文件替代一个逗号分隔符（CSV）文件？你可以依旧使用"Export-CSV"命令，但是应该使用什么参数？

　　5．可以在已导出的 CSV 文件头部忽略#命令行吗？这一行通常包含了类型信息，但是如果你想从一个特定文件中获取并忽略时要怎么做？

6. "Export-CliXML" 和 "Export-CSV" 都可以通过创建并覆盖文件来修改系统，你可以用什么参数来阻止它们覆盖现有文件？还有什么参数可以在你输出文件前提醒并请求确认？

7. Windows 维护少数局部配置，包括一个默认分隔符列表。在美国系统中，分隔符是逗号。你如何让 "Export-CSV" 使用当前系统默认的分隔符而不是逗号？

**动手实验**：完成上面实验之后，尝试完成本书附录中的实验回顾 1。

# 6.8 动手实验答案

1.
```
PS C:\> "I am the walrus" | out-file file1.txt
PS C:\> "I'm a believer" | out-file file2.txt
PS C:\> $f1=get-content .\file1.txt
PS C:\> $f2=Get-Content .\file2.txt
PS C:\> diff $f1 $f2
InputObject SideIndicator
----------- -------------
I'm a believer =>
I am the walrus <=
```

2. 如果你没有使用 Out-File 指定一个文件名称，则会报错。但即使你指定了文件名称，Out-File 仍然不会做任何工作，这是由于文件是由 Export-CSV 命令所创建。

3. Stop-Service 可以接受一个或多个服务名称作为-Name 参数的值。例如，你可以运行：
```
Stop-Service spooler
```

4. `get-service | Export-Csv services.csv -Delimiter "|"`

5. 使用带有-NoTypeInformation 参数的 Export-CSV 命令。

6.
```
get-service | Export-Csv services.csv –noclobber
get-service | Export-Csv services.csv –confirm
```

7. `get-service | Export-Csv services.csv -UseCulture`

# 第 7 章　扩展命令

可扩展性是 PowerShell 的一个主要优势。随着微软对 PowerShell 的持续投入，它为 Exchange Server、SharePoint Server、System Center 系列、SQL Server 等产品开发了越来越多的命令。通常，当你安装这些产品的管理工具时，还会安装一个或多个 Windows PowerShell 扩展的图形化管理控制台。

## 7.1　如何让一个 Shell 完成所有事情

我们知道你可能熟悉图形化的微软管理控制台（MMC），这就是为什么我们将使用它作为例子阐述 PowerShell 的工作机制。它们涉及的可扩展的工作原理并无不同，部分原因是 MMC 和 PowerShell 由微软同一个管理框架下的团队研发。

当你打开一个新的空白 MMC 控制台，在很大程度上，它的功能有限。因为 MMC 的内置功能很少，所以它基本上做不了什么事情。如果想让它强大一些，你需要在文件菜单中使用添加/删除管理单元。在 MMC 中，一个管理单元就是一个工具，这类似于活动目录用户和计算机、DNS 管理、DHCP 管理等。你可以在 MMC 中添加多个你喜欢的管理单元，也可以保存生成控制台，这使得下次重新打开同一套管理单元更加方便。

这些管理单元从何而来？一旦你安装了类似 Exchange Server、Forefront 或者 System Center 产品的相关管理工具，就会在 MMC 的添加、删除管理单元的对话框里面列出这些产品的管理单元。大多数产品也会安装自己的预配置 MMC 控制台文件，安装过程仅是加载了基本的 MMC 和预加载一个或两个管理单元。你没有必要必须使用这些预配置控制台，因为你总能打开一个空白的 MMC 控制台，并加载你需要的管理单元。例如，预配置的 Exchange Server MMC 控制台不包括活动目录站点和服务的管理单元，但你可以很容易地创建一个包括 Exchange 以及站点和服务的 MMC 控制台。

PowerShell 的工作原理几乎与 MMC 完全一致。安装一个给定产品的管理工具（安装管理工具的选项通常包含在产品的安装菜单中。如果你在 Windows 7 上安装类似 Exchange Server 的产品，该安装会仅安装管理工具）。这样做会为你提供 PowerShell 的相关扩展，它甚至可能会创建该产品特定的 Shell 管理程序。

# 7.2 关于产品的"管理 Shell"

这些管理特定产品的 Shell 程序的来源很混乱。我们必须澄清：只有一个 Windows PowerShell。并不存在 Exchange PowerShell 和活动目录 PowerShell，只有一个 Shell。

以活动目录为例，在 Windows Server 2008 R2 域控制器的开始菜单、管理工具下，你会发现一个关于活动目录组件的 Windows PowerShell。如果在这一项单击右键，然后从上下文菜单中选择属性，第一眼就可以看到类似如下的目标域。

```
%windir%\system32\WindowsPowerShell\v1.0\powerShell.exe
➥ -noexit –command import-module ActiveDirectory
```

该命令运行标准的 PowerShell.exe 应用程序，并指定命令行参数运行特定命令：Import-Module ActiveDirectory。执行的效果是可以预加载活动目录。你仍然可以打开一个"标准"的 PowerShell 并执行相同的命令，从而得到相同的功能。

你可以找到同样适用于几乎所有特定于产品的"管理 Shell"：Exchange、SharePoint 等。查看这些产品开始菜单快捷方式的属性，你会发现，它们都是打开标准的 PowerShell.exe，并以传递一个命令行参数的方式添加一个模块、增加一个管理单元或者加载一个预配置控制台文件（该控制台文件是一个包含需要自动加载管理单元的简单列表）。

SQL Server 2008 和 SQL Server 2008 R2 却是例外。它们"产品相关"的 Shell 叫作 Sqlps。它是一个经过特殊编译专门运行 SQL Server 扩展的 PowerShell。通常称之为 mini-Shell。微软第一次在 SQL Server 中尝试这种方法。但这种方法已经不流行了，并且微软不会再使用这种方法了：SQL Server 2012 使用的是 PowerShell。

你不只局限于使用预先设定的扩展。当你打开 Exchange 的管理 Shell 程序，你可以运行 Import-Module ActiveDirectory 并假设该活动目录模块已经存在于你的电脑，添加活动目录功能到 Shell 中。你也可以打开标准的 PowerShell 控制台并手动添加你想要的扩展。

正如这一节前面提到的，这是一个让人感到非常困惑的知识点，包括有些人认为存在多个版本的 PowerShell，却不能交叉利用彼此的功能。多年前，Don 甚至在他的博客（http://windowsitpro.com/go/DonJonesPowerShell）中进行了讨论。PowerShell 团队成员介入并支持他，所以，请相信我们：你可以在一个 Shell 中包含所有你想要的功能，而在开始菜单中，特定产品的快捷方式不会以任何方式限制或暗示你这些产品存在特殊版本的 PowerShell。

## 7.3　扩展：找到并添加插件

PowerShell 存在两种类型的扩展：模块和管理单元。首先讲述管理单元。

一个适合管理单元 PowerShell 的名字是 PSSnapin，用于区别这些来自管理单元的图形 MMS。PSSnapins 在 PowerShell v1 版本的时候就已经存在。一个 PSSnapin 通常包含一个或多个 DLL 文件，同时包含配置 XML 文件和帮助文档。PSSnapins 必须先安装和注册，然后 PowerShell 才能识别它的存在。

**注意：** PSSnapin 的概念逐步被微软移除了，将来可能会越来越少出现。在内部，微软的重点是提供扩展模块。

你可以通过在 PowerShell 中运行 `Get-PSSnapin -registered` 命令获取到一个可用的管理单元列表。由于我在域控制机器上安装了 SQL Server 2008，所以执行命令的返回结果如下。

```
PS C:\> get-pssnapin -registered

Name        : SqlServerCmdletSnapin100
PSVersion   : 2.0
Description : This is a PowerShell snap-in that includes various SQL
              Server Cmdlets.
Name        : SqlServerProviderSnapin100
PSVersion   : 2.0
Description : SQL Server Provider
```

上面的信息说明我的机器上安装了两个可用的管理单元，但是并没有加载。你可以通过运行 `Get-PSSnapin` 命令查看已加载的列表。该列表包含所有的核心，包含 PowerShell 中的本机功能的自动加载管理单元。

通过运行 `Add-PSSnapin` 并指定管理单元名称的方式加载某一个管理单元。

```
PS C:\> add-pssnapin sqlserverCmdletsnapin100
```

类似常用的 PowerShell 命令，你不必担心大小写是否正确，Shell 会忽略大小写。

当一个管理单元加载成功了，你可能想知道 Shell 到底增加了什么功能。PSSnapin 可以增加 Cmdlets 命令、提供 PSDrive，或者两者都增加。使用 `Get-Command`（或者别名：Gcm）命令找出已增加的 Cmdlets 命令。

```
PS C:\> gcm -pssnapin sqlserverCmdletsnapin100

CommandType    Name                    Definition
-----------    ----                    ----------
Cmdlet         Invoke-PolicyEvaluation Invoke-PolicyEvaluation...
Cmdlet         Invoke-Sqlcmd           Invoke-Sqlcmd [[-Query]...
```

我们在这里必须指出，输出的结果中只包含了SqlServerCmdletSnapin100这个管理单元，并且只有两行记录。是的，这就是 SQL Server 在管理单元中增加的所有内容，而且只有一个可以执行 Transact-SQL(T-SQL)的命令。因为你可以通过 T-SQL 命令在 SQL Server 上实现几乎所有的操作，`Invoke-Sqlcmd` 这个 Cmdlet 命令同样可以完成所有的操作。

运行 `Get-PSProvider` 可以查看一个管理单元是否成功加载新的 PSDrive，你不能在该 Cmdlet 命令中指定某个管理单元，所以你必须熟悉哪些提供程序已经存在，并通过查看列表方式发现新增内容。下面是返回结果。

```
PS C:\> get-psprovider

Name            Capabilities              Drives
----            ------------              ------
WSMan           Credentials               {WSMan}
Alias           ShouldProcess             {Alias}
Environment     ShouldProcess             {Env}
FileSystem      Filter, ShouldProcess     {C, A, D}
Function        ShouldProcess             {Function}
Registry        ShouldProcess, Transa...  {HKLM, HKCU}
Variable        ShouldProcess             {Variable}
Certificate     ShouldProcess             {cert}
```

看起来没有任何新增内容。我们并不感到惊讶，这是由于我们所加载的 Snap-in 名称为 SqlServerCmdletSnapin100。如果你回忆一下，我们的可用管理单元同样包含了SqlServerProviderSnapin100，这意味着微软出于某些原因，把它的Cmdlets命令和PSDrive分开打包。让我们尝试添加第二个。

```
PS C:\> add-pssnapin sqlserverprovidersnapin100
PS C:\> get-psprovider

Name            Capabilities              Drives
----            ------------              ------
WSMan           Credentials               {WSMan}
Alias           ShouldProcess             {Alias}
Environment     ShouldProcess             {Env}
FileSystem      Filter, ShouldProcess     {C, A, D}
Function        ShouldProcess             {Function}
Registry        ShouldProcess, Transa...  {HKLM, HKCU}
Variable        ShouldProcess             {Variable}
Certificate     ShouldProcess             {cert}
SqlServer       Credentials               {SQLSERVER}
```

回顾一下之前的输出结果，可以发现 SQL Server 驱动器已经被添加到我们的 Shell 当中，由 SQL Server 的 PSDrive 提供驱动。新增的该驱动意味着可以运行命令：cd SQL server 切换到 SQL Server 驱动器，接着可以开始探索数据库。

## 7.4　扩展：找到并添加模块

PowerShell v3（以及 v2）提供的第二种扩展方式称为模块。模块被设计得更加独立，因此更加容易分发，但是它的工作原理类似于 PSSnapins。但是，你需对它们有更多了解，这样才能找到和使用它们。

模块不需要复杂的注册。PowerShell 会自动在一个特定的目录下查找模块。PSModulePath 这个环境变量定义了 PowerShell 期望存放模块的路径。

```
PS C:\> get-content env:psmodulepath
➥C:\Users\Administrator\Documents\WindowsPowerShell\Modules;C:\Windows
➥\system32\WindowsPowerShell\v1.0\Modules\
```

在前面的例子中可以发现，路径中包含了两个默认的位置：其中一个是存放系统模块的操作系统目录，另外一个是存放个人模块的文档目录。如果你使用的是更新版本的 PowerShell，你或许可以发现微软额外使用了另一个位置，只要你知道一个模块的完整路径，你就可以从任何其他的位置添加模块。

注意：PSModulePath 并不能在 PowerShell 中修改，它是你操作系统环境变量的一部分。你可以在系统控制面板中对它进行修改，或者通过组策略修改。一些微软或第三方产品可能会修改该变量。

在 PowerShell v3 中，该路径很重要。如果你有位于其他位置的模块，你应该把模块所在的路径加入到 PSModulePath 这个环境变量中。图 7.1 展示了如何通过系统控制面板而不是 PowerShell 去修改该环境变量。

为什么 PSModulePath 这个环境变量的路径如此重要？因为通过它，PowerShell 可以自动加载位于你计算机上的所有模块。PowerShell 会自动发现这些模块。它看起来好像是所有的模块都已被加载了。查看一个模块的帮助，会发现你不需要手动加载它。运行任何的命令，PowerShell 都会自动加载该命令相关的模块。PowerShell 的 Update-Help 命令同样使用 PSModulePath 发现已存在的任何模块，然后针对每个模块搜索需要更新的帮助文档。

例如，运行 Get-Module | Remove-Module 移除所有加载的模块。接着运行下面的命令（你返回的结果可能会有细微的差异，这取决于你所使用的 Windows 版本）。

```
PS C:\> help *network*

Name                          Category    Module
----                          --------    ------
Get-BCNetworkConfiguration    Function    BranchCache
Get-DtcNetworkSetting         Function    MsDtc
Set-DtcNetworkSetting         Function    MsDtc
```

```
Get-SmbServerNetworkInterface      Function      SmbShare
Get-SmbClientNetworkInterface      Function      SmbShare
```

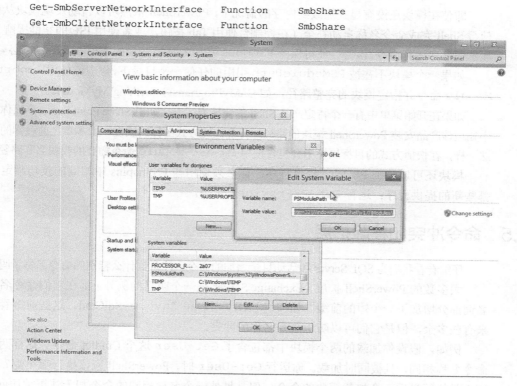

图 7.1　修改 Windows 下的 PSModulePath 环境变量

　　正如你所看到的，PowerShell 发现了几个命令名称中包含 "network" 关键字的命令（在函数分类里）。即使你没有加载该模块，你也可以查看其中任何一个模块的帮助信息。

```
PS C:\> help Get-SmbServerNetworkInterface
```

名称
　　Get-SmbServerNetworkInterface
语法
　　Get-SmbServerNetworkInterface [-CimSession <CimSession[]>]
　　[-ThrottleLimit <int>] [-AsJob] [<CommonParameters>]

　　如果你想，你甚至可以运行该命令，PowerShell 确保会自动为你加载该模块。这个自动发现和自动加载的功能非常有用，甚至帮你发现和使用你在启动 Shell 时没有出现的命令。

提示：你也可以使用 Get-Module 命令检索一个远程服务器的可用模块列表，还可以使用 Import-Module 加载一个远程模块到当前 PowerShell 会话。你将在第 13 章中的远程控制中学习到如何使用该功能。

即使在模块还没有显式加载到内存的情况下，PowerShell 依然可以自动发现模块从而使得 Shell 完成命令名称自动补全（在控制台使用 Tab 按钮，或者使用 ISE 的智能提醒）、显示帮助和运行命令。该特性使得保持 PSModulePath 环境变量的完整和最新很有必要。

如果一个模块不在被 PSModulePath 引用的任何一个目录下，你应该使用 Import-Module 命令并指定模块的完整路径，如 C:\MyPrograms\Something\MyModule。

如果在开始菜单中有一个特定产品 Shell 的快捷方式，比如说 Share Point Server，而你却不知道该产品安装 PowerShell 模块的路径，打开快捷方式图标的属性，像本章之前教你的方法一样，在快捷方式的目标属性中会包含使用 Import-Module 命令需要的模块名和路径。

模块还可以添加 **PSDrive** 提供程序。你必须使用与 **PSSnapins** 中相同的技巧确定有哪些新的提供程序：运行 Get-PSProvider 命令。

## 7.5　命令冲突和移除扩展

仔细看看我们为 SQL Server 和活动目录增加的命令。注意到什么特别的命令名称了吗？

大多数的 PowerShell 扩展（Exchange Server 是一个明显的例外）都在它们命令名的名词部分增加了一个短的前缀，如 Get-ADUser 和 Invoke-SqlCmd。这些前缀看起来有些多余，但是它们可以防止命令名称的冲突。

例如，假设你加载的两个模块中都包含了 Get-User 这个 Cmdlet 命令。这样两个命令名称相同，且被同时加载。你运行 Get-User 时，PowerShell 应该执行哪个呢？事实上是执行最后一个加载模块的命令。但是另外一个名称相同的命令却无法再被访问。为了明确所需运行的具体命令，你需要使用看起来有点多余的命名规则，它包括管理单元名称和命令名称。如果 Get-User 来自一个叫作 **MyCoolPowerShellSnapin** 的模块单元，你需要使用下面的方式运行。

```
MyCoolPowerShellSnapin\Get-User
```

这需要输入很多内容，这就是为什么微软建议添加特定产品前缀，如在每个命令的名词中加入 **AD** 或者 **SQL**。增加前缀可以防止冲突，并且使命令更容易识别和使用。

如果你已经对冲突不厌其烦，你可以随时选择删除冲突的扩展名。你需要运行 Remove-PSSnapin 或 Remove-Module，并指定管理模块或模块命令的名称，从而卸载某个扩展。

## 7.6　在非 Windows 操作系统

如果你正在使用 Linux 或 macOS，同样的注意事项也适用于上面的讨论。一方面，PSModulePath 环境变量虽然不存在，但会指向其他位置。确保检查你的电脑所寻找模块的位置。

除此之外，大量已存在的模块无法运行。可能是这些模块依赖的某个功能（例如，WMI）在你的计算机上不存在，或者这些模块有底层依赖（比如活动目录的连通性），这些依赖在你的计算机上不可用。但这种依赖不仅限于依赖 Windows：你可能会发现一些 PowerShell 模块无法在 Windows 下正常工作，这些模块依赖 Linux 或 macOS 的功能。这也强调了 PowerShell 作为一个产品以及 PowerShell 所能"接触"的功能。

# 7.7　玩转一个新的模块

让我们开始对刚刚学习到的新知识加以实践。假设你使用最新版本的 Windows 系统（不是 macOS 或 Linux），并希望能跟随我们目前在本节的命令。更重要的是，我们希望你跟随该过程并思考我们将要解释的内容，因为这是我们自学如何使用遇到的新命令而不是冲出去为每个单独的产品和功能买一本新书的方法。在本章的后面的动手实验，我们会让你自己重复该过程从而学习一个全新的命令集。

我们的目标是清除我们计算机上的 DNS 名称解析缓存。我们还不知道 PowerShell 是否能做到这一点，所以我们先要在帮助系统中寻找一些线索。

```
PS C:\> help *dns*
```

| Name | Category | Module |
| ---- | -------- | ------ |
| dnsn | Alias | |
| Resolve-DnsName | Cmdlet | DnsClient |
| Clear-DnsClientCache | Function | DnsClient |
| Get-DnsClient | Function | DnsClient |
| Get-DnsClientCache | Function | DnsClient |
| Get-DnsClientGlobalSetting | Function | DnsClient |
| Get-DnsClientServerAddress | Function | DnsClient |
| Register-DnsClient | Function | DnsClient |
| Set-DnsClient | Function | DnsClient |
| Set-DnsClientGlobalSetting | Function | DnsClient |
| Set-DnsClientServerAddress | Function | DnsClient |
| Add-DnsClientNrptRule | Function | DnsClient |
| Get-DnsClientNrptPolicy | Function | DnsClient |
| Get-DnsClientNrptGlobal | Function | DnsClient |
| Get-DnsClientNrptRule | Function | DnsClient |
| Remove-DnsClientNrptRule | Function | DnsClient |
| Set-DnsClientNrptGlobal | Function | DnsClient |
| Set-DnsClientNrptRule | Function | DnsClient |

是的！正如你看到的，这就是我们计算机上所有的 DnsClient 模块。前面的列表中显示了 Clear-DnsClientCache 命令，但是我们好奇还有其他哪个命令可用。为了找出该命令，我们手动加载该模块并列出所有命令。

**动手实验**：继续跟随我们运行这些命令。如果在你的计算机上没有 DnsClient 这个模块，那是
  因为你使用了一个较旧的 Windows 版本。请考虑获取一个新的版本，甚至是在你
  的虚拟机里运行一个实验版本，直到可以运行下述命令。

```
PS C:\> import-module -Name DnsClient
PS C:\> get-command -Module DnsClient


Capability       Name
----------       ----
CIM              Add-DnsClientNrptRule
CIM              Clear-DnsClientCache
CIM              Get-DnsClient
CIM              Get-DnsClientCache
CIM              Get-DnsClientGlobalSetting
CIM              Get-DnsClientNrptGlobal
CIM              Get-DnsClientNrptPolicy
CIM              Get-DnsClientNrptRule
CIM              Get-DnsClientServerAddress
CIM              Register-DnsClient
CIM              Remove-DnsClientNrptRule
CIM              Set-DnsClient
CIM              Set-DnsClientGlobalSetting
CIM              Set-DnsClientNrptGlobal
CIM              Set-DnsClientNrptRule
CIM              Set-DnsClientServerAddress
Cmdlet           Resolve-DnsName
```

**注意**：可以查看关于 Clear-DnsClientCache 的帮助，或者甚至直接运行命令。PowerShell
  会在后台为我们加载 DnsClient 模块。因为我们正处于探索阶段，这种方法可以查看到
  该模块的完整命令列表。

  该命令列表看起来跟我们之前的列表或多或少有些相似。好的，让我们来看看
Clear-DnsClientCache 命令。

```
PS C:\> help Clear-DnsClientCache

名称
    Clear-DnsClientCache
语法
    Clear-DnsClientCache [-CimSession <CimSession[]>] [-ThrottleLimit
    <int>] [-AsJob] [-WhatIf] [-Confirm] [<CommonParameters>]
```

  看起来已经很明确了，我们没有发现任何必要参数。让我们尝试运行命令。

```
PS C:\> Clear-DnsClientCache
```

好的，通常来说，没有消息就是最好的消息。尽管如此，我们更愿意看到该命令所完成的工作。尝试使用下面的命令。

```
PS C:\> Clear-DnsClientCache -verbose
详细信息: The specified name resolution records cached on this machine will be removed.
Subsequent name resolutions may return up-to-date information.
```

所有的命令都有-verbose 开关参数，但并不是所有命令都会实现该参数。在该示例中，我们得到一个指示发生了什么事情的信息，这让我们知道这个命令已经成功运行。

# 7.8 配置脚本：在启动 Shell 时预加载扩展

假设你已经打开了 PowerShell，并且你已经加载了几个你最为喜欢的管理单元和模块。如果你接受这种方式，每加载一个 snap-in 或模块就需要执行一个命令。如果你需要装载几个模块，这需要花费几分钟输入命令。当你不想使用 Shell 并关闭窗口之后，下次重新打开 Shell 窗口，之前加载的管理单元和模块都不复存在了，而你需要运行命令重新加载它们。这是件多么可怕的事情。肯定有一个更好的方式可以解决该问题。

我们给你介绍 3 种更好的方式。第一个涉及创建一个控制台文件。这只能记录已经加载的 **PSSnapins**，而无法加载模块。首先加载所有你想要的管理单元，接着运行下面的命令。

```
Export-Console c:\myShell.psc
```

运行该命令，可以把你在 Shell 中加载的管理单元列表保存到一个很小的 XML 文件。

接下来，你希望在某些地方创建一个新的 PowerShell 快捷方式，快捷方式的目标应该是：

```
%windir%\system32\WindowsPowerShell\v1.0\powerShell.exe
➡-noexit -psconsolefile c:\myShell.psc
```

当使用该快捷方式打开一个新的 PowerShell 窗口，这将加载控制台，并且该 Shell 会自动加载控制台文件内的所有管理单元。再次提醒，不能包括模块。如果同时需要加载管理单元和模块或者你只想加载其中某些模块，这种情况下你应该怎么做呢？

**提示**：请记住，PowerShell 会自动加载 PSModulePath 环境变量的其中一个路径中的模块。如果你想预加载模块，你只需要考虑该模块是否位于 PSModulePath 环境变量所包含的路径中。

答案就是使用配置脚本。我们在前面提到，这将在本书的第 25 章进行详细的讨论。现在按照下面的步骤来学习如何使用它们。

1．在你的文档目录创建一个名为 WindowsPowerShell（在文件夹名中不要包含空格，在非 Windows 操作系统中不同，但你可以在 Shell 中运行$profile 得到正确路径）的新文件夹。

2．在上面创建的文件夹中使用记事本创建一个名为 profile.ps1 的新文件。当你使用记事本保存该文件时，需要确保文件名称在双引号内（"profile.ps1"）。使用引号是为了防止记事本在文件名称后加上.txt 的文件扩展名。如果加上了.txt 扩展名，该方法则不生效。

3．在刚刚创建的文本文件中输入 Add-PSSnapin 和 Import-Module 命令，以一行一个命令的格式加载管理单元和模块。

4．回到 PowerShell 中，你需要启用脚本的执行功能，这在默认情况下处于禁用状态。我们将会在第 17 章讨论如此操作带来的安全隐患，但是现在我们假设你是在一个单独的虚拟机或者是单独的测试机上做该操作，这样安全性就不再是问题。在该脚本中，运行 Set-ExecutionPolicy RemoteSigned 命令。需要注意的是，该命令只有在以管理员身份运行 Shell 的时候才会执行。也可以使用组策略对象（GPO）覆盖该设置。如果是这样做，你会得到一个警告消息。

5．假设到目前为止你没有收到任何错误或者警告。关闭并重启 Shell，这将会自动加载 profile.ps1 文件，执行里面的命令，为你加载喜欢的管理单元和模块。

**动手实验：** 如果你没有找到一个喜欢的管理单元或模块，创建上面这个简单的配置文件将是一个很好的练习。如果实在不知道输入什么，可以在配置脚本输入 "cd \"，这样你每次打开 Shell 的时候就会跳转到系统盘的根目录。但不要在你生产环境中的机器上执行上面的操作，因为我们还没有解决所有的安全隐患。

# 7.9 从 Internet 获取模块

微软引入了一个名称为 PowerShellGet 的模块，这使得从在线仓库中搜索、下载、安装、升级模块变得容易了。PowerShellGet 很像 Linux 管理员喜爱的包管理器-RPM、YUM、apt-get 等。微软甚至还维护一个在线源，称为 PowerShell Gallery（http://powershellgallery.com）。

**警告** 微软维护并不意味着微软生产、验证与支持。PowerShell Gallery 包含社区贡献的代码，在你的环境执行别人的代码需要小心。

PowerShellGet 随着 PowerShell v5 以及更新版本一起发行（虽然该模块在非 Windows 系统不可用），如果你使用的是 v5 版本（检查$PSVersionTable），你就拥有了该模块。http://PowerShellGallery.com 包含指向 PowerShellGet 模块的链接，从而可以在 Windows 7 SP1 以及之后版本，Windows 2008 R2 以及之后版本上安装。你还需要安装特定的.NET Framework 版本，下载页包含.NET 以及其他系统需要的组件。

使用 PowerShellGet 非常简单，甚至有趣。

■ 运行 `Register-PSRepository` 添加一个源的 URL。http://PowerShellGallery. com 通常是默认设置，但也可以添加自用的"gallery"，并利用 `Register-PSRepository` 指向该地址。

■ 使用 `Find-Module` 在源中查找模块。你可以在名称、特定标签等列中使用通配符缩小搜索结果。

■ 找到所需的模块后，使用 `Install-Module` 下载与安装一个模块。

■ 使用 `Update-Module` 确保你的模块的副本是最新的，如果不是，下载最新版本并安装。

PowerShellGet 包含一系列其他命令（http://PowerShellGallery.com 有指向文档的链接），但上面命令是你开始所需使用的。例如，尝试安装 PowerShellGet（如果使用的不是 PowerShell v5），并从 PowerShell Gallery 安装 Don 编写的 EnhancedHTML2（在 http://PowerShell.org 中有一本免费的电子书"Creating HTML Reports in PowerShell"阐述该模块）或 Jeff 编写的 ISEScriptingGeek 模块。

# 7.10 常见误区

使用 PowerShell 的新手，当他们开始操作模块和管理单元时经常会做一件错误的事情：他们不阅读帮助文档。特别是，他们在查看帮助的时候不使用 `-example` 或者 `-full` 开关。

坦白说，查看内建的示例是学习使用一个命令的最好方式。是的，滚动数以百计的命令列表可能是有点吓人（如 Exchange Server，新增的命令大大超过了 400 个），但是通过在命令 `Help` 和 `Get-Command` 基础上加通配符应该可以更容易缩小列表的范围。因此，阅读帮助文档吧！

# 7.11 动手实验

**注意：** 在本实验中，你需要一个 Windows 7、Windows Server 2008 R2 或者是更高版本的操作系统来运行 PowerShell v3 甚至是更高的版本。

通常，我们假设在你的计算机或者虚拟机上的操作系统为最新版本（客户端或者服务器版本）运行测试。

在本实验中，你只有一个任务：运行网络故障诊断包。当你成功做到了，你需要寻找"实例 ID"敲入回车键，运行 Web 连接测试，并且从一个指定的页面中寻求帮助。使用 http://www.pluralsight.com/browse/it-ops 作为你的测试地址。我们希望你获取的返回信息是"没有发现问题"，这意味着你成功地运行了该检查。

　　为了完成该任务，你需要找到一个可以获取到故障诊断包的命令，并且需要一个可以执行故障诊断包的命令。你还需要找到这些包所处的位置和它们的名称。你需要知道的所有内容都在 PowerShell 里，帮助系统将为你找到它们。

　　这是你得到的所有帮助！

# 7.12　动手实验答案

　　下面是一种实现方式。

- `get-module *trouble* -list`
- `import-module TroubleShootingPack`
- `get-command -Module TroubleShootingPack`
- `help get-troubleshootingpack -full`
- `help Invoke-TroubleshootingPack -full`
- `dir C:\windows\diagnostics\system`
- `$pack=get-troubleshootingpack`
- `C:\windows\diagnostics\system\Networking`
- `Invoke-TroubleshootingPack $pack`
- 按回车键
- `1`
- `2`
- `https://www.pluralsight.com/browse/it-ops`

# 第 8 章 对象：数据的另一个名称

在本章我们将会尝试做一些不同的事情。我们发现 PowerShell 中对于对象的使用是最让人困惑的内容之一，但同时也是 Shell 中最关键的内容，影响在 Shell 中的所有操作。这些年我们尝试通过不同的方式对该概念进行阐述，最终我们找到了能够让完全不同背景的受众都能接受的阐述方式。如果你之前曾有过编程经验并因此很容易能够接受对象的概念，可以从 8.2 节开始阅读。如果你没有编程背景且没有在脚本语言或编程语言中使用过对象，请从 8.1 节开始阅读本章。

## 8.1　什么是对象

花一点时间运行 PowerShell 中的 Get-Process。可以看到一个包含多列的表格，但这些信息仅仅是关于进程的冰山一角。进程对象还包括机器名、主窗口句柄、最大工作集大小、退出代码和时间、处理器掩码信息以及其他大量信息。实际上，你可以找出超过 60 个与进程有关的信息。为什么 PowerShell 仅仅展示少量的信息呢？

原因非常简单，PowerShell 当然可以提供屏幕上所无法容纳的更多的信息。当运行任意命令，比如 Get-Process、Get-Service、Get-EventLog 或其他命令时，PowerShell 会在内存中完全构造用于容纳关于项的所有信息的表格。例如 Get-Process，该表格由 67 列组成，每行对应运行在计算机中的一个进程。每一列包含一部分信息，比如说虚拟内存、CPU 利用率、处理器名称、进程 ID 等。然后，PowerShell 会检查你是否指定所需查看的列。如果你未指定（目前我们还没展示如何指定）想查看的列，Shell 会查看由微软提供的配置文件并只显示微软认为你希望查看的列。

一种查看所有列的方式是使用 ConvertTo-HTML 命令。

Get-Process  |  ConvertTo-HTML  |  Out-File processes.html

该命令不会过滤列，而是生成包含所有列的 HTML 文件。这是查看整个表的一种方式。

除去包含这些信息的列之外，表中每一行都有一些与之对应的方法。这些方法包括操作系统可以以进程为目标进行的操作。比如说，操作系统可以关闭进程、杀死进程、刷新信息，或者等待进程退出等。

每当运行一个可以产生结果的命令时，输出结果在内存中以表的形式存放。当将输出结果以管道的方式由一个命令传送给另一个命令时，比如说：

```
Get-Process | ConvertTo-HTML
```

整个表通过管道进行传输。该表在传输过程中并不会过滤到只有一小部分列，而是直到所有的命令都运行后才会进行过滤。

下面是一些术语的变化。PowerShell 并不会将这些内存中的表命名为 "表"，而是使用下述 4 个术语。

- 对象——这也就是所谓的 "表行"。它代表单个事物，比如说单个进程或是单个服务。
- 属性——这也就是所谓的 "表列"。它代表关于对象的一部分信息，比如说进程名称、进程 ID 或服务状态。
- 方法——这也就是所谓的 "行为"。方法与某个对象关联并使得对象完成某些任务，比如说杀死进程或启动服务。
- 集合——这是整个对象的集合，我们曾称之为 "表"。

如果你发现下面对于对象的讨论让你感到困惑，请随时回头参考上面包含 4 个要点的列表。请将对象的集合想象成一个在内存中巨大的信息表，表中的行为对象而列为属性。

## 8.2 理解为什么 PowerShell 使用对象

PowerShell 使用对象代表数据的一个原因是，当然你总需要某种方式代表数据，对吧？PowerShell 可以将数据以类似 XML 的格式存储，或使用纯文本表来代表。但微软有一些具体的理由不这么做。

第一个原因是 Windows 本身就是一个面向对象的操作系统——或者至少，大部分在 Windows 上运行的软件是面向对象的。选择以对象集合的方式组织数据非常容易，因为大多数操作系统适用这种结构的数据。

另一个使用对象的原因是这样会使事情简单，并给你提供更加强大的功能和更好的灵活性。现在，让我们假装 PowerShell 并不会生成对象作为命令的输出结果，而是生成一个简单的文本表。这也是你一开始认为的方式。当你运行类似 Get-Process 的命令时，你将会得到格式化好的文本作为输出结果。

```
PS C:\> get-process
Handles    NPM(K)      PM(K)      WS(K) VM(M)     CPU(s)     Id ProcessName
-------    ------      -----      ----- -----     ------     -- -----------
     39         5       1876       4340    52      11.33   1920 conhost
     31         4        792       2260    22       0.00   2460 conhost
     29         4        828       2284    41       0.25   3192 conhost
    574        12       1864       3896    43       1.30    316 csrss
    181        13       5892       6348    59       9.14    356 csrss
    306        29      13936      18312   139       4.36   1300 dfsrs
    125        15       2528       6048    37       0.17   1756 dfssvc
   5159      7329      85052      86436   118       1.80   1356 dns
```

如果我们希望针对上述信息进行一些操作时会怎样？或许你希望针对所有运行 Conhost 的进程进行操作。为了完成该项操作，你必须对进程列表进行过滤。在 UNIX 或 Linux Shell 中，你需要使用类似 Grep 的命令，并告诉该命令"请帮我检查这个文本列表，仅保留第 58~64 列包含'conhost'字符的行，并删除其他行"。结果列表将会仅包含你所指定的进程。

```
Handles    NPM(K)      PM(K)      WS(K) VM(M)     CPU(s)     Id ProcessName
-------    ------      -----      ----- -----     ------     -- -----------
     39         5       1876       4340    52      11.33   1920 conhost
     31         4        792       2260    22       0.00   2460 conhost
     29         4        828       2284    41       0.25   3192 conhost
```

接下来，将上述文本通过管道传递给另一个命令，比如说从列表中获取进程 ID。"从第 52~56 列中获取字符，但丢弃前两列。"结果可能为：

```
1920
2460
3192
```

最终，你将上述文本通过管道传递给另一个命令，使用该命令杀死这些 ID 所代表的进程（或任何你希望做的操作）。

这实际上也是 UNIX 和 Linux 管理员的工作。他们花费大量的时间学习如何更好地解析文本，使用类似 Grep、Awk 和 Sed 等工具，并必须熟练使用正则表达式。这一系列过程使得他们更容易定义他们希望计算机查找的文本模式。UNIX 和 Linux 从业人员喜欢类似 Perl 的语言，因为该语言包含丰富的文本解析和文本操作方法。

但这种基于文本的方式存在一些问题。

- 你需要花费更多的时间在文本中打转，而不是完成真正的工作。
- 如果命令的输出结果改变——比如说，将 ProcessName 列移到表的第一列——你需要重写所有的命令，这是因为这些命令需要依赖列位置之类的东西。
- 你需要善于使用解析文本的语言或工具。不仅由于你的工作需要解析文本，而且解析文本还是实现目的的手段。

PowerShell 使用对象消除所有的文本操作开销。由于对象的工作机制类似内存中的表，因此你无须告知 PowerShell 信息所在的文本位置，而是仅仅需要输入列名。无论在屏幕或文件中如何组织输出结果，PowerShell 都知道去哪里获取数据，内存表总是同一个，因此你永远都不需要由于移动列而重写命令。这样的好处是你更多专注于如何实现功能，而不是这类不必要的开销。

当然，你必须学习一些使得你可以构建 PowerShell 属性的语法，但所需学习的内容将会比那些纯粹基于文本的 Shell 要少很多。

**不要抓狂**  上面的目的并不是为了深入 Linux 或 UNIX，顺便一提，它们都是基于文本的操作系统，因此文本对这些操作系统意义重大。而 Windows 并不是基于文本，而是基于 API 的操作系统，Windows 重度依赖对象模型。因此 PowerShell 以更原生的方式与 Windows 共同工作。

## 8.3   探索对象：Get-Member

如果说对象就像内存中一个巨大的表，而 PowerShell 仅仅在屏幕上展示表的一部分，那么如何看到其他你需要使用的属性呢？此时如果你想到使用 Help 命令，我们会很欣慰，因为毕竟我们在之前章节不遗余力地推崇使用帮助。但遗憾的是，这并不对。

帮助系统仅记录背景概念（以"关于"帮助主题的形式）和命令语法。如果需要了解更多关于对象的内容，使用另一个命令：Get-Member。你应该习惯于使用该命令。实际上，你更应该了解输入该命令的快捷方式。我们现在就提供给你：别名 Gm。

可以在任何产生某些输出的命令之后使用 Gm。例如，你已经知道运行 Get-Process 会在屏幕上产生一些输出，你可以将这些输出通过管道传送给 Gm。

```
Get-Process | Gm
```

当一个 Cmdlet 产生一个对象的集合时，就像 Get-Process 命令那样，整个集合直到管道末尾之前都可以被访问。直到最后一个命令运行完之前，PowerShell 都不会将对象的 89 个标签或属性过滤掉。直到最后一个命令运行完，才会创建你所见到的文本输出结果。因此在之前的例子中，Gm 可以完整访问进程对象的属性和方法，这是由于该命令还未被过滤用于显示。Gm 会查看每一个对象并构建一个包含对象属性和方法的列表，该列表内容如下。

```
PS C:\> get-process | gm


    TypeName: System.Diagnostics.Process
Name                        MemberType      Definition
----                        ----------      ----------
Handles                     AliasProperty   Handles = Handlecount
```

```
Name                    AliasProperty   Name = ProcessName
NPM                     AliasProperty   NPM = NonpagedSystemMemo...
PM                      AliasProperty   PM = PagedMemorySize
VM                      AliasProperty   VM = VirtualMemorySize
WS                      AliasProperty   WS = WorkingSet
Disposed                Event           System.EventHandler Disp...
ErrorDataReceived       Event           System.Diagnostics.DataR...
Exited                  Event           System.EventHandler Exit...
OutputDataReceived      Event           System.Diagnostics.DataR...
BeginErrorReadLine      Method          System.Void BeginErrorRe...
BeginOutputReadLine     Method          System.Void BeginOutputR...
CancelErrorRead         Method          System.Void CancelErrorR...
CancelOutputRead        Method          System.Void CancelOutput...
```

由于列表过长，我们对上述列表进行了裁剪。但愿你能够理解其中的意思。

**动手实验**：不要只相信我们所说的。现在你可以趁热打铁运行一些我们提供的命令，以便查看完整的输出结果。

顺便说一下，还有一个可能会让你感兴趣的知识点，就是一个对象的属性、方法以及其他附加到对象的东西都被称为成员。就好像对象本身是一个乡村俱乐部，所有属性和方法都是俱乐部的成员。这也是 Get-Member 名称的由来：该命令获取对象成员的列表。但请记住，PowerShell 中的惯例是使用单数名词，所以 Cmdlet 的名称为 Get-Member，而不是 "Get-Members"。

**重要**：请注意 Get-Member 输出结果的第一行，这一行很容易被忽视。这一行是 TypeName，是分配给特定类型对象的唯一名称。它现在看起来好像并不重要——毕竟，谁会关心它的名称呢？但该名称将会在下一章成为关键内容。

# 8.4 使用对象标签，也就是所谓的"属性"

当你查看 **Gm** 的输出结果时，你会注意到一些不同种类的属性。

■ 脚本属性；
■ 属性；
■ NoteProperty；
■ 别名属性。

---

**补充说明**

通常来说，.Net Framework 中的对象——也就是所有 PowerShell 对象的来源——只包含"属性"。PowerShell 会动态添加其他内容：ScriptProperty、NoteProperty、AliasProperty 等。如果你正好在微软的 MSDN 文档中查看某个对象类型（你可以将对象的类型名称输入 MSDN 的搜索框），你无法找到这些额外的属性。

　　PowerShell 有一个扩展类型系统（ETS）负责添加这些后来的属性。为什么它会这么做？拿某些案例来说，它使得对象具有更好的一致性，比如为原生只具有类似 `ProcessName` 属性的对象添加 Name 属性（这也是别名属性的作用）。还有一些情况是暴露对象中隐藏的一些信息（进程对象包含一些脚本属性完成这项工作）。

　　当你在 PowerShell 的世界中，这些属性的行为都会变得一致。但当这些属性并没有在官方文档页面中出现时，也请不要惊讶：Shell 会自动添加这些额外的属性，通常会使得你的工作更加轻松。

对实现你的目标来说，这些属性都一样，唯一的区别是属性原本是如何被创建出来的。但你不必担心这些。对你来说，这些都是"属性"，使用的方法并无不同。

属性总是包含一个值。例如，进程对象的 ID 属性可能是 `1234`，对象的名称属性的值可能是 `NotePad`。属性用于描述关于对象的某些方面：它的状态、它的 ID、它的名称等。在 PowerShell 中，属性通常是只读的，意味着你无法通过给 Name 属性赋一个新值来改变服务的名称。但你可以通过读取 Name 属性获取服务的名称。我们估计你在 PowerShell 中 90%的工作都需要与属性打交道。

## 8.5　对象行为，也就是所谓的"方法"

很多对象都支持一个或多个方法，正如我们之前提到过的，是你可以指导对象的行为。进程对象包含一个 Kill 方法，它会终止进程。某些方法需要一个或多个输入参数来为某个行为提供额外的细节信息，但在早期的 PowerShell 学习中，你不会遇到这些需要参数的方法。实际上，你可能使用多个月甚至多年 PowerShell 而从来不需要执行一个有参数的方法，这是由于这些方法可以和 Cmdlets 互相替代。

例如，如果你需要终止一个进程，可以通过 3 个办法实现。其中一个办法是获取对象并执行 Kill 方法，另一个办法是使用一系列 Cmdlets：

```
Get-Process  -Name  Notepad  |  Stop-Process
```

你还可以使用单个 Cmdlet 完成这项任务：

```
Stop-Process  -name  Notepad
```

在整本书中，我们更专注于使用 PowerShell Cmdlet 完成任务。Cmdlet 提供了最简单、最具管理员导向、最聚焦任务的方式完成工作。而使用方法就开始进入.NET Framework 编程的领域，这会更加复杂且需要更多的背景知识。鉴于此，你将会很少——或是从不看到我们在本书中执行对象的方法。实际上，我们在这一点上的哲学是："如果无法通过 Cmdlet 完成，那就回头使用 GUI 完成。"相信我们，在你的职业生涯中都不会感受到这种哲学。但现在来说，保持使用"PowerShell 的方式"做事是一个不错的办法。

> **补充说明**
>
> 在学习 PowerShell 的本阶段，你无须懂得关于对象方法的知识。但除了属性和方法之外，对象还有一个事件。事件是以对象的方式通知你某些事情发生了。一个进程对象，举例来说，可以在进程结束时触发 Exited 事件。你可以将你自己的命令附加到这些事件上，比如说，当进程结束时发送一封邮件。以这种方式和事件交互是高级主题，并且超出了本书的范畴。

## 8.6　排序对象

大部分 PowerShell Cmdlets 以确定性的方式产生对象，这意味着每次运行命令时都会以相同的顺序产生对象。例如，服务和进程都按照字母表顺序对名称进行排序。事件日志倾向于按照事件排序。那么假如我们希望改变排序方式，该如何做？

例如，假设我们希望显示一个进程列表，按照对虚拟内存（Vitrual Memory，VM）的消耗由高到低进行排列。我们将需要基于 VM 属性对列表进行重新排序。PowerShell 提供了一个简单的 Cmdlet、Sort-Object，就像其名称那样，可以对对象进行排序。

```
Get-Process | Sort-Object -property VM
```

**动手实验**：我们希望你运行上述命令。我们不会将输出结果写入书中，因为输出结果表有点长。但如果你跟着教程运行，你会在屏幕上得到同样的结果。

该命令并不是我们最终想要的结果。它虽然以 VM 进行排序，但是以升序形式，最大值在列表底部。通过阅读 Sort-Object，可以发现-descending 参数可以反转排序。我们还注意到，-property 参数是位置参数，因此无须输入参数名称。我们还告诉过你 Sort-Object 有一个别名，也就是 Sort，所以你可以在下一个动手实验中少输入一些内容。

```
Get-Process | Sort VM -desc
```

我们还将-descending 简化为-desc，仍然可以得到想要的结果。-property 参数接受多个值（如果你查看过帮助文件，我们确定你可以发现这一点）。

为了防止两个进程使用的虚拟内存相同，我们还希望按照进程 ID 进行排序。下述命令可以实现这一点。

```
Get-Process | Sort VM, ID -desc
```

和之前一样，通过以逗号分隔列表的方式将多个值传递给任意支持多个值的参数。

## 8.7　选择所需的属性

另一个有用的 Cmdlet 是 Select-Object。该 Cmdlet 从管道接受对象，你可以指定希望显示的属性。这使得你可以访问任意属性，减少返回列表，只返回你感兴趣的列，而默认情况下由 PowerShell 配置规则控制。这对于将对象输出到 HTML 的 `ConvertTo-HTML` 命令来说非常有用，因为该 Cmdlet 通常会创建包含所有属性的表。

比较下面两个命令的结果。

```
Get-Process  | ConvertTo-HTML | Out-File  test1.html
Get-Process  | Select-Object -property  Name, ID, VM, PM  |
➥ConvertTo-HTML  | Out-File  test2.html
```

**动手实验**：请尝试分别运行上述命令，然后在 IE 中查看输出的 HTML 结果，以比较区别。

请花一些时间查看 `Select-Object`（或者可以使用该命令别名：`Select`）。`-property` 参数看上去是位置参数，这意味着我们可以将上面运行的命令缩短。

```
Get-Process  | Select  Name,ID,VM,PM  | ConvertTo-HTML  | Out-File  test3.html
```

请花一些时间体验 **Select-Object**。实际上，可以修改下述命令进行其他尝试，该命令将结果展现在屏幕上。

```
Get-Process  | Select  Name, ID, VM, PM
```

请尝试从列表中添加或删除不同的进程对象属性并查看结果。在最多可以指定多少属性的情况下保持输出结果以表的形式展现？在选择多少属性的情况下就会强制 PowerShell 在输出结果中使用别名而不是表？

> **补充说明**
>
> `Select-Object` 还拥有 `-First` 和 `-Last` 参数，这两个参数可以保留管道中对象的子集。例如，`Get-Process | Select -First 10` 将会保留前 10 个对象。但不能加过滤条件，比如选择特定的进程，只能选择前（或最后）10 个。

**警告**：人们经常会将 `Select-Object` 和 `Where-Object` 这两个 PowerShell 命令搞混，虽然目前你还没有见过 `Where-Object`。`Select-Object` 用于选择所需的属性（或列），还可以选择输出行的任意子集（使用 `-First` 和 `-Last`）。`Where-object` 基于筛选条件从管道中移除或过滤对象。

## 8.8　在命令结束之前总是对象的形式

PowerShell 管道在最后一个命令执行之前总是传递对象。在最后一个命令执行时，PowerShell 将会查看管道中所包含的对象，并根据不同的配置文件决定哪一个属性被用于构建展示在屏幕上的最终结果。它还会基于一些内部规则和配置文件确定展示是表还是列表（我们将会在接下来的章节更多阐述这些规则和配置，以及如何修改它们）。

　　一个重要的事实是，在一个命令行中，管道可以包含不同类型的对象。在接下来的例子中，我们将会选择一个命令行，并且每一个命令单独占一行，这样将更容易解释我们所谈论的内容。

　　下面是第一个示例。

```
Get-Process |
Sort-Object VM -descending |
Out-File c:\procs.txt
```

　　在本例中，首先运行 Get-Process，该命令将进程对象放入管道。下一个命令是 Sort-Object，该命令并不会改变管道中的内容，仅仅是改变对象的顺序，直到 Sort-Object 结束，管道仍然只包含进程。最后一个命令是 Out-File。在这里，PowerShell 生成输出结果，也就是管道中所包含的内容——进程对象，并根据 PowerShell 的内部规则将对象格式化，最终结果被存入指定文件。

　　接下来是一个稍复杂的例子。

```
Get-Process |
Sort-Object VM -descending |
Select-Object Name, ID, VM
```

　　该命令以同样的方式运行。Get-Process 将进程对象放入管道。接下来运行 Sort-Object，该命令将同样的进程对象放入管道。但 Select-Object 就有所不同了。进程对象总是拥有相同的成员。Select-Object 并不能通过删除你不需要的属性减少属性列表。如果这样的话，结果就不再是进程对象，而是 Select-Object 创建一个名为 PSObject 的自定义对象，PowerShell 使用这个对象将属性从进程对象中复制出来，结果是自定义对象被放入管道。

**动手实验**：尝试在一个命令行中输入上述 3 个 Cmdlet。请记住，你需要在一行中输入所有的命令。请注意输出结果和正常运行 Get-Process 的输出结果有何不同。

　　当 PowerShell 发现光标已经到达命令行结尾时，它必须知道如何对文本输出结果进行排版。这是由于管道中包含的对象不再是进程对象，PowerShell 不会再将默认规则和配置应用于进程对象，而是通过查询 PSObject 的规则和配置，这也是当前管道中包含的配置类型。由于 PSObjects 用于自定义输出，微软并没有为 PSObjects 提供任何规则或配置。而是 PowerShell 将尽最大努力进行猜测并产生表。在理论上，产生的表可以容纳上述 3 列信息，但表并不像正常的 Get-Process 输出结果那样有美观的排版，这是由于 Shell 缺少使得表更美观的额外的配置信息。

　　你可以使用 Gm 查看管道中不同的对象。请记住，你可以在任何产生输出结果的 Cmdlet 之后使用 Gm。

```
Get-Process | Sort VM -descending | gm
Get-Process | Sort VM -descending | Select Name, ID, VM | gm
```

**动手实验**：请分别运行上述两个命令，并查看输出结果的区别。

请注意，PowerShell 会展示出管道中对象的类型名称作为 Gm 输出结果的一部分。在第一个例子中，对象类型为 System.Diagnostics.Process，但是在第二个例子中，管道里包含另一种类型的对象。这个新的"经过筛选"的对象仅包含 3 个指定属性——Name、ID 和 VM，以及另外一些由系统生成的成员。

即便 Gm 产生对象并将对象放入管道，在运行 Gm 之后，管道也不再包含进程对象或是"经过筛选"的对象，它仅包含由 Gm 生成的对象类型：Microsoft.PowerShell.Commands.MemberDefinition。你可以通过在管道中对 Gm 的输出结果再次使用 Gm 命令证明。

```
Get-Process | Gm | Gm
```

**动手实验**：你一定很想尝试该命令，该命令让人感到有些费解。首先是 Get-Process 命令，将进程对象放入管道。然后运行 Gm，该命令分析进程对象并生成该对象的 Member Definition 对象。然后将结果再次利用管道传输给 Gm，该命令将分析并产生 MemberDefinition 成员列表作为输出结果。

掌握 PowerShell 的一个关键点是在任意时间点知道当前管道中的对象类型。Gm 可以帮助你实现这一点，但自己将整个命令从头到尾过一遍将会更好地帮助你理清头绪。

## 8.9　常见误区

参加我们课程的学生在开始学习 PowerShell 时通常会犯一些错误，虽然随着经验的积累，这些错误都会被修正，但我们还是希望他们所犯的错误会引起你的警觉。下面的列表可以帮助你在走错方向时及时改正。

- 请记住，PowerShell 帮助文件不包括有关对象属性的信息。你必须将对象利用管道传输给 Gm（Get-Member）从而查看属性列表。
- 请记住，你可以在产生结果的任意管道末尾添加 Gm 命令。类似 Get-Process -name Notepad | Stop-Process 的命令行正常情况下不产生结果，所以将|Gm 置于管道末尾不会产生任何结果。
- 请注意输入的整洁性。请在管道操作符两边加入空格，这是由于命令行看起来更像 Get-Process | Gm，而不是 Get-Process|Gm。在这里添加空格是有原因的，请使用空格。
- 请记住，管道中在不同阶段可以包含不同类型的对象。请考虑当前在管道中的对象类型是什么，并把精力集中在下一个命令对当前类型的对象所做的操作。

## 8.10 动手实验

**注意**：对于本次动手实验来说，你需要运行 PowerShell v3 或更新版本 PowerShell 的计算机。

目前为止，本章或许比其他章节覆盖了更多、更难以及更新的知识点。希望我们的讲述方式能够帮你理解这些概念。下面的练习可以帮助你巩固所学到的知识。其中一部分任务需要你利用在之前章节所学的知识，这是为了帮你巩固之前的知识。

1. 找出生成随机数字的 Cmdlet。
2. 找出显示当前时间和日期的 Cmdlet。
3. 任务#2 的 Cmdlet 产生的对象类型是什么？（由 Cmdlet 产生的对象类型名称是什么？）
4. 使用任务#2 中的 Cmdlet 和 Select-Object，仅显示星期几，示例如下（警告：输出结果将会靠右对齐，请确定 PowerShell 窗口没有水平滚动条）。

```
DayOfWeek
---------
   Monday
```

5. 找出可以在 Windows 中显示已安装的补丁（hotfix）的 Cmdlet。
6. 使用任务#5 的 Cmdlet 显示已安装的补丁列表，按照安装日期对列表进行排序，并仅显示如下几列：安装日期、补丁 ID、安装用户。请记住，在命令默认输出显示的列头并不一定是属性的实际名称——你需要查找实际的属性名称来确保这一点。
7. 重复任务#6，但这次按照补丁描述对结果进行排序，并输出描述、补丁 ID、安装日期列，最终将结果保存到 HTML 文件。
8. 从安全事件日志中显示最新的 50 条列表（如果安全事件列表为空，你也可以使用其他日志，比如系统或应用程序日志）。按照时间升序对日志进行排序，同时也按照索引排序。显示索引、时间以及每条记录的来源。将这些信息存入文本文件（不是 HTML 文件，而是纯文本文件）。你可以尝试使用 Select-Object 以及它们的-first 或-last 参数实现本任务；但请不要这么做，还会有更好的方法。同时，目前请避免使用 Get-Winevent；可以使用一个更好的 Cmdlet 完成本任务。

## 8.11 动手实验答案

1. Get-Random
2. Get-Date
3. System.DateTime
4. Get-Date | select DayofWeek

5. `Get-Hotfix`

6. `Get-HotFix | Sort InstalledOn | Select InstalledOn,InstalledBy,HotFixID`

7. `Get-HotFix | Sort Description | Select Description, InstalledOn,InstalledBy,HotFixID | ConvertTo-Html -Title "HotFix Report" | Out-File HotFixReport.htm`

8. `Get-EventLog -LogName System -Newest 50 | Sort TimeGenerated,Index | Select Index,TimeGenerated,Source | Out-File elogs.txt`

# 第 9 章 深入理解管道

此刻，你已经学到如何高效使用 PowerShell 的管道。这些命令（比如 Get-Process |
Sort VM -desc | ConvertTo-HTML | Out-File process.html）的功能非常强
大。如果采用其他脚本语言实现相同功能，可能需要编写多行代码，但是利用 PowerShell，
仅需要单行命令即可。但是，你本可以做得更好。在本章中，我们会更深入地讲解管道
相关的知识，并展示其最强大的功能。

## 9.1 管道：更少的输入，更强大的功能

我们喜欢 PowerShell 的一个重要原因是它并不像 VBScript 那样，需要我们编写很
多代码实现某些功能，从而使得我们的工作更加高效。单行的 PowerShell 命令功能如此
强大，主要在于 PowerShell 管道的工作机制。

另外需要说明：即使你完全跳过本章的学习，也可以高效使用 PowerShell。但是在
大部分情况下，你不得不采用 VBScript 的风格编写脚本或者程序。虽然 PowerShell 的
管道功能非常复杂，但是相比于其他更为复杂的编程语言，它更容易学习。通过学习如
何使用管道，你可以更高效地完成某项工作，而无须编写脚本。

本章的宗旨是在尽量键入较少命令的前提下，让 Shell 完成更多的工作。可以想象，
你会很惊讶地发现，该 Shell 可以非常完美地实现这些功能。

## 9.2 PowerShell 如何传输数据给管道

当将两条命令串联在一起时，PowerShell 必须搞清楚怎样将第一条命令的输出作为第
二条命令的输入。在下面的示例中，我们将第一条命令称为命令 A，这条命令会产生某些
结果。第二条命令称为命令 B，它会接收命令 A 产生的结果集，然后完成自己的工作。

```
PS C:\>CommandA | CommandB
```

如图 9.1 所示，在该文本文件中，每行均代表一个计算机的名称。

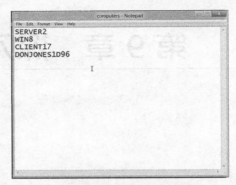

图 9.1　创建一个包含计算机名称的文本文件，每行代表一个计算机名称

你可能希望将这部分计算机名称作为某些命令的传入数据，以便该命令会在这些计算机上被运行，比如下面的例子。

```
PS C:\> Get-Content .\computers.txt | Get-Service
```

当运行 Get-Content 命令时，它会将文本文件中的计算机名称放入管道中。之后 PowerShell 再决定如何将该数据传递给 Get-Service 命令。但 PowerShell 一次只能使用单个参数接收传入数据。也就是说，PowerShell 必须决定由 Get-Service 的哪个参数接收 Get-Content 的输出结果。这个决定的过程就称为管道参数绑定（Pipeline parameter binding），这也是本章主要讲解的内容。PowerShell 使用两种方法将 Get-Content 的输出结果传入给 Get-Service 的某个参数。该 Shell 尝试使用的第一种方法称为 ByValue；如果这种方法行不通，它将会尝试 ByPropertyName。

# 9.3　方案 A：使用 ByValue 进行管道输入

当使用 ByValue 这种方式实现管道参数绑定时，PowerShell 会确认命令 A 产生的数据对象类型，然后查看命令 B 中哪个参数可以接受经由管道传来对象的类型。可以采用下面的方法来证明：通过管道将命令 A 的输出结果发送给 Get-Member，然后就可以查到该命令产生的结果的对象类型。之后，查看命令 B 的详细帮助信息（例如 Help Get-Service -Full），确定命令 B 的哪个参数可以接收 ByValue 管道传出的数据类型。图 9.2 展示了该过程。

你将会看到 Get-Content 命令产生的结果对象的类型是 System.String（或者简称为 String）。通过查询帮助信息，可以看到 Get-Service 中的确也存在可以从

ByValue 管道中接收 String 类型数据的参数。检查发现，可以接受 String 类型数据的参数是-Name。查看帮助信息，其说明为"指定要检索的服务的名称"。你可能已经发现一个问题：这并不是我们需要的——我们的文本文件中的内容，也就是 String 对象，是指计算机名称，并不是服务的名称。如果我们执行下面的命令，之后会得到名为 **SERVER2** 或者 **WIN8** 的服务名称，肯定无法正常执行。

```
PS C:\> Get-Content .\computers.txt | Get-Service
```

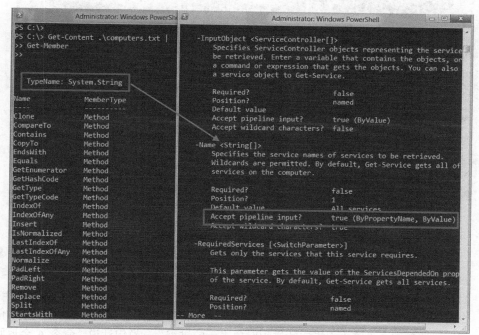

图 9.2　对比 Get-Content 的输出结果与 Get-Service 的输入参数

PowerShell 只允许使用一个参数接收 ByValue 管道返回的对象类型。也就意味着，由于-Name 参数接收了来自 ByValue 管道返回的 String 类型数据，那么其他参数就无法再接收该数据。这样我们将文本文件中的计算机名称通过管道传递给 Get-Service 命令的希望破灭了。

在这个示例中，管道的输入可以正常工作，但是无法得到我们期望的结果。我们再看另外一个示例。在新示例中，我们能得到我们期望的结果。下面是对应的命令行。

```
PS C:\>Get-Process -Name note* | Stop-Process
```

我们将命令 **A** 的输出结果通过管道传递给 Get-Member，之后查看命令 **B** 的详细帮助信息。图 **9.3** 即为之后的对比结果。

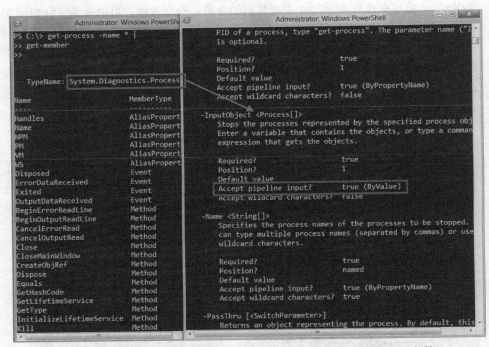

图 9.3　将 Get-Process 输出结果绑定到 Stop-Service 命令的一个参数

　　Get-Process 命令会返回类型为 System.Diasnostics.Process 的对象（注意：我们在该示例中限制了返回的 Process 的名称（名称以 note 开头）；由于我们开启一个 NotePad 进程，所以执行该命令后，会返回对应的结果）。Stop-Process 命令会使用-InputObject 参数接收这些来自 ByValue 管道的进程对象。从帮助信息中得知，该参数会"停止由指定的进程对象表示的进程"。换句话说，命令 A 会返回一个或多个进程对象，命令 B 会停止（或者杀死）这些进程。

　　这是诠释管道参数绑定一个比较恰当的示例，同时反映了 PowerShell 中比较重要的一个知识点：大部分情况下，使用相同名词的命令都可以使用 ByValue 方式相互之间进行管道传输（比如 Get-Process 和 Stop-Process）。

　　下面，我们看另外一个示例。

```
PS C:\>Get-Service -Name s* | Stop-Process
```

　　表面上看起来，该命令没有任何意义。但是当我们将命令 A 的结果集通过管道传输给 Get-Member，之后再查看命令 B 的详细帮助信息，那么也就如图 9.4 所示。

　　Get-Service 返回了 ServiceController 类型的对象（准确地说，应该是 System.ServiceProcess.ServiceController，但是我们可以只取最后一位的名

称作为简写）。糟糕的是，`Stop-Process` 没有一个参数可以接收 `ServiceController` 类型的对象。这也就意味着，使用 `ByValue` 方式进行处理的方案失败，此时 **PowerShell** 会尝试其备选方案 `ByPropertyName`。

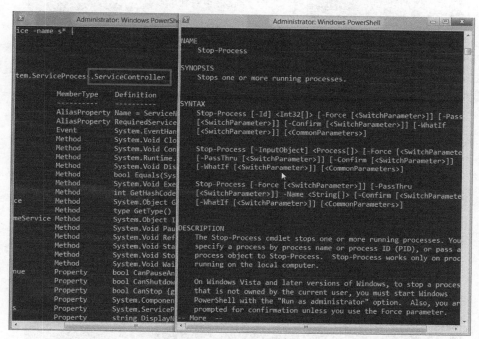

图 9.4　检查 Get-Process 的输出结果以及 Stop-Process 的输入参数

## 9.4　方案 B：使用 ByPropertyName 进行管道传输

该方案同样需要将命令 A 的输出结果传递给命令 B 的参数。但是 `ByPropertyName` 与 `ByValue` 稍有不同。通过该方法，命令 B 的多个参数可以被同时使用。我们再次将命令 A 的输出结果传递给 `Get-Member`，之后查看命令 B 的语法。图 9.5 展示了该结果：命令 A 的输出结果中一个属性的名称匹配到命令 B 的一个参数。

很多人都会认为这里的原理很复杂，因此需要澄清一下，该 Shell 对该功能的实现其实非常简单：仅仅是寻找能够匹配参数名称的属性名称。就是这么简单，本例中属性 "Name" 与参数名称 "-Name" 相同，Shell 会尝试将这两个值进行关联。

但是并不是如此简单就能实现：首先，它会检查 -Name 参数是否可以接收来自 `ByPropertyName` 管道的输出。通过查看详细帮助信息，就可以确定，如图 9.6 所示。

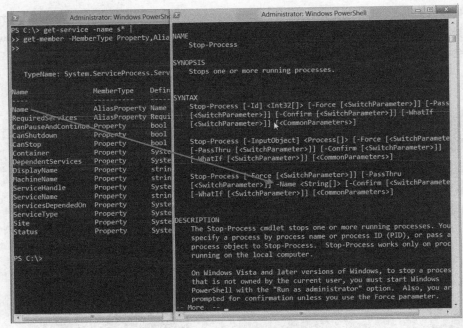

图 9.5 映射属性到参数

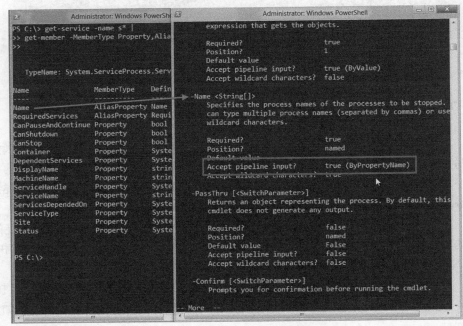

图 9.6 确认 Stop-Process 的-Name 参数是否可以接收 ByPropertyName 管道的输出结果

在该示例中，-Name 参数可以接收来自 ByPropertyName 管道的输出结果，所以这个连接可以正常工作。神奇之处在于，与 ByValue 管道只能使用一个参数不同，ByPropertyName 会将每个匹配的属性与参数进行关联（提供的每个参数都可以接收来自 ByPropertyName 管道的输出值）。在这个示例中，只有 Name 属性与-Name 参数匹配，如图 9.7 所示。

从图 9.7 中可以看到产生了大量的错误。问题在于，**Service** 的名称基本上都类似于 ShellHWDetection 和 SessionEnv,但是服务的可执行文件一般为类似 svchost.exe 的这种命名规则。Stop-Process 只会处理那些可执行文件的名字。虽然 Name 属性能通过管道关联到-Name 参数，但是 Name 属性中隐藏的属性值并不能被-Name 参数所处理，最终也就导致了上面的错误。

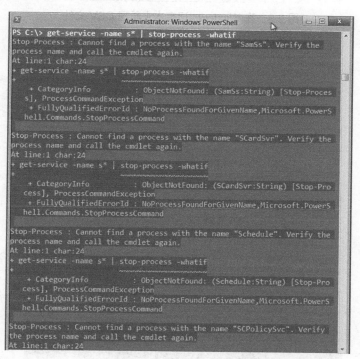

图 9.7  尝试将 Get-Service 的输出结果通过管道传送给 Stop-Process

下面看一个可以正常运行的示例：使用记事本新建一个以逗号间隔的 CSV 文件，如图 9.8 所示。

将该文件保存为 aliases.csv，之后回到 Shell 界面，尝试导入该文件，如图 9.9 所示。当然，你也可以将 Import-CSV 的输出结果通过管道传递给 Get-Member，这样就可以查看输出的内容。

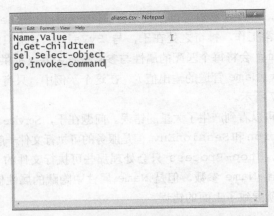

图 9.8　在 Windows 记事本中新建 CSV 文件

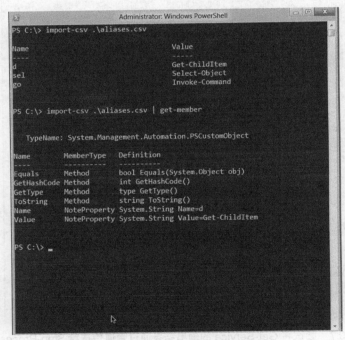

图 9.9　导入 CSV 文件，并查看它的成员

　　你可以清晰地看到，CSV 文件中的列名称成为属性，而 CSV 中每一行的值成为一个对象。现在我们查看 New-Alias 的详细帮助，如图 9.10 所示。

　　Name 和 Value 属性都可以关联到 New-Alias 的参数名称。当然，这里是特意实现的（因为你可以将 CSV 文件的列任意命名）。现在我们可以检查 New-Alias 的 -Name 和 -Value 参数是否可以接收来自 ByPropertyName 管道的输出结果，如图 9.11 所示。

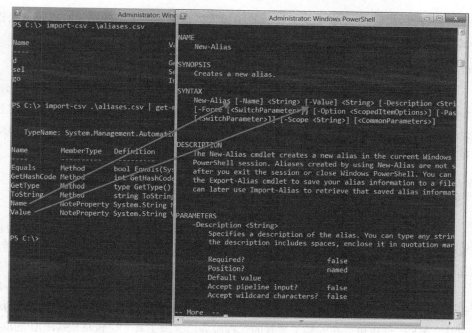

图 9.10 匹配属性与对应的参数

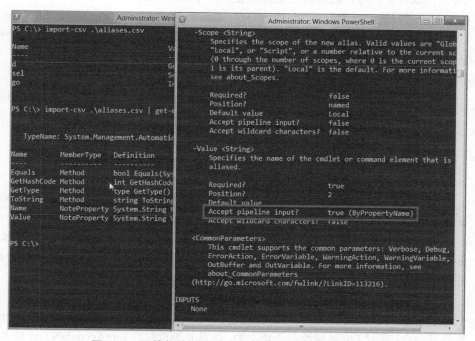

图 9.11 寻找能接受 ByPropertyName 管道输入的参数

经过查看，两个参数都可以接收管道输入，也就证明下面的语句可以正常工作。尝试执行下面的语句。

```
PS C:\>Import-CSV .\aliases.csv | New-Alias
```

执行之后，会产生 3 个新的别名，名为 d、sel 和 go，分别对应 Get-ChildItem、Select-Object 和 Invoke-Command 命令。从这里可以看出，这是一个非常强大的功能，它可以将数据从一个命令传递给另外一个命令，之后只需要使用少量的命令语句就可以实现复杂的功能。

# 9.5　数据不对齐时：自定义属性

当我们人为创建某些输入数据时，使用 CSV 比较适用，因为我们可以人为将属性和参数名称对齐。但是当你必须通过 PowerShell 处理其他对象或者他人提供的数据时，可能就会变得比较困难。

比如这个示例：我们会介绍一个之前未使用过的命令 New-ADUser。该命令属于活动目录中的一个模块，它存在于 Windows Server 2008 R2 及之后的版本操作系统的域控制器中。另外，你也可以在安装了微软的远程服务器管理工具（Remote Server Administration Tools，RSAT）的客户端电脑上找到该组件。现在请不要担心如何运行命令，只需要跟随下面的示例就可以了。

New-ADUser 命令包含一些参数，每个参数用来匹配一个新的活动目录账号的信息，比如：

- -Name（该参数是必要参数）
- -samAccountName（从语法角度，可以不提供。但是仍然需要提供该参数，使得 AD 账号可用）
- -Department
- -City
- -Title

我们这里可以介绍更多参数，但是如果仅为了练习，上面这些参数已经足够。这些参数都可以按照 ByPropertyName 方式接收管道的输出。

比如下面的例子，你需要处理一个 CSV 文件，但是该文件来自于公司的 HR 部门。你可能多次要求他们按照某特定格式给出文件，但是 HR 部门仍然固执地使用自己的文件格式，如图 9.12 所示。

如图 9.12 所示，PowerShell 成功导入该 CSV 文件，最终产生了 3 个对象，并且每个对象包含 4 个属性。但是存在一个问题：dept 属性与 New-ADUser 的 -Department 参数并不吻合；同时 Login 属性是无意义的，这里并没有包含 samAccountName 或者 Name

属性（如果你想通过下面的命令来创建新用户，那么必须指定这两个属性）。

```
PS C:\>Import-CSV .\NewUsers.CSV | New-AdUser
```

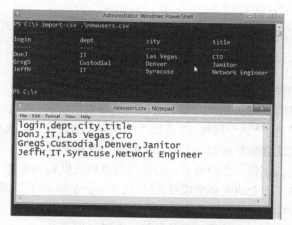

图 9.12  处理 HR 部门提供的 CSV 文件

那么我们如何解决这个问题？当然，你可以直接打开这个 CSV 文件，之后修复它（将列名修改为符合 New-ADUser 中参数的名称），但是需要花费一定的时间。PowerShell 的宗旨在于减少手工操作。为什么不通过 Shell 脚本解决该问题？来看下面的示例。

```
PS C:\> Import-CSV .\NewUsers.CSV |
>> Select-Object -Property *,
>> @{name='samAccountName';expression={$_.login}},
>> @{label='Name';expression={$_.login}},
>> @{n='Department';e={$_.Dept}}
>>


Login          : DonJ
Dept           : IT
City           : Las Vegas
Title          : CTO
SamAccountName : DonJ
Name           : DonJ
Department     : IT

Login          : GregS
Dept           : Custodial
City           : Denver
Title          : Janitor
samAccountName : GregS
Name           : GregS
Department     : Custodial
```

```
Login          : JeffH
Dept           : IT
City           : Syracuse
Title          : NetWork Engineer
SamAccountName : JeffH
Name           : JeffH
Department     : IT
```

看起来，语法比较特别。下面将这部分语法拆开来看。

- 这里我们使用了 Select-Object 命令以及它的 -Property 参数。最开始，我们指定了 * 这个属性（* 是指"所有存在的属性"）。在 * 后面，我们使用了逗号，也就意味着我们还会输入其他的一些属性列。
- 之后我们创建一个哈希表，哈希表的结构是以 @{ 为起始，以 } 为结尾。哈希表中包含了一个或者多个成对的键-值（Key-Value）数据。我们使用 Select-Object 寻找我们指定的一些特定键。
- Select-Object 需要寻找的第一个键可以是 Name、N、Label 或者 L，该键对应的值也就是我们想创建的属性的名称。在第一个哈希表中，我们指定了 samAccountName，第二个哈希表中为 Name，第三个哈希表中指定为 Department。这三个属性的名称正好可以对应到 New-ADUser 命令的 3 个参数。
- Select-Object 需要的第二个键可以是 expression 或者 E。该键对应的值是一个包含在 {} 中的脚本块。在脚本块中，使用特定的 $_ 占位符关联到已存在的管道对象（CSV 文件中每行的数据）。通过 $_ 可以读取管道对象的属性，或者说是 CSV 文件的一个列。也就是说，通过这种方法来指定新属性的值。

**动手实验**：请参照图 9.12 新建一个 CSV 文件，之后输入上面示例中运行的所有命令。

到现在为止，已完成的步骤包括获取 CSV 文件的内容（Import-CSV 的输出结果），之后在管道中动态地修改该内容。最后新的数据输出结构能与 New-ADUser 命令期望的格式一致，这样我们就可以使用下面的命令创建新的 AD 用户了。

```
PS C:\> Import-CSV .\NewUsers.CSV |
>> Select-Object -Property *,
>> @{name='samAccountName';expression={$_.login}},
>> @{label='Name';expression={$_.login}},
>> @{n='Department';e={$_.Dept}} |
>> New-ADUser
>>
```

从语法上看有点丑，但技术本身非常强大。在 PowerShell 的其他地方也可以使用该命令，后续章节中会有类似示例。甚至你可以在 PowerShell 的帮助文件的示例中看到这种命令：运行 Help Select -Example 命令并查看。

# 9.6   括号命令

有些时候，不管我们怎么尝试，都无法处理管道的输出结果，比如 Get-WMIObject。
下一章中会详细讲解该命令，但是我们现在可以先大概看一下它的帮助信息，如图
9.13 所示。

该参数并不能接收来自管道的计算机名称。那么我们应该如何将其他来源的数据
（比如一个文本文件，其中每行数据代表一个计算机名称）传递给该命令呢？下述命令
无法正常执行。

```
PS C:\>Get-Content .\computers.txt |Get-WMIObject -Class win32_bios
```

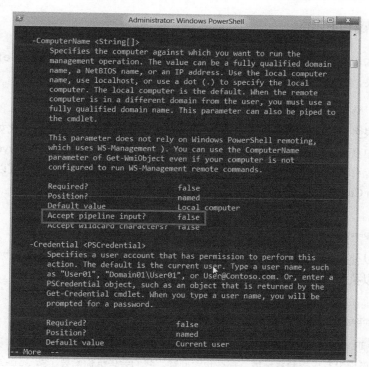

图 9.13   查看 Get-WMIObject 的详细帮助信息

Get-Content 命令输出的 String 对象无法匹配到 Get-WMIObject 命令的
-ComputerName 参数。那么此时，我们应该怎么做？答案是使用圆括号。

```
PS C:\> Get-WMIObject -Class Win32_BIOS -ComputerName
(Get-Content .\computers.txt)
```

现在我们回想一下高中代数课中对括号的解释:"优先执行。"也就是说,PowerShell 会采用如下顺序来执行这个命令:先执行括号里的命令;第一步命令执行的结果(在本例中,是多个 `String` 类型的对象)被传递给 `Get-WMIObject` 的参数。由于 -Computer Name 能够接收 `String` 类型的对象,所以此时,整个命令可以正常执行。

**动手实验:** 如果有大量的计算机可以用来做测试,那最好不过。将正确的机器名称和 IP 地址写入到一个 computers.txt 文件中。如果是在域环境中(在域环境中,计算机的权限变更会非常容易),那么会测试得更顺利。

括号命令功能非常强大,因为它根本不依赖于参数管道绑定——它会将获取的对象强制匹配到正确的参数。但是如果括号中输出的对象类型和需要绑定的参数类型不一致,也会存在问题。此时,我们需要手动做一些修改。详见下一小节。

# 9.7　提取属性的值

在本章开始展示了一个示例,在该示例中,我们使用圆括号得到 Get-Content 的输出结果,之后将该输出结果传递给另外一个 Cmdlet 的参数。

```
Get-Service -computerName (Get-Content names.txt)
```

在很多时候,我们可能不会从一个静态文件中获取计算机名称,比如可能需要从活动目录中获取某些数据。借助于 ActiveDirectory 模块(在 Windows Server 2008 R2 及之后版本操作系统上,以及在安装了 RSAT 的客户端电脑上),我们可以查询域控制器(Domain Controller)上所有的信息。

```
PS C:\>Get-ADComputer -Filter * -SearchBase "ou=domain controllers,
➥dc=company,dc=pri"
```

可以使用括号将上面命令的输出结果传递给 Get-Service 吗?也就是说,下面的命令可以执行吗?

```
PS C:\>Get-Service -computerName (Get-ADComputer -filter *
➥-searchBase "ou=domain controllers,dc=company,dc=pri")
```

**补充说明**

如果你没有域控制器环境,那么也没问题。我们会告诉你需要了解 Get-ADComputer 的哪些信息。

首先,该命令包含在一个名称为 ActiveDirectory 的模块中。正如前文提到的,在 Windows 2008 Server R2 以及之后版本操作系统的域控制器上,或者在域中某一台已经安装 RSAT 的客户端计算机上都存在该模块。

其次,正如你猜测的那样,该命令会获取域中的计算机对象。

再次，该命令包含两个非常有用的参数。-Filter *将会到所有计算机上获取对应信息。当然，你也可以指定其他筛选条件限制返回的结果（比如指定一个特定的计算机名称）。-SearchBase 参数会用于指示该命令从哪里开始查找计算机。在上面的示例中，我们设定该命令从 Company.com 域的域控制器开始查找。

```
Get-ADComputer -Filter * -SearchBase "ou=domain
➥controllers,dc=company,dc=pri"
```

最后，计算机对象中包含 Name 属性，也就是计算机的名称。

我们意识到，直接将这类命令（非常依赖于实验环境）教给你，你可能无法进行测试。从某种程度上说，对你来说可能不太公平。但是在生产环境中，如果真正遇到我们假设的这种场景，该命令会非常有用。如果你能记住前面讲的 4 点，本节的知识对你将会非常有帮助。

很遗憾，上面的命令无法成功运行。查看 Get-Service 的帮助文件，你可以看到-Computer 这个参数只能接收 String 类型的值。

请运行下面的命令。

```
Get-ADComputer -Filter * -SearchBase "ou=domain controllers,
➥dc=company,  dc=pri" | gm
```

通过 Get-Member 命令，我们可以看到 Get-ADComputer 命令的输出结果是 ADComputer 类型的对象，而不是 String 类型的对象。所以-ComputerName 这个参数不知道该如何处理这部分数据。但是 ADComputer 类型的对象包含了一个-Name 的属性。接下来我们要做的是，提取出 ADComputer 类型对象中的-Name 属性值，然后将这些值（也就是计算机名称）传递给-ComputerName 参数。

**提示：** 这是 PowerShell 中很重要的一个知识点。如果你还感到不理解或者困惑，那么请停下来重新阅读前文。我们可以通过 Get-Member 命令确认 Get-ADComputer 命令的输出结果是 ADComputer 类型的对象；但是查看帮助文档，-ComputerName 这个参数只能接收 String 类型的对象，而无法处理 ADComputer 类型对象。因此，前面那个包含括号的命令无法正常执行。

再次提醒，我们可以使用 Select-Object 命令解决这个问题，因为它包含一个可以接收属性名称的参数-ExpandProperty。它会获取对应的属性，提取属性的值，然后返回这些值（作为 Select-Object 的输出结果）。参考下面这个命令。

```
Get-ADComputer -Filter * -SearchBase "ou=domain controllers,
➥dc=company,  dc=pri" | Select-Object -expand name
```

该命令会返回一个包含计算机名称的清单，里面的值可以传递给 Get-Service 命令的-ComputerName 参数（或者其他包含-ComputerName 参数的一些 Cmdlet）。

```
Get-Service -ComputerName (Get-ADComputer -Filter *
➥-SearchBase "ou=domain controllers,dc=company,dc=pri"|
➥Select-Object -Expand name)
```

提示：再次申明，这是一个非常重要的概念。一般情形下，类似 Select-Object -Property
　　　Name 这种命令只会返回一个 Name 的属性（因为我们只指定了该名称）。
　　　-ComputerName 参数不期望得到任何的带有-Name 属性的对象；它更期望得到一
　　　个 String 类型的对象，因为这样会更加简单。-ExpandName 会获取 Name 属性，
　　　并且提取属性值，最终该命令会输出一些比较简单的 String 对象。

　　最后说明一下，这是一个非常棒的技巧，可以将多种命令相互关联。这样可以避免
不必要的输入，使得 PowerShell 可以实现更多的功能。

　　既然你已经看到使用 Get-ADComputer 的一些强大功能，下面看另外一个你可以
完成的示例。假定你使用的是新版本的操作系统，在该示例中，不需要计算机在域中，
也不需要能访问到域控制服务器，甚至不需要服务器版的操作系统。我们要求得到计算
机名称，因为该命令在所有命令中比较常见。

　　首先，在记事本中创建一个 CSV 文件，如图 9.14 所示。如果你能够正常访问在 CSV
文件中指定的计算机，那么就可以正常运行示例中的命令。当然，如果只能访问本机，
在 HostName 列全部写为 LocalHost，然后在记事本中复制 3～4 次，最后也可以正常
执行该命令。

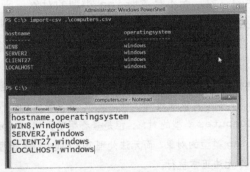

图 9.14　确定可以使用 Import-CSV 导入该 CSV 文件，得出如图所示的类似结果

　　现在我们可以从列出的这部分计算机上找到正在运行的进程列表。通过查看 Get-
Process 命令的帮助文件，如图 9.15 所示，你会发现它的-ComputerName 参数可以接收
ByPropertyName 管道的输入。可接收的对象类型为 String，这里我们不会关注管道输入。
相反，我们关注属性的提取操作。帮助文件中显示-ComputerName 参数需要 String 类型
的对象。

　　回到之前起始部分，我们可以将执行结果通过管道传给 Get-Member，从而展现命
令 A 的输出结果。图 9.16 显示了该结果。

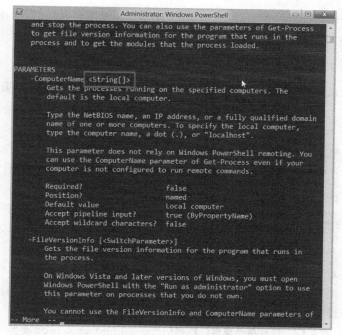

图 9.15 验证-ComputerName 参数支持的数据类型

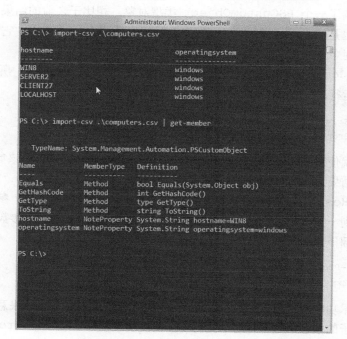

图 9.16 Import-CSV 命令产生 PSCustomObject 类型对象

Import-CSV 的 PSCustomObject 类型输出并不是 String，所以下面的命令无法被执行。

```
PS C:\> Get-Process -ComputerName (Import-CSV .\Computers.CSV)
```

之后尝试从 CSV 文件中读取出 HostName 列，然后查看其输出结果，如图 9.17 所示。

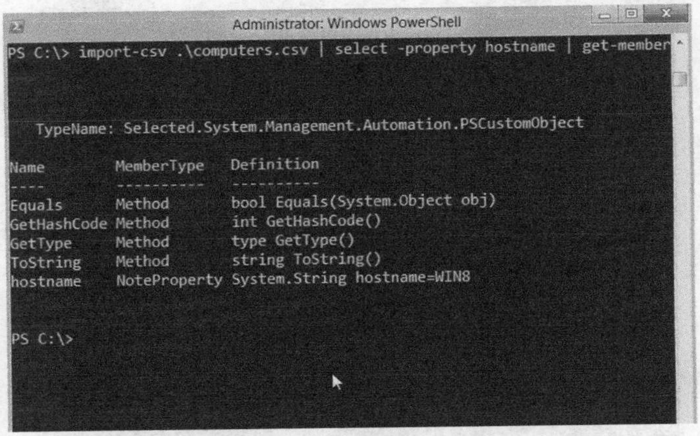

图 9.17　选择单个属性，结果仍然是 PSCustomObject 类型

你得到了一个 PSCustomObject 类型对象。相比于之前的结果，它包含更少的属性。这也是 Select-Object 和 -Property 参数的一个特点。它并不会真正影响输出整个对象的行为。

但是 -ComputerName 参数无法接受 PSCustomObject 对象，所以下述命令仍然无法正常运行。

```
PS C:\> Get-Process -ComputerName (Import-CSV .\Computers.CSV |
➥Select -Property HostName)
```

这也就使得 -ExpandProperty 参数有了用武之地。尝试加上该参数，并查看该命令执行的结果，如图 9.18 所示。

因为 HostName 属性中包含文本字符串，-ExpandProperty 参数就可以将这部分值放入到一些简单的 String 对象中去，之后 -ComputerName 参数就可以处理这部分值了。翻译成脚本语言，如下所示。

```
PS C:\>Get-Process -ComputerName (Import-CSV .\Computers.CSV |
➥Select -Expand HostName)
```

该技术功能非常强大。刚接触时，可能比较难以掌握，但是如果意识到一个属性是类似于盒子的概念，这将有助于我们掌握该技术。使用 Select -Property 确定该使用哪个盒子，但你还是拥有整个盒子。当使用 Select -ExpandProperty 时，你就可以打开对应盒子，提取里面的内容，最后扔掉整个盒子，仅保留需要的内容。

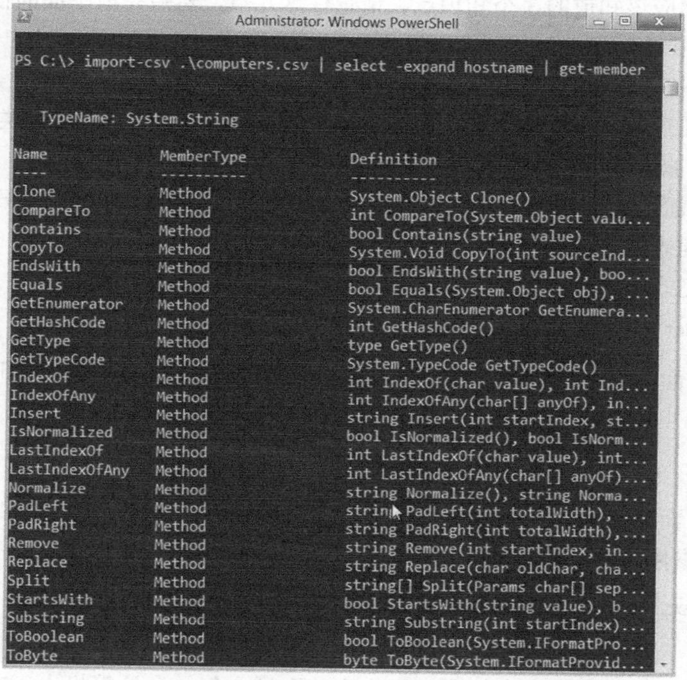

```
PS C:\> import-csv .\computers.csv | select -expand hostname | get-member


   TypeName: System.String

Name            MemberType      Definition
----            ----------      ----------
Clone           Method          System.Object Clone()
CompareTo       Method          int CompareTo(System.Object valu...
Contains        Method          bool Contains(string value)
CopyTo          Method          System.Void CopyTo(int sourceInd...
EndsWith        Method          bool EndsWith(string value), boo...
Equals          Method          bool Equals(System.Object obj), ...
GetEnumerator   Method          System.CharEnumerator GetEnumera...
GetHashCode     Method          int GetHashCode()
GetType         Method          type GetType()
GetTypeCode     Method          System.TypeCode GetTypeCode()
IndexOf         Method          int IndexOf(char value), int Ind...
IndexOfAny      Method          int IndexOfAny(char[] anyOf), in...
Insert          Method          string Insert(int startIndex, st...
IsNormalized    Method          bool IsNormalized(), bool IsNorm...
LastIndexOf     Method          int LastIndexOf(char value), int...
LastIndexOfAny  Method          int LastIndexOfAny(char[] anyOf)...
Normalize       Method          string Normalize(), string Norma...
PadLeft         Method          string PadLeft(int totalWidth)...
PadRight        Method          string PadRight(int totalWidth),...
Remove          Method          string Remove(int startIndex, in...
Replace         Method          string Replace(char oldChar, cha...
Split           Method          string[] Split(Params char[] sep...
StartsWith      Method          bool StartsWith(string value), b...
Substring       Method          string Substring(int startIndex)...
ToBoolean       Method          bool ToBoolean(System.IFormatPro...
ToByte          Method          byte ToByte(System.IFormatProvid...
```

**图 9.18　最终得到一个 String 类型的对象**

# 9.8　动手实验

**注意**：在本章实验环境，需要运行 3.0 版本的 PowerShell 或者之后版本的计算机。

再次提醒大家，在本章很短的时间内，我们讲解了很多重要的概念。巩固这些新学知识最好的办法就是立即使用它们。我们建议按照顺序依次完成下面的任务，因为这些任务逐层依赖，可以帮助我们复习学到的知识点，并且能帮助我们找到如何实践学到的这些知识。

为了让实验环节更有挑战性，我们强烈建议你测试 Get-ADComputer 命令。任何安装了 Windows Server 2008 R2 或者之后版本操作系统的域控制服务器都默认安装该命令，但你并不需要实际运行该命令。你只需要了解到下面 3 点即可。

- Get-ADComputer 命令包含一个-Filter 参数：运行 Get-ADComputer-Filter*会返回所在域中所有的计算机对象。
- 域中计算机对象都包含一个 Name 属性，该属性包含计算机名称信息。
- 域中计算机对象都会返回一个名为 ADComputer 的类型名称，也就是说，

Get-ADComputer 命令会返回 ADComputer 类型的对象。

这是你应该知道的 3 个知识点。请记住这几点，然后完成下面的任务。

注意：我们并不会要求你真正去运行这些命令。这更像是一个思维练习。你只需要判断这些
命令是否可以正常运行，如果不能正常运行，请给出对应的原因说明。前面章节已经
介绍了 Get-ADComputer 命令的工作机制，以及该命令会返回何种类型的对象。你
也可以通过帮助文件来查看其他命令可以处理的对象。

1．下面的命令是否可以获取特定域中所有计算机上已经安装的 Hotfix 的清单？同
时，请参照本章开头的格式，阐述其原因。

```
Get-HotFix -ComputerName (Get-ADComputer -Filter * |
➥Select-Object -Expand Name)
```

2．下面的命令是否可以从相同计算机上获取到 HotFix 列表？同时，请参照本章开
头的格式，阐述其原因。

```
Get-ADComputer -Filter * | Get-HotFix
```

3．下面第三个版本的命令是否可以获取到域中计算机上已经安装的 HotFix 清单？
同时，请参照本章开头的格式，阐述其原因。

```
Get-ADComputer -Filter * |
➥Select-Object @{l='ComputerName';e={$_.Name}} | Get-HotFix
```

4．使用管道参数绑定编写一个命令获取域中每一台计算机上正在运行的进程的清
单。不要使用括号。

5．可以使用括号而不要使用管道输入方法获取域中每一台计算机上已经安装的服
务清单。

6．微软有些时候可能忘记给一个 Cmdlet 添加管道参数绑定。例如，下面的命令是
否可以获取域中每台计算机上的信息？请参照本章开头的格式，阐述其原因。

```
Get-ADComputer -Filter * |
➥Select-Object @{l='ComputerName';e={$_.Name}} |
➥Get-WMIObject -Class Win32_BIOS
```

# 9.9　进一步学习

我们看到很多同学很难理解管道输入概念，主要是因为这个概念比较抽象。不幸的
是，这部分内容对理解 Shell 至关重要。如果需要，请重新阅读本章，重新运行我们所
提供的示例命令，并仔细阅读输出结果。例如，下面命令为什么会有这样的输出结果。

```
Get-Date | Select -Property DayOfWeek
```

而下面命令的输出结果又有不同。

```
Get-Date | Select -ExpandProperty DayOfWeek
```

如果你仍然无法搞明白，请在 http://PowerShell.org 给我们留言。

## 9.10 动手实验答案

1. 可以正常工作，因为嵌套的 Get-ADComputer 表达式会返回一个计算机名称的集合，而-Computername 参数可以接受一个数组作为值。

2. 无法正常工作，因为 Get-Hotfix 无法以 ByValue 的方式接收任何参数，它只会以 ByPropertyName 的方式接收值，但该命令并不是用于完成本任务。

3. 可以正常工作。表达式的第一部分将自定义对象写入带有 Computername 的管道中。该属性可以与 Get-Hotfix 的 Computername 参数绑定，这是由于该对象通过属性名称接收管道绑定。

4. Get-ADComputer -filter * | Select-Object @{n='Computername'; e={$_.name}}|Get-Process

5. Get-Service -Computername (get-adcomputer -filter * | Select-Object -expandproperty name)

6. 无法正常工作。Get-WMIObject 的 Computername 参数不接收任何管道绑定。

# 第10章 格式化及如何正确使用

现在快速回顾一下：你已经知道 PowerShell Cmdlets 可以用于生成对象，并且这些对象通常含有比 PowerShell 默认所显示的属性多得多的属性。你也已经知道如何使用"Gm"命令获取一个对象的所有属性，以及如何使用"Select-Object"自定义你想看到的属性。到目前为止，你看到的基本上都是通过 PowerShell 的默认配置和规则把结果输出到显示器上（或者文件形式和硬拷贝格式）。本章将会介绍如何覆盖这些默认值并为命令创建自定义输出格式。

## 10.1 格式化：让输出更加美观

我们并不想让你感觉 PowerShell 是成熟的报表管理工具，因为 PowerShell 的确不是。但 PowerShell 的确在收集计算机的信息方面是一把好手，如果有恰当的输出结果，你当然可以使用这些信息生成报表。目的是获得正确的输出结果，这也是格式化的意义所在。

表面上看，PowerShell 的格式化系统貌似很容易（大部分情况下也的确如此）。但有时候一些需要技巧的方式会让你掉入陷阱中，所以希望你能明白它的工作机制与工作原理。本章不打算展示新命令，而是解释整个系统的工作机制，交互方式，以及限制。

## 10.2 默认格式

现在运行一下我们熟悉的命令"Get-Process"，然后注意结果的列头部分。可以看到，报表列头部分的名称与属性名称并不完全相符。每个列头都有固定的宽度、别名等。你是否意识到这些结果来自于某些配置文件？你可以在安装 PowerShell 的路径下找到其中一个名为".format.pslxml"的文件。其中进程对象的格式化目录在"DotNetTypes.format.pslxml"中。

**动手实验**：接下来你需要一直打开 PowerShell，以便跟随我们的脚步前进，并且从中理解格式化系统的底层结构。

下面我们先修改 PowerShell 的安装目录，并且打开"DotNetType.format.pslxml"文件。注意，不要保存对该文件的任何变更。该文件带有数字签名，即使一个简单的回车或者空格，都会影响签名并阻止 PowerShell 从中获取信息。

```
PS C:\>cd $pshome
PS C:\>notepad dotnettypes.format.ps1xml
```

然后从中找出准确的类型并返回给"Get-Process"。

```
PS C:\>get-process | gm
```

接下来完成下述步骤。

（1）复制完整的类型名称：System.Diagnostics.Process，并粘贴。可以用键盘光标高亮选中类型名，然后按回车键复制到粘贴板。

（2）切换到记事本，然后按 Ctrl+F 组合键打开查找窗口。

（3）在窗口中粘贴类型名，然后单击"查找下一个"。

（4）你能找到的第一个对象一般是"ProcessModule"，这不是进程对象。所以继续查找下一个对象，直到找到"System.Diagnostics.Process"为止，如图 10.1 所示。

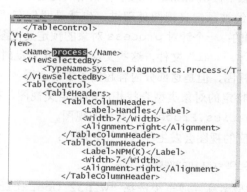

图 10.1 在 Windows 记事本中定位进程视图

你现在看到的是在记事本中以默认形式显示一个进程的管理目录。稍微向下滚动一点，可以看到表视图的定义。这可能是你期望的结果，因为你已经知道进程显示在一个多列的表中。从中可以看到熟悉的列名称，如果再往下一点点，还能发现用于定义列与属性对应关系的信息，还能看到列宽度及别名的定义等。浏览过后，关闭记事本，切记不要把信息保存到该文件中，然后返回 PowerShell。

当运行"Get-Process"，在 Shell 中会发生下面的事情。

（1）Cmdlet 把类型为"System.Diagnostics.Process"的对象放入管道。

（2）在管道的末端是一个名称为"Out-Default"的隐藏 Cmdlet。该 Cmdlet 会在所有命令运行后获取管道中的对象，注意此 Cmdlet 总会存在。

（3）"Out-default"将对象传输到"Out-Host"，原因是 PowerShell 控制台默认把输出结果显示到机器所在的显示屏上（称为 host）。理论上，可以在 Shell 中编写把文件或打印机作为默认输出设备的脚本，但是目前为止还没听说过有人这样做。

（4）大部分以 Out-开头的 Cmdlets 不适合用在标准对象中，而主要用于特定格式化指令上。所以当"Out-Host"发现标准对象时，会把它们传递给格式化系统。

（5）格式化系统以其内部格式化的规则检查对象的类型（我们将在下面介绍）。然后用这些规则产生格式化指令，最终传回"Out-Host"。

（6）一旦"Out-Host"发现已经生成了格式化指令，就会根据该指令生成显示到屏幕上的结果。

上面提到的内容也会在你手动指定"Out-Cmdlet"时候发生。比如在运行"Get-Process | Out-File procs.txt"时，"Out-File"会看到你发送了一些普通对象。它会把这些对象发给格式化系统，然后创建格式化指令后回传给"Out-File"。"Out-File"基于这些指令创建格式化后的文本文件。所以在需要把对象转换成用户可读的文本输出格式时，格式化系统就会起到作用。

在上面 5 个步骤中，PowerShell 依赖于什么格式化规则？其中第一个规则是系统会检查对象类型是否已经被预定义视图处理过。也就是我们在"DotNetType.format.ps1xml"中所见到的：一个针对 process 对象的预定义视图。PowerShell 中还预装了其他的".format.ps1xml"文件，这些文件在 Shell 启动时会被自动加载。你也可以创建自己的预定义视图，但是这部分内容超出了本书范围。

格式化系统对特定的对象类型查找相应的预定义视图，在本例中也就是查找处理"System.Diagnostics.Process"对象的视图。

如果没找到对应的视图会发生什么？比如运行：

```
Get-WmiObject Win32_OperatingSystem | Gm
```

选中对象的类型名称（或至少选择"Win32_OperatingSystem"部分），然后尝试在其中一个".format.ps1xml"文件中查找该名称。为了节省时间，我们直接告诉你找不到该类型名称。

这是格式化系统下一步要做的事情，我们也可以称之为第二个格式化规则：格式化系统会查找是否有人为该对象类型预定义默认显示属性集。这些可以在另外一个配置文件"Types.ps1xml"中找到。现在继续用记事本打开（记住别保存任何修改），然后使用查找功能定位关键字"Win32_OperatingSystem"。一旦找到它之后，就可以看到"DefaultDisplayPropertySet"，如图 10.2 所示，注意下面列出的 6 个属性。

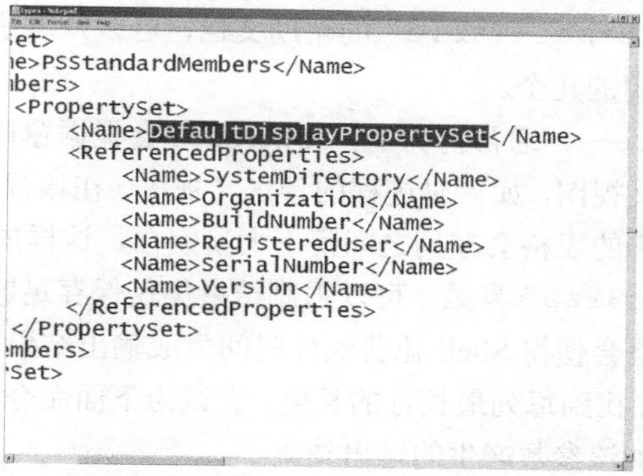

图 10.2 在记事本中定位 DefaultDisplayPropertySet

现在返回 PowerShell，然后运行：

```
Get-WmiObject Win32_OperatingSystem
```

结果是不是看起来很熟悉？仅仅显示这些属性是由于它们来自于默认的"Types.ps1xml"文件。如果格式化系统找到一个默认显示属性集，那么格式化系统会使用这些属性为下一步做准备，如果没有找到，那么下一步将考虑对象全部的属性值。

接下的分支，即格式化第三个规则——用于确定输出样式。如果格式化系统显示 4 个或以下的属性，输出结果会以表格形式展现。如果有 5 个或以上的属性，输出结果会使用列表形式。这就是"Win32_OperatingSystem"对象的结果不以表格显示的原因。它的结果有 6 列，所以以列表形式展示。其中原理就是当属性超过 4 个时，不截断输出结果的情况下，很难将输出结果正确展示在表格中。

现在你已经了解格式化的工作机制，并且明白了大部分以 Out 开头的 Cmdlets 都会自动触发格式化系统，以便找到所需的格式化指令。下面看看我们如何控制格式化系统，并且覆盖默认值。

顺便提一下，格式化系统也是导致为什么 PowerShell 有时显得会"撒谎"。例如，运行 Get-Process 并查看列头，看到名称为 PM(K) 的列了吗？这就是一个"谎言"，这是由于并没有名称为 PM(K) 的属性，但有一个名称为 **PM** 的属性。这里所需知道的是格式化列头仅仅是格式化列头。列头无须与底层属性名称一致。查看属性名称唯一安全的方式是使用 Get-Member。

## 10.3 格式化表格

在 PowerShell 中，有 4 个用于格式化的 Cmdlets。我们将介绍日常使用最多的 3 种（第 4 种会在本节结尾的"补充说明"中简要介绍）。首先是"Format-Table"，其别名为"Ft"。

如果你查看“Format-Table”的帮助文档，可以发现这个该命令有很多参数。我们将演示其中最常用的几个。

■ -autoSize——通常情况下，PowerShell 会根据窗口宽度生成表格（除非存在一个预定义视图，如针对进程的预定义视图，在该视图中定义了列宽度）。一个包含较少列的表格会在列之间留下大量空白，这样的表格不会很美观。通过添加“-autoSize”参数，可以强制结果集仅保存足够的列空间，使得表格更加紧凑，但是会使得 Shell 花费额外时间生成输出结果，这是由于 Shell 会查看所有对象，并找到每列最长行的长度。尝试为下面命令添加“-autoSize”参数，并比对不加该参数产生的输出结果。

```
Get-WmiObject Win32_BIOS | Format-Table -autoSize
```

■ -property——该参数接收一个逗号分隔符列表，该列表包含期望显示的属性值。这些属性不区分大小写，但是 Shell 会使用你提供的参数作为列头。因此对于大小写格式化不美观的属性值，你可以使其更加美观（如使用“CPU”替代“cpu”）。另外，该参数也接受通配符，可以使用“*”代表的所有属性，或者使用“c*”标识所有以 c 开头的属性名称。但是需要注意的是，Shell 仍然只会显示可以被表格容纳的属性，而不是输出所有你指定的列。该参数是位置参数，所以可以不提供参数名称，只需要在第一个参数位置提供属性列表即可。尝试运行下面的语句（结果见图 10.3）。

```
Get-Process | Format-Table -property *
Get-Process | Format-Table -property ID,Name,Responding -autoSize
Get-Process | Format-Table * -autoSize
```

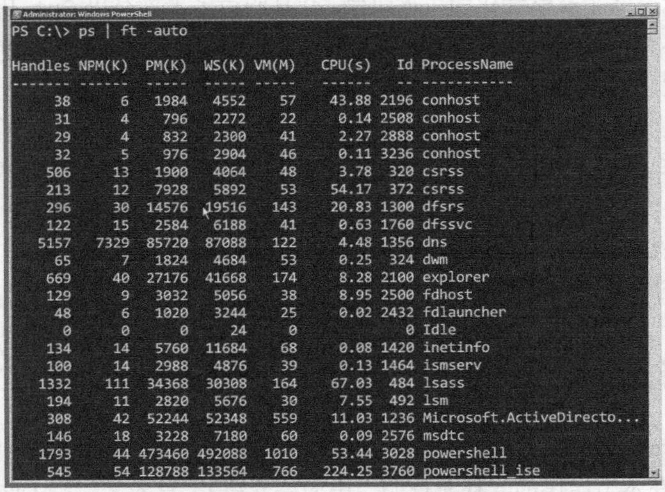

```
PS C:\> ps | ft -auto

Handles NPM(K)  PM(K)  WS(K) VM(M)   CPU(s)   Id ProcessName
------- ------  -----  ----- -----   ------   -- -----------
     38      6   1984   4552    57    43.88 2196 conhost
     31      4    796   2272    22     0.14 2508 conhost
     29      4    832   2300    41     2.27 2888 conhost
     32      5    976   2904    46     0.11 3236 conhost
    506     13   1900   4064    48     3.78  320 csrss
    213     12   7928   5892    53    54.17  372 csrss
    296     30  14576  19516   143    20.83 1300 dfsrs
    122     15   2584   6188    41     0.63 1760 dfssvc
   5157   7329  85720  87088   122     4.48 1356 dns
     65      7   1824   4684    53     0.25  324 dwm
    669     40  27176  41668   174     8.28 2100 explorer
    129      9   3032   5056    38     8.95 2500 fdhost
     48      6   1020   3244    25     0.02 2432 fdlauncher
      0      0      0     24     0             0 Idle
    134     14   5760  11684    68     0.08 1420 inetinfo
    100     14   2988   4876    39     0.13 1464 ismserv
   1332    111  34368  30308   164    67.03  484 lsass
    194     11   2820   5676    30     7.55  492 lsm
    308     42  52244  52348   559    11.03 1236 Microsoft.ActiveDirecto...
    146     18   3228   7180    60     0.09 2576 msdtc
   1793     44 473460 492088  1010    53.44 3028 powershell
    545     54 128788 133564   766   224.25 3760 powershell_ise
```

图 10.3　创建关于进程的自动大小表格

■ -groupBy——该参数会导致每当指定的属性值发生变化时，生成一个新的列头集合。该参数只有第一次对某个对象的特定属性排序时才能生效。示例如下。

```
Get-Service | Sort-Object Status | Format-Table -groupBy Status
```

■ -wrap——如果 Shell 需要把列的信息截断，会在列尾带上省略号（...）以便标识信息被截断。该参数使得 Shell 可以换行显示剩余信息，这使你的表变长，但会保留你期望显示的所有信息。下面是示例。

```
Get-Service | Format-Table Name,Status,DisplayName -autoSize -wrap
```

**动手实验：** 你应该在 Shell 中运行上面提到的所有示例，然后尝试混合使用这些技术，实现看哪些功能可以生效，以及能够生成的输出结果。

## 10.4 格式化列表

有时候你所需展示的信息过多无法适应表格宽度，此时使用列表就很恰当。是时候用上"Format-List"了，注意你可以使用它的别名：Fl。

该 Cmdlet 与"Format-Table"有一些相同的参数，包括"-property"。实际上，Fl 是另一个用于展示对象属性的方式，和 Gm 不同。Fl 也同样显示这些属性的值，以便你可以看到每个属性包含的信息。

```
Get-Service | Fl *
```

图 10.4 展示了输出结果的示例。我们经常使用 Fl 作为查看对象属性的候选方案。

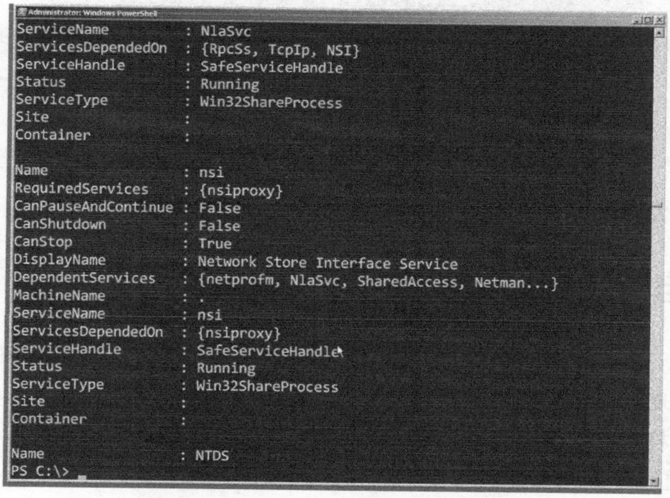

图 10.4 检查显示在列表中的服务

**动手实验：** 查阅"Format-List"的帮助文档，尝试使用该命令的参数。

## 10.5　格式化宽列表

　　最后一个 **Cmdlet** 是 "**Format-Wide**"（或者别名 **Fw**），用于展示一个宽列表。它仅展示一个属性的值，所以它的 "**-property**" 参数仅接受一个属性名称，而不是接受列表，并且不接受通配符。

　　默认情况下，"**Format-Wide**" 会查找对象的 "**Name**" 属性，因为 "**Name**" 是广泛使用的属性并且通常包含有用信息。该命令默认输出结果只有两列，但是 "**-columns**" 参数可以用于指定输出更多的列。

```
Get-Process | Format-Wide name -col 4
```

　　图 10.5 展示了该命令结果的示例。

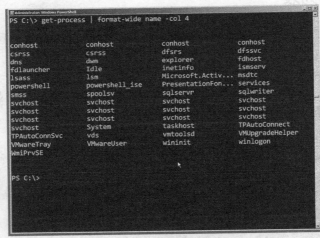

图 10.5　在一个宽列表中显示进程名称

**动手实验**：仔细阅读 "Format-Wide" 的帮助文档，并尝试使用其参数。

## 10.6　创建自定义列与列表条目

　　返回前一章，重新阅读 9.5 小节："数据不对齐时：自定义属性"。在该节中，我们展示了如何使用哈希表结构添加对象的自定义属性。"**Format-Table**" 与 "**Format-List**" 都能使用同样的结构创建自定义列或自定义表条目。

　　可以通过提供与属性名称不同的列头创建自定义列。

```
Get-Service |
➡Format-Table @{name='ServiceName';expression=
➡{$_.Name}},Status,DisplayName
```

甚至使用更复杂的数学表达式。

```
Get-Process |
➥Format-Table Name,
➥@{name='VM(MB)';expression={$_.VM / 1MB -as [int]}} -autosize
```

图 10.6 展示了前面命令的结果。其实我们做了一点小动作，用了一些之前没提到过的技术。下面我们稍微说明一下。

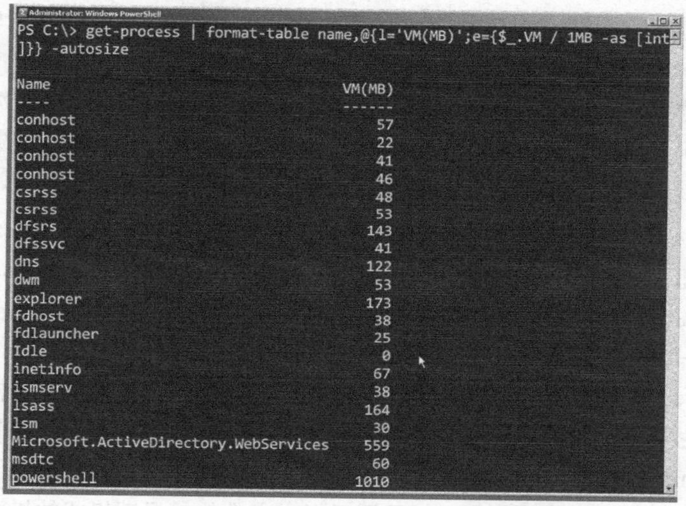

图 10.6　创建一个定制的结果，统计表列 MB 值

- 我们从"Get-Process"开始，相信你已经很熟悉该命令了。如果你运行 "Get-Process | Fl *"，你会看到"VM"的属性是以字节为单位，虽然默认的表格视图显示并不如此。

- 我们从进程的"Name"属性开始讨论"Format-Table"。

- 接着，我们使用一个特殊的哈希表创建一个显示为"VM(MB)"的自定义列。这是以分号作为分隔符的第一部分，第二部分定义了值或表达式，对于示例来说，就是将 VM 属性的值除以 1 MB。在 PowerShell 中的斜线是除法操作。另外，PowerShell 能够识别"KB""MB""GB""TB"和"PB"这些缩写，分别代表 kilobyte、megabyte、gigabyte、terabyte 和 petabyte。

- 除法运算的结果会带有小数点，这也是我们不希望看到的。"-as"操作符可以帮助我们将数据结果从浮点型转换成整型（如指定[int]）。该 Shell 会根据情况向上或者向下取整，以便显示合适的结果。其最终结果是没有小数的数值。

我们这里展示了除法与取整的技巧，因为这部分内容对美观的输出结果非常有用。我们不会在本书中花更多的篇幅介绍这些操作符（虽然我们会告诉你*用于乘法，以及+和-分别用于加法与减法）。

**补充说明**

建议你重复运行下面的例子。

```
Get-Process |
Format-Table Name,
@{name='VM(MB)';expression={$_.VM / 1MB -as [int]}} -autosize
```

不过这次不要在一行中全部输入，而是按照上面的格式输入。你会发现，当你输入完第一行之后（也就是以管道符结尾），PowerShell 会出现一个提示符。因为你以管道符结尾，所以 Shell 知道你准备输入更多的命令，直到你以花括弧、引号和括号结尾为止。

如果你不想以这种"扩展输入模式"输入，按 Ctrl+C 组合键停止，并再次运行上面的示例。在这种情况下，输入第二行文本并按回车键，然后继续输入第三行，再按回车键。在这种模式下，你必须多按一次回车，以便告知 Shell 你已经完成输入。然后 Shell 会逐行按顺序运行你的输入。

与"Select-Object"不同，它的哈希表仅接受一个 Name 和 Expression 作为哈希键（虽然对于 Name 属性，可以用 N、L 和 Label；对于 Expression 属性，可以用 E）。"Format-"命令可以处理用于控制显示的额外的关键字。这些关键字对于"Format-Table"尤其有效。

- FormatString：指定一个格式化代码，使得数据按照指定格式显示，该参数主要用于数值型和日期型数据。可以到 MSDN 的"Formatting Types"（http://msdn.microsoft.com/en-us/library/fbxft59x(v=vs.95).aspx）页中查看用于标准数值与日期格式的格式化代码，以及用于自定义数值与日期格式的格式化代码。

- Width：指定列宽。

- Alignment：指定列的对齐格式，可以为左对齐或者右对齐。

使用额外的键修改上面的代码，实现同样的输出结果，并更加美观。

```
Get-Process |
➡Format-Table Name,
➡@{name='VM(MB)';expression={$_.VM};formatstring='F2';align='right'}
➡-autosize
```

现在我们并不需要使用除法，因为 PowerShell 会以两位小数并右对齐的形式格式化输出结果。

## 10.7　输出到文件、打印机或者主机上

一旦格式化完成某些对象，你就必须决定它的去向。

如果命令最后是 Format-开头的 Cmdlet，由 Format-开头的 Cmdlet 创建的格式化指令将会传递给"Out-Default"，然后该命令会将结果传递给"Out-Host"，最后显示结果到显示屏。

```
Get-Service | Format-Wide
```

你可以手动在上面命令中输入"Out-Host"，并以管道符连接。实际上运行了下面的语句。

```
Get-Service | Format-Wide | Out-Host
```

另外一种方式是用管道把格式化指令传递给"Out-File"或"Out-Printer"，从而将结果输出到文件或者打印机中，正如你在 10.9 小节中看到的，只有这三个以"Out-"开头的 Cmdlet 才可以跟在以"Format-"开头的 Cmdlet 后面。

请记住，"Out-Printer"和"Out-File"都有默认的输出宽度，意味着输出结果在文件或打印的结果看上去可能和显示器上看到的不一致。这些 Cmdlets 允许你使用"-width"参数控制宽度，输出你想要的表格。

## 10.8　输出到 GridView 中

"Out-GridView"提供了另一种形式的输出结果。但是注意，从技术角度来讲，这并不是真正意义上的格式化。实际上，"Out-GridView"完全绕过了格式化子系统。它不需要调用以"Format-"开头的 Cmdlets，不生成格式化指令，不会在控制台窗口输出文本结果。"Out-GridView"不接收"Format-"Cmdlet 的输出，仅接收其他 Cmdlets 输出的对象。Out-GridView 可能无法在非 Windows 系统中生效。

图 10.7 显示了网格的样子。

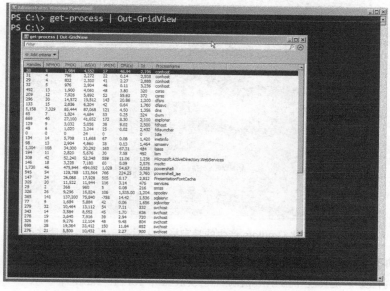

图 10.7　"Out-GridView"Cmdlets 的结果

## 10.9　常见误区

正如本章开头所说，PowerShell 的格式化系统对新手来说存在不少陷阱。根据过往经验，我们整理出两个主要的注意事项，希望能帮助读者更好地避开这些陷阱。

### 10.9.1　总是在最右边格式化

切记：format right。以 "Format-" 开头的 Cmdlet 应该是命令行最后一个 cmdlet。而 Out-File 与 Out-Printer 却是例外。其原因是以 "Format-" 开头的 Cmdlets 生成格式化指令，仅有 "Out-" Cmdlet 能合理地处理这些指令。如果一个以 "Format-" 开头的 Cmdlet 作为命令行的结尾，指令将使用 "Out-Default"（作为管道的结尾）。该 cmdlet 会指向 "Out-Host"，因此可以正确显示格式化的内容。

为了演示，运行以下命令。

```
Get-Service | Format-Table | Gm
```

如图 10.8 所示，你会看到 "Gm" 并没有显示关于服务对象的信息，因为 "Format-Table" 并不输出服务对象。它消费你通过管道传输过来的服务对象，并且输出格式化指令——这正是 "Gm" 所看到并输出的。

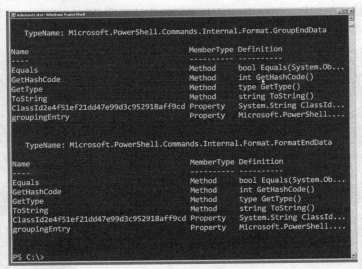

图 10.8　格式化 Cmdlets 产生的特定格式化指令，可见其易读性不高

**动手实验：**

```
Get-Service | Select Name,DisplayName,Status | Format-Table |
➥ConvertTo-HTML | Out-File services.html
```

接着用 IE 打开 Services.html 文件，你可以看到让你抓狂的结果。你并没有把服务对象用管道传输到"ConvertTo-HTML"中，你只是传输了格式化指令，然后转换成 HTML。这里演示了为什么一旦使用了某个以"Format-"开头的 Cmdlet，要么把它作为命令行的最后一个 Cmdlet，要么必须出现在"Out-File"或者"Out-Printer"的前面。

同样，我们知道"Out-GridView"也不寻常（最起码针对"Out-"Cmdlet 来说），因为它不接受格式化指令，仅接受常规对象。可以用下面命令查看差异。

```
PS C:\>Get-Process | Out-GridView
PS C:\>Get-Process | Format-Table | Out-GridView
```

这就是为什么我们额外提醒"Out-File"和"Out-Printer"是仅有的需要跟在以"Format-"开头的 Cmdlet 后面的命令（技术上，"Out-Host"也可以跟在以"Format-"开头的 Cmdlet 后面，但是没有必要，因为以"Format-"开头的 Cmdlet 结尾的命令无论如何都会输出到"Out-Host"上）。

## 10.9.2　一次一个对象

另外一件需要避免的事就是把多种对象放入管道。格式化系统先在管道中查找第一个对象，然后使用定义格式处理该对象。如果管道包含两个或以上的对象，那么结果可能与你期望的会有不同。

比如运行：

```
Get-Process; Get-Service
```

其中分号允许我们把两个命令合并在一个命令行中，而不是把第一个命令的输出并以管道形式传入第二个命令。这意味着两个命令单独运行，但是会把它们的输出结果传到相同的管道中。如果你动手运行或者查看图 10.9，会看到第一个命令的输出是合理的，但是当显示服务对象时，输出结果会变成另一个格式，而不是使用相同的表格，此时PowerShell 会使用列表显示。PowerShell 的格式化系统并不是被设计用于接收不同类型的对象，合并输出结果同时使得结果美观。

如果你希望将来自不同地方的两个信息以同一种格式输出，那该怎么办？你当然可以这么做，格式化系统能够以非常优雅的方式实现这点。但这是高级主题，本书并不涉及。

**补充说明**

技术上而言，格式化系统可以处理多种类型的对象——只要你告知它处理方式。运行"Dir | Gm"，你可以发现管道包含了"DirectoryInfo"和"FileInfo"对象（Gm 可以与包含不同类型对象的管道结合使用，并显示所有对象的成员信息）。当仅运行 Dir 时，输出结果非常清晰。这是因为微软已经对"DirectoryInfo"和"FileInfo"对象提供了预定义的自定义格式化实体，该格式化由"Format-Custom"完成。

"Format-Custom"主要用于展示多种预定义视图。技术上，你可以自己创建预定义视图，但是所需的 XML 语法相对复杂，并且目前没有文档支持，所以当前仅能使用微软提供的定制视图。

微软的定制视图被广泛使用。例如，PowerShell 的帮助系统以对象形式储存，你所看到已格式化的帮助文件是将这些对象传递给自定义视图处理后的结果。

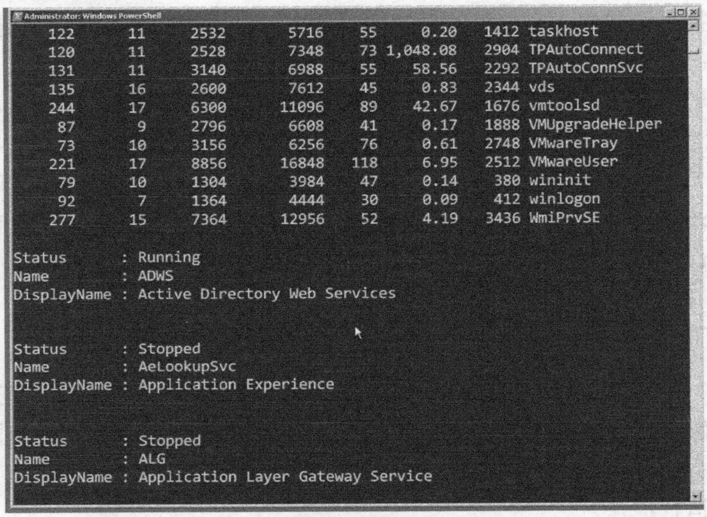

图 10.9   把两个不同类型的对象同时放入管道会引起 PowerShell 格式化系统混乱

# 10.10   动手实验

**注意**：本实验需要 PowerShell v3 或以上版本。

尝试独立完成下面任务：

1．显示一个仅包含进程名称、ID 和响应状态（"Responding"属性提供该信息）的表格。在让表格中的列占据尽可能小的宽度的同时，不要截断任何信息。

2．显示一个包含进程名称、ID 的表格。表中的列还要包含虚拟内存和物理内存的使用情况，以 MB 为标识单位。

3．在 Windows 中使用"Get-EventLog"显示一个可用事件日志的列表（提示：你需要查看帮助文档，从而知道该使用哪个参数）。并把这些信息格式化成一个表，日志需要显示 Name 与保留期限，分别在表头以"LogName"和"RetDays"显示。

4．显示一个服务列表，处于运行与停止状态的服务分别显示在不同表格中，处于运行状态的服务在第一个（提示：你可能需要使用"-groupBy"参数）。

5．将 C 盘根目录下所有的目录以四列宽的列表形式显示。

6. 以列表形式显示 C:\Windows 目录中所有的.exe 文件的名称、版本信息以及文件大小。PowerShell 使用 `length` 属性，但你的输出结果应该显示为 `Size`。

## 10.11 进一步学习

现在是实现格式化系统的好时机。尝试使用三个以 "Format-" 开头的主要 Cmdlets 创建不同格式的输出。在下一章将频繁要求你使用特定的格式化形式，所以你需要记住在这一章频繁使用的参数。

## 10.12 动手实验答案

1. `get-process | format-table Name,ID,Responding -autosize -Wrap`
2. `get-process | format-table Name,ID,`
   `@{l='VirtualMB';e={$_.vm/1mb}},`
   `@{l='PhysicalMB';e={$_.workingset/1MB}} -autosize`
3. `Get-EventLog -List | Format-Table`
   `@{l='LogName';e={$_.LogDisplayname}},`
   `@{l='RetDays';e={$_.MinimumRetentionDays}} -autosize`
4. `Get-Service | sort Status -descending | format-table -GroupBy Status`
5. `Dir c:\ -directory | format-wide -column 4`
6. `dir c:\windows\*.exe |`
   ➡`Format-list Name,VersionInfo,@{Name= "Size";Expression={$_.length}}`

# 第 11 章　过滤和比较

到目前为止，我们使用 Shell 向你展示了不同类型的输出：所有进程、所有服务、所有事件日志条数、所有补丁。但是这些类型的输出并不总是你想要的结果。通常你会想要将结果范围缩小到你感兴趣的几个项。你将在本章学会这部分知识。

## 11.1　只获取必要的内容

Shell 提供了两种方式缩小结果集，它们都被归结为过滤。第一种方式：尝试指定 Cmdlet 命令只检索指定的内容。第二种方式：采用迭代的方法，通过第一个 Cmdlet 获得所有结果，并使用第二个 Cmdlet 过滤掉不想要的东西。

按道理，应该使用第一种方式：我们称之为尽可能提前过滤。这就像告诉 Shell 你要的是什么一样简单。例如，使用 Get-Service，你可以告诉它你想要的服务名称。

```
Get-Service -name e*, *s*
```

如果你想让 Get-Service 只返回正在运行的服务，而不考虑它们的服务名称，该 Cmdlet 就无法做到这一点，因为它没有提供用于设定该部分信息的相关的参数。

同理，如果你使用微软的活动目录模块，所有以 Get-开始的 Cmdlets 都提供了 -filter 参数。通过-filter *，你可以获取所有对象。我们不建议这样使用，因为加载这些对象将增加域控制器压力。你可以指定下面的过滤条件，就能很好表示出你所希望的是什么。

```
Get-ADComputer -filter "Name -like '*DC'"
```

再者，上述技能的优势在于该 Cmdlet 只获取匹配的对象。我们称之为左过滤技术。

## 11.2 左过滤

"左过滤"意味着尽可能把过滤条件放置在左侧或靠近命令行的开始部分。越早过滤不需要的对象，就越能减轻其他 Cmdlets 命令的工作，并且能减少不必要的信息通过网络传输到你的电脑。

左过滤技术的缺点是每个 Cmdlet 都可以通过自己的方式指定过滤，并且每个 Cmdlet 都会有不同的过滤方式。例如 Get-Service，你只能通过 Name 属性过滤服务。但是使用 Get-ADComputer，你可以根据 computer 对象可能存在的任何活动目录属性进行过滤。在有效使用左过滤技术之前，你需要学习不同 Cmdlet 的各种操作。这可能意味着学习的道路有些崎岖，但可以得到更好的性能。

当无法通过一个 Cmdlet 就可以完成你所需的所有过滤时，你可以使用一个叫作 Where-Object（它的别名为 Where）的核心 PowerShell 命令。这是一个通用的语法。当需要检索的时候，使用它过滤任何类型的对象，并把它传入管道。

为了使用 Where-Object，需要学会告诉 Shell 如何过滤出你想要的信息，这还包括使用 Shell 的比较操作符。有趣的是，一些左过滤技术中使用了相同的比较操作符，如活动目录模块下以 Get-开头的命令的-filter 参数，这就是一箭双雕。但是有些 Cmdlet 命令（如 Get-WmiObject，我们将在后面的章节中讨论）使用了完全不同的过滤和比较方式，当我们讨论这些 Cmdlet 命令时再做介绍。

## 11.3 使用比较操作符

在计算机中，比较总是涉及两个对象或者两个值来测试它们彼此之间的关系。可能是测试它们是否相等或者是否其中一个比另外一个大，或者它们是否匹配某个文本表达式。这就需要使用比较操作符完成对关系的测试。测试的结果总是返回一个布尔值：true 或 false。换句话说，测试结果可能满足你指定的条件，可能不满足。

PowerShell 使用如下比较操作符。请注意，当比较文本字符串时会忽略大小写。大写字母与小写字母等价。

■ -eq——相等，例如 5 -eq 5（返回 true）或者"hello" -eq "help"（返回 false）。

■ -ne——不等于，例如 10 -ne 5（返回 true）或者"help" -ne "help"（返回 false，因为它们实际上相等的，这里测试它们是否不相等）。

■ -ge 和-le——大于等于，小于等于，例如 10 -ge 5（返回 true）或者 Get-Date -le '2012-12-02'（这取决于你运行该命令的时间，这意味着可以比较日期）。

- -gt 和-lt——大于和小于，例如 10 -lt 10（返回 false）或者 100 -gt 10（返回 true）。

对于字符串的比较，如果需要区分大小写，可以使用下面的集合：-ceq, -cne, -cgt, -clt, -cge, -cle。

如果想一次比较多个对象，可以使用布尔运算符-and 和-or。通常在每个子表达式两边加上圆括号，使得表达式更容易阅读。

- (5 -gt 10) -and (10 -gt 100) 返回 false，因为一个或两个子表达式返回值为 false。
- (5 -gt 10) -or (10 -lt 100) 返回 true，因为最后一个子表达式返回值为 true。

另外，布尔运算符-not 对 true 和 false 取反。在处理一个变量或者已经包含 true 或 false 的属性时，这可能会有用。而你想测试相反的条件。例如，需要测试一个进程是否没有响应，可以这样做（使用$_作为进程对象的容器）：

```
$_.Responding -eq $False
```

Windows PowerShell 定义了$False 和$True 表示 false 和 true 的布尔值。另外一种书写方式如下。

```
-not $_.Responding
```

因为 Responding 通常包含 true 和 false，-not 使得 false 取反变为 true。如果进程没有响应，意味着 Responding 返回 false。然而上面的比较却返回 true，这就暗示着该进程"没有响应"。我们更喜欢使用第二种方式，因为在英语的阅读习惯中，它更接近我们的测试内容："我想看看这个进程是否没有响应"。有些时候，你可以看到-not 运算符简写为感叹号（!）。

当你需要比较文本字符串时，还有其他几个有用的比较运算符。

- -like 接受*作为通配符，所以可以比较："Hello" -like "*ll*"（返回 true）。它的反义运算符为-notlike。它们不区分大小写。区分大小写可以使用-clike 和-cnotlike。
- -match 用于文本字符串与正则表达式进行比较。-notmatch 是个逻辑上的反义词。并且正如你所想，-cmatch 和-cnotmatch 提供了区分大小写的语法。正则表达式超出了本书的讨论范围。

Shell 的好处是你可以在命令行运行上面几乎所有的测试（除了前面提到的$_占位符，它不能独立运行，但是你可以在下一节看到它是如何运行的）。

**动手实验**：继续尝试上述比较操作符示例的部分或全部，在一行中输入 5 -eq 5 并敲回车键，看看返回的内容。

在 `about_comparison_operators` 的帮助文件中可以找到其他可用的比较运算符，你将在本书的第 25 章中了解其他运算符。

> **补充说明**
>
> 如果 Cmdlet 命令不使用 11.3 节中讨论的 PowerShell 风格的比较运算符，可以使用高中或大学（甚至是工作中）学过的更加传统的编程语言形式的比较运算符。
>
> - `=` 等于
> - `<>` 不等于
> - `<=` 小于或等于
> - `>=` 大于或等于
> - `>` 大于
> - `<` 小于
>
> 如果支持布尔运算符，通常关键字是 AND 和 OR。有些 Cmdlet 命令可能提供类似 LIKE 的运算符。例如，通过 `-filter` 参数可以找到 `Get-WmiObject` 支持的所有运算符。当我们在第 14 章讨论该 Cmdlet 时，会重现该列表。
>
> 每个 Cmdlet 的设计者挑选如何（以及是否需要）处理过滤，通过查看该 Cmdlet 的完整的帮助可以获得设计者期望 Cmdlet 运行方式的示例，包括帮助文件末尾附近的使用方法示例。

## 11.4 过滤对象的管道

当已经写好一个比较表达式，可以在哪里使用它？使用我们之前提到的比较语言。可以与一些 Cmdlet 的 `-filter` 参数共同使用，可以与活动目录中模块以 GET- 开头的命令共同使用。你也可以与 Shell 的通用过滤命令 `Where-Object` 共同使用。

例如，你是否想过滤掉其他信息，只留下正在运行的服务？

```
Get-Service | Where-Object -filter { $_.Status -eq 'Running' }
```

`-filter` 参数是一个位置参数，这意味着你经常看到很多命令没有显式指定该参数，而它的别名为 `Where`。

```
Get-Service | Where { $_.Status -eq 'Running' }
```

如果你习惯大声阅读上面代码，这会听起来合情合理："where status equals running。"这就阐述了它的工作原理：当你传递多个对象到 `Where-Object` 时，它会使用它的过滤器检查每个对象。一次只放置一个对象到占位符 `$_`，接着运行比较操作从而查看返回值是 `true` 还是 `false`。如果是 `false`，该对象就会被管道移除。如果返回 `true`，该对象就会从 `Where-Object` 传输到下一个 Cmdlet 的管道中。在上面的示例中，下一个 Cmdlet 命令是 `Out-Default`，这会是管道的末尾（在第 8 章已经讨论过），接着开始使用格式化过程从而显示输出结果。

占位符$_是个特殊产物：之前已经见过（在第 10 章），你将在一个或更多的上下文看到它。该占位符只能在 PowerShell 能查找的特定位置中使用。在我们的示例中，该占位符恰好是在其中一个特定位置。正如你在第 10 章学习到的，句号用于告诉 Shell 不是比较整个对象，而是只比较对象的 Status 属性。

希望你开始看到 Gm 派上用场。它可以让你以快速、简单的方式发现一个对象中包含的所有属性，这样你就可以马上使用这些属性进行类似上面的比较操作。始终牢记，PowerShell 输出的列标题并不总是与属性名称保持一致。例如，运行 Get-Process，可以看见一个叫作 PM(MB) 的列；运行 Get-Process | Gm，发现列名称实际上是 PM。这个区别非常重要：总是使用 Gm 验证属性名称，而不要使用以 Format- 开头的命令。

---

**补充说明**

PowerShell v3 为 Where-Object 引入了一个新的 "简写" 语法。当只比较一次时可以使用该语法。如果需要比较多个子项，请保持使用原来的写法。

许多人争论这个简写语法是否有所帮助。该语法如下。

```
Get-Service | Where Status -eq 'Running'
```

显然，该写法更容易阅读：免除了{}并且不需要使用看起来尴尬的占位符$_。但是新语法不是意味着你可以忽略掉旧的语法，因为你仍然需要在复杂的比较中使用它。

```
get-service | where-object {$_.status -eq 'running' -AND
➥ $_.StartType -eq 'Manual'}
```

而且，在过去多年所有有价值的例子都使用旧语法。这意味着你需要知道怎么使用它们。你也必须知道新语法，因为它现在会开始出现在开发人员的示例中。你并不需要知道这两套语法是否足够简洁，但你仍然需要在见到时能够识别它们。

---

## 11.5 使用迭代命令行模式

我们现在想为你简单介绍 PowerShell 迭代命令行模型或者称为 PSICLM（并没有为它创建一个首写字母的缩写的理由，但它的读音却很有趣）。PSICLM 的核心思想在于你不需要一开始就创建一个大而复杂的命令行，而是从简单的开始。

比方说，你想计算正在使用虚拟内存排名前十的进程所占用的虚拟内存总和。如果排名前十的进程中包含 PowerShell 进程，而又不想在结果中包含 PowerShell 进程，快速罗列出几个需要的步骤。

（1）获取进程列表；

（2）排除 PowerShell 进程；

（3）按照虚拟内存进行排序；

（4）只保存前 10 个或者最后 10 个，这取决于我们的排序方式；

（5）把剩下进程的虚拟内存相加。

我们相信你知道如何完成前 3 个步骤，第 4 个步骤完全可以使用我们的老朋友：
`Select-Object`。

**动手实验**：花几分钟时间阅读 `Select-Object` 的帮助文档。你是否能找到让你在一个集合
中保留第一个或最后一个对象的参数？

希望你能找到答案。

最终，需要把所有虚拟内存相加。这里就需要寻找新的命令，或许可以通过
`Get-Command` 或 `Help` 加上通配符寻找。可以尝试 add 关键字，或者 sum 关键字，
甚至是 Measure 关键字。

**动手实验**：看看你能不能找到一个可以计算类似虚拟内存总量的命令。使用 Help 或 Get-
Command 加上*通配符。

当你尝试这些小任务（而不是提前阅读答案），这会让自己变成一个 PowerShell 专
家。一旦你觉得自己有答案了，你可能开始使用迭代的方法。

一开始，你需要获取所有的进程，这很容易满足。

```
Get-Process
```

**动手实验**：跟随该 Shell，并运行这些命令。验证每一个输出结果，看看你是否能预测在下一
次迭代的命令中，你需要修改什么。

下一步，过滤掉不需要的进程。记住，"左过滤"意味着你想尽可能在靠近命令行
开始的地方进行过滤。在该示例中，将使用 `Where-Object` 进行过滤，因为我们希望
它成为下一个 Cmdlet。虽然效果没有在第一个 Cmdlet 命令就进行过滤得好，但是总好
过在最后的管道中才过滤。

在该 Shell 中，按键盘上的向上箭头键找回你最后的命令，并添加下面的命令。

```
Get-Process | Where-Object -filter { $_.Name -notlike 'powerShell*' }
```

我们不确定进程名称是"powerShell"或"powerShell.exe"，所以使用通配符包含这
两种可能。任何与该命令不匹配的进程都会留在管道内。

运行并测试，接着继续使用键盘上的向上箭头键找回上次命令并加上后面的部分。

```
Get-Process | Where-Object -filter { $_.Name -notlike 'powerShell*' } |
➥Sort VM -descending
```

按回车键可以验证你的输入，而键盘上的向上箭头键可以和后面的命令进行拼接。

```
Get-Process | Where-Object -filter { $_.Name -notlike 'powerShell*' } |
➥Sort VM -descending | Select -first 10
```

如果使用默认升序排序，你会想加入这最后的命令之前使用 -last 10，而不是
-first 10。

```
Get-Process | Where-Object -filter { $_.Name -notlike 'powerShell*' }|
➥Sort VM -descending | Select -first 10 |
➥Measure-Object -property VM -sum
```

即使没有使用完全一致的语法，我们也希望你至少能够找出最后一个 Cmdlet 的名称。

这个模型——运行一个命令、验证结果、键盘上的向上箭头键找回命令并修改、再次尝试——就是 PowerShell 与传统脚本语言的区别。因为 PowerShell 是一个命令行 Shell，可以立即返回结果，并且如果返回的结果不是期望结果，那么可以快速、简单地修改命令。当你将已经掌握的少量的 Cmdlets 命令与刚学到的这一点结合后，你应该可以发现你所能够拥有的能力。

## 11.6　常见误区

每当介绍 Where-Object 时，通常会遇到两个主要的困惑。我们试图在前面的讨论中涉及这些概念。但是如果你有任何疑问，将在这里得到解决。

### 11.6.1　请左过滤

你会希望你的过滤条件越接近开始的命令行越好。如果能在第一个 Cmdlet 后就完成过滤，那就这么做。如果不行，尝试在第二个 Cmdlet 命令后过滤，这样将尽可能减少后面 Cmdlet 命令的工作。

另外，尝试在尽可能靠近数据源的地方完成过滤。例如，你需要从一台远程计算机查询服务并使用 Where-Object——正如本章的一个例子——考虑利用 PowerShell 的远程调用在远程计算机上进行过滤，这比把所有的对象都获取到本地之后再进行过滤要好得多。在第 13 章将会接触远程调用，并且会使用该方法重新过滤数据源。

### 11.6.2　何时允许使用$_

特殊的$_占位符只有在 PowerShell 知道如何寻找它时才有效。当它有效时，它一次只包含一个从管道传输到该 Cmdlet 的对象。请记住，不同的 Cmdlet 运行和产生结果的同时，在管道传输的生命周期中，管道中包含的内容也不断变化。

同样需要小心嵌套的管道——那些出现在括号内的命令。例如，下面的示例可能会难以理解。

```
Get-Service -computername (Get-Content c:\names.txt |
➥Where-Object -filter { $_ -notlike '*dc' }) |
➥Where-Object -filter { $_.Status -eq 'Running' }
```

让我们慢慢梳理。

（1）我们看到命令是以 `Get-Service` 开始，但它却不是第一个运行的命令。这是由于圆括号内的 `Get-Content` 先运行。

（2）`Get-Content` 通过管道将输出结果（由简单的 `String` 对象组成）传递给 `Where-Object`。`Where-Object` 和过滤器处在圆括号内，`$_`表示从 `Get-Content` 管道传输过来的 `String` 对象。只要字符串不是以"dc"结尾的，都会被保留并通过 `Where-Object` 输出。

（3）`Where-Object` 的输出成为圆括号内的结果，因为 `Where-Object` 是圆括号内的最后一个 `Cmdlet` 命令。因此，所有不是以"dc"结尾的计算机名称会被发送到 `Get-Service` 的-computername 参数中。

（4）现在运行 `Get-Service`，并且产生的 `ServiceController` 对象将会传输到 `Where-Object`。该实例中 `Where-Object` 会一次放置一个服务到`$_`占位符，它会只保留那些-status 属性为 `Running` 的服务。

有时候，我们觉得自己的眼睛会忽略所有的花括号、句号和圆括号，但是 PowerShell 就是这么工作的。而如果你能训练自己小心阅读命令，你将会理解命令做了哪些工作。

## 11.7　动手实验

**注意：**对于本次动手实验来说，你需要一台 Windows 8 或 Windows Server 2012 或更新操作系统版本的计算机，同时需要 PowerShell v3 或更新版本。

记住，不是只有 `Where-Object` 方式可以过滤，它甚至不应该是你第一个想到的命令。我们已经使得本章尽量保持简短，以便让你有更多的时间进行动手实验。所以，记住左过滤的原则，尝试完成下面的内容。

1．导入 NetAdapter 模块（存在于最新版本的客户端或服务器版本的 Windows 中）。使用 `Get-NetAdapter` 命令显示一个非虚拟网络适配器列表（换言之，适配器的 `Virtual` 属性为 false，PowerShell 使用专用常量`$False`）。

2．导入 DnsClient 模块（存在于最新版本的客户端或服务器版本的 Windows 中）。使用 `Get-DnsClientCache` 命令显示一个从缓存中读取的 A 和 AAAA 列表。提示：如果你的缓存是空的，尝试浏览一些 Web 页面从而强制将一些项存入缓存中。

3．显示所有位于 C:\Windows\System32 下且大于 5MB 的 EXE 文件。

4．显示属于安全更新的补丁列表。

5．使用 `Get-Service` 是否可以显示一个自动启动类型且当前没有在运行的服务列表？请仅回答是或否。你不需要编写一个命令来完成该内容。

6．显示一个管理员安装过的补丁列表，并列出哪些是更新补丁。如果没有任何补丁，请尝试找出由 System 账户安装的补丁。注意，有些补丁包没有"installed by"这个值，不过这没关系。

7. 显示名称为"Conhost"或"Svchost"的运行中的进程列表。

## 11.8　进一步学习

熟能生巧，所以尝试对你学习过的命令的输出结果进行过滤，比如 Get-Hotfix、Get-EventLog、Get-Process、Get-Service 甚至是 Get-Command。例如，可以尝试对 Get-Command 的输出过滤，只剩下部分 Cmdlet 命令。或者使用 Test-Connection ping 服务器，并且只有在没有应答的情况下显示结果。我们不建议你在每个实例中都使用 Where-Object，但是你应该在适当的时候进行练习。

## 11.9　动手实验答案

1. `import-module NetAdapter`
   `get-netadapter -physical`
2. `Import-Module DnsClient`
   `Get-DnsClientCache -type AAAA,A`
3. `Dir c:\windows\system32\*.exe | where {$_.length -gt 5MB}`
4. `Get-Hotfix -Description 'Security Update'`
5. `get-hotfix -Description Update | where {$_.InstalledBy -match "administrator"}`

   或下述任一命令：

   `get-hotfix -Description Update | where {$_.InstalledBy -match "system"}`

   `get-hotfix -Description Update | where {$_.InstalledBy -eq "NT Authority\System"}`
6. `get-process -name svchost,conhost`

# 第 12 章　学以致用

是时候学以致用了。在本章，我们不会尝试教你任何新东西，而是使用你所学到的知识完成一个完整的示例。所以本示例必须是一个具有实际意义的示例。我们首先设定一个任务，在我们找出如何完成该任务之后，你可以跟随我们的进程。本章是本书内容的一个缩影，因为除了告诉你如何完成工作之外，我们还希望你意识到：你可以自学成才。

## 12.1　定义任务

首先，我们先假设你正在使用 Windows 10 或 Windows Server 2012 R2，或更新版本，这些版本的操作系统已经安装了 PowerShell v5 或更新版本。我们完成的示例在早期的 Windows 与 PowerShell 版本中或许也可以执行，但我们在 Windows 10 与 PowerShell v5 中已经测试成功。我们知道该示例无法在 Linux 或 macOS 中工作，这是由于这些操作系统没有像 Windows 中那样的用户权限。

我们的目标是使用 PowerShell 在本地系统中修改一些默认的用户 privileges，这并不等同于权限，而是某个用户或组能够执行的一些系统范围的任务。

## 12.2　发现命令

完成任何任务的第一步都是找出哪一个命令可以完成任务，基于你安装的组件，你得到的结果或许与我们不同，但重要的是解决问题的过程本身。因为我们知道我们希望修改用户权限，因此我们把 "privileges" 作为关键字。

```
PS C:\> help *privilege*


Name                                    Category  Module
```

```
----                                     --------  ------
Update-Help                              Cmdlet    Microsoft.PowerShell.Core
ConvertTo-Csv                            Cmdlet    Microsoft.PowerShell.U...
Import-Counter                           Cmdlet    Microsoft.PowerShell.D...
about_Remote_Requirements                HelpFile
about_Remote_Troubleshooting             HelpFile
```

嗯。这并没有帮助。命令中并没有任何信息看起来与 privileges 有关。好的，让我们尝试另一种方式——这次，关注命令本身而不是帮助文件，使用更加宽泛的搜索关键字。

```
PS C:\> get-command -noun *priv*
PS C:\>
```

好的，并没有名称中包含 priv 的命令。让人失望！现在我们不得不查看 PowerShell Gallery 中可能会有什么。我们会意识到该步骤依赖于已经安装的 PowerShell Package Manager。这是 PowerShell v5 的一部分，但也可以在老版本 PowerShell 安装获取。访问 http://powershellgallery.com 获得下载链接。

```
PS C:\> find-module *privilege* | format-table -auto

Version Name         Repository Description
------- ----         ---------- -----------
0.3.0.0 PoshPrivilege PSGallery Module designed to use allow easi...
```

看上去有戏！让我们安装该模块。

```
PS C:\> install-module poshprivilege

You are installing the module(s) from an untrusted repository. If you
 trust this repository, change its InstallationPolicy value by
running the Set-PSRepository cmdlet.
Are you sure you want to install software from
'https://go.microsoft.com/fwlink/?LinkID=397631&clcid=0x409'?
[Y] Yes [A] Yes to All [N] No [L] No to All [S] Suspend
[?] Help(default is "N"): y
```

此时你应该小心。虽然 PowerShell Gallery 由微软运营，但微软并不验证其他人发布的代码。因此我们应该停下来，查看我们刚刚安装的代码，在继续往下之前确保代码没有任何问题。该模块的作者是 MVP：Boe Prox，并且我们相信他。

现在让我们查看刚刚获取的代码。

```
PS C:\> get-command -module PoshPrivilege | format-table -auto

CommandType Name          Version Source
----------- ----          ------- ------
Function    Add-Privilege 0.3.0.0 PoshPrivilege
```

```
Function    Disable-Privilege 0.3.0.0 PoshPrivilege
Function    Enable-Privilege  0.3.0.0 PoshPrivilege
Function    Get-Privilege     0.3.0.0 PoshPrivilege
Function    Remove-Privilege  0.3.0.0 PoshPrivileg
```

好的，这看起来就直观很多。我们需要添加或启用权限（privilege），因此我们只需要找出使用哪个 cmdlet。

## 12.3 学习如何使用命令

幸运的是，Boe 在该模块中包含了帮助文件。那些编写模块但不编写帮助文件的都是坏人。本书的姊妹篇：*Learn PowerShell Toolmaking in A Month of Lunches* (Manning, 2012)，我们阐述了如何编写模块以及如何向模块中加入帮助文件——加入帮助文件是正确的事。让我们来看 Boe 是否做了正确的事。

```
PS C:\> help Add-Privilege


NAME
     Add-Privilege
SYNOPSIS
     Adds a specified privilege for a user or group

SYNTAX
     Add-Privilege [[-AccountName] <String>] [-Privilege]
     <Privileges[]> [-WhatIf] [-Confirm] [<CommonParameters>]
```

他做了正确的事！我们并没有打印出完整的帮助，但我们绝对是完整阅读了帮助。因此看上去我们可以通过-AccountName 参数提供一个用户或组名称，然后我们可以通过名称指定一个或多个权限。事实是，我们并不知道权限有什么。但模块提供了 Get 命令，让我们试一下。

```
PS C:\> Get-Privilege


Computername         Privilege                    Accounts
------------         ---------                    --------

DESKTOP-GDI89IG      SeAssignPrimaryTokenPrivilege {NT AUTHORIT...
DESKTOP-GDI89IG      SeAuditPrivilege             {NT AUTHORIT...
DESKTOP-GDI89IG      SeBackupPrivilege            {BUILTIN\Bac...
DESKTOP-GDI89IG      SeBatchLogonRight            {BUILTIN\Per...
DESKTOP-GDI89IG      SeChangeNotifyPrivilege      {BUILTIN\Bac...
DESKTOP-GDI89IG      SeCreateGlobalPrivilege      {NT AUTHORIT...
DESKTOP-GDI89IG      SeCreatePagefilePrivilege    {BUILTIN\Adm...
```

　　输出结果有好几屏幕，但的确给我们提供了可用的权限列表，不意外的是，还列出了拥有权限的用户名称。因此让我们尝试添加一个权限。

```
PS C:\> Add-Privilege -AccountName Administrators -Privilege SeDenyBatchLogonRight
```

　　非常简单。让我们看该命令是否生效。

```
PS C:\> Get-Privilege -Privilege SeDenyBatchLogonRight


Computername              Privilege                      Accounts
------------              ---------                      --------
DESKTOP-GDI89IG           SeDenyBatchLogonRight          {BUILTIN\Adm...
```

　　能够生效！

　　现在，我们可以承认本任务并没有完成。但任务本身并不是本章的重点。重点是如何找到解决办法。我们做了什么？

　　（1）我们搜索包含特定关键字的本地帮助文件。当我们的搜索词在本地帮助文件中并没有任何匹配的命名名称时，PowerShell 的确对所有的帮助文件内容做了一次搜索。这很有用，因为帮助如果提到 privilege，我们就已经找到了命令。

　　（2）我们转到搜索特定的命令名称。这可以帮助找到那些没有安装帮助文件的命令。理想情况是，命令应该总是带有帮助文件，但我们并不生活在一个理想世界，所以我们总是需要额外的步骤。

　　（3）本地一无所获，我们搜索 PowerShell Gallery，并找到一个看上去可能的模块。我们安装了该模块并查看了该模块的命令。

　　（4）由于模块作者是一个好人并提供了帮助，我们能够找出如何运行命令获取权限列表。这帮助我们了解命令的属性是如何组织的，以及命令期望的值。我们总是以 Get 命令作为开始，如果存在 Get 命令，则查看得到的结果是什么样子。

　　（5）使用我们当前已经收集到的信息，我们就能够实现我们需要的变更。

## 12.4　自学的一些技巧

　　再次说明，本书的目的是教会你如何自学——这也是本章希望阐明的。下面是一些技巧。

■ 不要害怕使用帮助并确保阅读示例。我们不止一次强调过这一点，但好像没人愿意听。我们仍然会看到很多学生在我们眼皮底下使用 Google 寻找示例。为什么那么害怕帮助文档？如果你都愿意读别人的博客了，为什么不先尝试在帮助文档中阅读示例？

■ 请注意，在屏幕上，每一点信息可能都非常重要——请不要跳过不是你目前正在寻找的信息。你很容易这样做，但请不要这么做。要查看每一部分信息，并尝试发现该信息的用处，以及使用该信息能够推算出什么。

- 不要害怕失败，希望你有一台虚拟机，然后在虚拟机里实验 PowerShell。学生们经常会问类似这类问题："如果我做了这个和那个，会发生什么？"我们的回答往往是"不知道，自己试试"。在虚拟机做实验是一个好办法，最坏的情况也只不过是将虚拟机回滚到某个快照点，对吧？所以无论做什么，都请试一试。
- 如果尝试一种方法不奏效，不要挠墙——请尝试其他方法。

随着时间的流逝，所有的事情都会变得简单。请耐心并保持练习——但同时在学习过程中不忘思考。

## 12.5　动手实验

**注意：**对于本次动手实验来说，你需基于 Windows 8 或 Windows Server 2012，运行 PowerShell v3 或更新版本 PowerShell 的计算机。

下面该轮到你了。我们假设你正在使用虚拟机或其他你可以假借学习的名义搞乱的环境。请不要在生产环境和运行关键系统的计算机上进行实验。

Windows 8 和 Windows Server 2012（或更新版本）包含一个使用文件共享的模块。你的任务是创建一个名称为"LABS"的目录，并共享该目录。为了练习的简便，先假设该目录和共享不存在。先不用管 NTFS 的权限问题，但请确保共享目录的权限设置为"所有人"拥有读/写权限，并且本地管理员拥有完全控制权。由于共享的主要是文件，你或许希望为文档设置共享缓存。你的脚本还应该展示新建的共享及其权限。

## 12.6　动手实验答案

```
#创建目录
New-item -Path C:\Labs -Type Directory | Out-Null


#创建共享
$myShare = New-SmbShare -Name Labs -Path C:\Labs\ `
-Description "MoL Lab Share" -ChangeAccess Everyone `
-FullAccess Administrators -CachingMode Documents


#获取共享权限
$myShare | Get-SmbShareAccess
```

# 第 13 章   远程处理：一对一及一对多

当首次使用 PowerShell（第 1 版）时，我们最先接触的是 Get-Service 命令，检查后发现该命令包含一个-ComputerName 参数。这是否意味着它也可以读取其他计算机上的服务名称？经过一些简单的测试之后，我们发现的确如此。我们感到很惊喜，同时也查看其他有-ComputerName 参数的 Cmdlet。令人失望的是，包含该参数的 Cmdlet 非常少。但在 PowerShell（第 2 版）（新增一系列的命令）后，包含-ComputerName 参数的命令数目远远多于不包含该参数的命令数目。

从那时起，我们意识到 PowerShell 的开发者有点懒惰——其实，这是好事。因为他们不希望每个 Cmdlet 都带上-Computer 参数，所以他们创建了一个 Shell 级别的系统，命名为远程处理（Remoting）。该系统使得你可以在一个远程计算机上运行任何 Cmdlet。甚至当本地计算机没有包含某些命令时，你也可以直接运行远程计算机上已存在的这些命令（也就是说，你不需要在本地计算机上安装任何管理性质的 Cmdlet）。远程处理系统的功能非常强大，它提供了大量有趣的管理功能。

注意：远程处理是非常庞大和复杂的一门技术。在本章中，我们会介绍该项技术，同时会覆盖到日常工作中大概 80%～90%的场景。正因为我们没有覆盖到全部知识点，所以在本章最后的"进一步探讨"小节中，我们会列出一些学习远程处理全部配置选项的资源。

## 13.1  PowerShell 远程处理的原理

在一定程度上讲，PowerShell 的远程处理类似于 Telnet 或者其他一些老旧的远程处理技术。当键入该命令时，它会在远程计算机上运行。只有该命令的运行结果会返回本地计算机。与 Telnet 和 Secure Shell（SSH）不一样的是，PowerShell 采用一种新的通信协议，我们称之为针对管理的 Web 服务（Web Services for Management，WS-MAN）。

WS-MAN 完全基于 HTTP 或者 HTTPS 进行工作，这样保证在需要的情况下，能轻易透过防火墙进行作业（因为每种协议都使用唯一的端口进行通信）。微软对 WS-MAN 的实现主要基于一个后台服务：Windows 远程管理组件（WinRM）。在安装 PowerShell（第 2 版）的时候会同时安装 WinRM，在服务器版操作系统（比如 Windows Server 2008 R2）中默认开启该服务。Windows 7 操作系统默认安装该服务，但该服务处于禁用状态。该服务还被包含在 PowerShell v3 以及更新版本中，在 Windows 2012 以及更新版本的 Windows 中默认处于启用状态（通常来说，在服务器操作系统处于启用状态，在客户端操作系统处于禁用状态）。

## 基于 SSH 的远程处理

在本书即将刊印时，微软宣布远程处理技术除了 WS-MAN 之外，还可以基于 SSH 协议。这对那些已经熟悉 SSH 而不熟悉 WS-MAN 与 WinRM 的公司来说是一个好消息。从用户角度讲，如何使用远程处理技术并无区别，底层协议的区别对你来说应该是透明的。

我们敦促你在对 SSH 协议的支持发布后阅读 `Invoke-Command` 与 `New-PSSession` `Option` 的文档。只需要知道本版书的本章，仅仅专注于 WS-MAN 与 WinRm 的方式实现远程处理。

到目前为止，你已经知道 Windows PowerShell 的 Cmdlet 会产生一些对象作为输出结果。当你运行一个远程命令时，它会将输出结果放入一个特定形式的包中，之后通过网络中的 HTTP（或者 HTTPS）协议传回本地计算机。XML 已经被证明是针对该问题的优秀解决方案，所以 PowerShell 会将输出对象序列化到 XML 中。下一步，XML 文件会通过网络进行传输。当到达本地计算机之后，该 XML 会反序列化为 PowerShell 可以处理的对象。序列化和反序列化仅仅是一种格式转换的形式：从对象转化为 XML 称为序列化，从 XML 转为对象则为反序列化。

为什么你需要关注输出结果返回的方式？因为这些序列化和反序列化的对象只是各种快照而已，它们并不会随着后续状态的变化而自我更新。例如，如果你获得代表远程计算机上运行进程的对象时，这些对象只能反映对象被产生时刻的状态。例如，对象包含的内存使用数据或者 CPU 使用率数据并不会随着后续的变化而变化。另外，你无法对反序列化对象下达任何指令（例如，你无法下达停止的指令）。

这些都是针对远程处理的一些比较基本的限制，但是却无法阻止操作者通过其他方法实现一些神奇的功能。实际上，完全可以下达指令让远程处理自行停止，但是我们需要更加聪明一些。本章后续部分会展示该场景。

要保证远程处理可以正常工作，需要满足下面两个条件。

■ 本机计算机和远程计算机（需要运行命令的计算机）至少需要第 2 版或者更新版本的 PowerShell。Windows XP 是 PowerShell v2 支持的最老版本操作系统，所以它也是能实现远程处理功能最老版本的操作系统。

- 理论上，两台计算机需要在同一域或者可信域中。如果计算机不在域中，远程处
  理也可以正常工作，但配置会有些麻烦。本章不会讲到这一点。如果你想了解该
  类场景，请在 PowerShell 中运行 `Help About_Remote_Troubleshooting`。

**动手实验：** 希望你可以模拟本章中的示例。为了完成这些实验，理论上，你需要第二台计算
机（当然，也可以是一个虚拟机），并且这两台计算机需要在同一个域中。远程
计算机可以运行在已经安装第 2 版或者更新版本 PowerShell 的任意操作系统上。
当然，如果无法找到第二台计算机或者虚拟机，也可以使用 `localhost` 创建到
当前计算机的伪远程连接，但是无法像真实远程处理远程计算机那样让人兴奋。

## 13.2　WinRM 概述

首先我们会讲到 WinRM，因为在使用远程处理之前，我们必须配置该服务。再
次申明，你只需要在接收远程命令的计算机上配置 WinRM 以及 PowerShell 远程处
理即可。在我们大部分工作环境中，Windows 管理员都会开启每台 Windows 环境计
算机上的远程服务（请记住，从 Windows XP 开始，所有操作系统均支持 PowerShell
和远程服务）。这样做能保证你可以使用后台远程连接到客户端计算机或者笔记本
电脑（也就是说，这些计算机的用户根本不知道你远程连接到该计算机）。对我们
来说，该项功能非常有用。

并非只有 PowerShell 能使用 WinRM 服务。实际上，微软在越来越多的管理程序中
开始使用 WinRM 服务——甚至包含已经使用了其他协议的那些程序。基于这一思想，
微软保证 WinRM 可以将流量导入至多种管理程序——不仅仅是 PowerShell。WinRM 类
似一个调度器：当有新的流量进来后，WinRM 会决定由哪种程序来处理这部分流量。
所有 WinRM 流量都标记了接收应用程序的名称，同时这些应用程序都必须在 WinRM
中创建各自的端点，这样 WinRM 才能侦听这些主体的流量。这也就意味着，你们不只
需要启用 WinRM 服务，也需要在 WinRM 中将 PowerShell 注册为一个端点。图 13.1 说
明了这些组件如何组合在一起。

如图 13.1 所示，在你的系统中可以有几十个甚至上百个 WinRM 端点（PowerShell
称它们为会话配置选项）。每一个端点都指向一种应用程序，甚至你可以将多个端点指
向同一个应用程序，但是每个端点提供不同的权限以及功能。例如，你可以在环境中创
建一个 PowerShell 端点，该端点仅允许特定用户运行一个或者两个命令。在本章中不会
深入讲解远程处理，但是我们会在第 23 章中再深入探讨该服务。

图 13.1 也阐述了 WinRM 侦听器部分，在图中属于 HTTP 种类中的一种。一个侦听
器会为 WinRM 等待网络流量的进入——有点像 Web 服务器侦听传入请求。尽管由
`Enable-PSRemoting` 创建的默认侦听器会侦听本地所有 IP 地址的某个端口，但是一
个侦听器仅会侦听从特定 IP 地址的特定端口发出的请求。

侦听器会连接到已定义的端点。我们可以采用下面的方法创建一个端点：新开一个 PowerShell 窗口——需要以管理员权限运行 PowerShell，之后运行 Enable-PSRemoting 命令。有些时候你可能会看到另外一个相关的命令 Set-WSManQuickConfig。但是根本没必要手动运行该命令，Enable-PSRemoting 命令会自动调用该命令。另外，Enable-PSRemoting 命令也会运行一些其他步骤完成开启远程处理服务。总体来说，该 Cmdlet 会启用 WinRM 服务，配置该服务为自动启动模式，然后在 WinRM 中为 PowerShell 注册一个端口，甚至会在 Windows 防火墙中针对传入的 WinRM 流量创建例外条件。

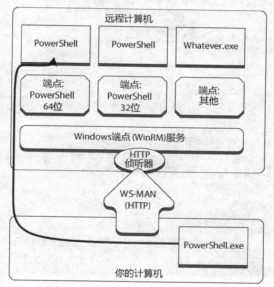

图 13.1 WinRM、WS-MAN、端点和 PowerShell 之间的关系

**动手实验：** 该实验环节需要你在第二台计算机（如果你只有一台计算机的话，那么请在当前计算机启用）上启用远程处理服务。请确保你是在管理员权限下运行 PowerShell（PowerShell 的窗口边框上显示了"管理员"字样）。如果不是，那么请关闭当前窗口，然后右键单击开始菜单中的 PowerShell 按钮，选择"以管理员身份运行"。如果在启用远程处理时返回了一些错误信息，那么请暂停并解决该问题。只有当 Enable-PSRemoting 正确无误运行时，才能继续后面的步骤。

图 13.2 中显示了当运行 Enable-PSRemoting 命令时经常会遇到的一个错误。

图 13.2 中的错误一般只会出现在客户端计算机上，并且如果你深入研究这个错误信息，你可以看到导致这个错误的原因。我们设置至少一个网卡为"公用网络"类型。请记住，在 Windows Vista 以及之后版本的操作系统中，对每一个网卡都会设置一个网络类型

（家庭网络、工作网络或者公用网络）。类型为"公用网络"的网卡中无法设置 Windows 防火墙例外，所以当我们运行 Enable-PSRemoting 命令尝试创建一个防火墙例外时，就会失败。唯一的解决办法是进入 Windows 中，修改该网卡的类型为"工作网络"或者"家庭网络"。但是，如果你是连接到一个公用网络（比如一个公用的网络热点），请不要这样做，因为这将关闭一些重要的安全保护功能。

图 13.2　在客户端计算机启用远程处理时容易出现的一个错误信息

**注意：** 如果运行的是服务器版的操作系统，你没必要担心这个错误，因为在该版本操作系统中并没有这个限制。

　　如果你对需要到每台计算机上去开启远程处理服务感到很厌烦，没关系，你也可以通过组策略对象（GPO）实现。这些必要的 GPO 设置选项已经内置到 Windows Server 2008 R2（以及后续版本操作系统）的域控制器计算机中（如果是老版本操作系统的域控制器计算机，那么需要去网站 http://download.microsoft.com 上下载一个 ADM（Administrative Templates）模板，之后添加这些 GPO 选项）。打开一个 GPO 对象，之后查看路径"计算机配置" > "管理模板" > "Windows 组件"下的对象。在该列表的中间部分，你可以看到"Windows 远程 Shell"（Windows Remote Shell）和"Windows 远程管理"（WinRM）。现在，我们假定你将会在希望配置的那些计算机上运行 Enable-PSRemoting 命令，因为当前你可能只有一台或者两台虚拟机。

**注意**：PowerShell 的 About_Remote_TroubleShooting 帮助主题中包含了更多关于如何使用 GPO 对象的内容。你可以查找该帮助信息中的"如何启用企业中的远程处理"和"如何通过使用组策略启用侦听器"部分。

第 2 版的 WinRM 服务（第二版以及后续版本的 PowerShell 使用的 WinRM 版本）默认会使用 TCP 端口 5985 侦听 HTTP，使用 5986 端口侦听 HTTPS。这样的端口号保证了不会与本地安装的任意 Web 服务器使用的端口号（一般使用 80～443 之间的端口号）冲突。使用 Enable-PSRemoting 创建的远程处理默认仅对 5985 端口创建非加密的 HTTP 侦听器。当然，你也可以配置 WinRM 使用其他端口，但是我们不建议这样做。如果我们采用默认值，所有的 PowerShell 远程处理命令都可以正常运行。假如我们修改了端口号，在我们输入远程处理命令时，我们必须指定端口号，这样也就意味着我们要键入更多的字符。

如果你确定要修改端口号，可以通过下面的命令实现。

```
WinRM Set WinRM/Config/Listener?Address=*+Transport=HTTP
➥@{Port="1234"}
```

在该示例中，1234 是你希望使用的端口号。如果将其中的 HTTP 修改为 HTTPS，则该命令可用作修改 HTTPS 的侦听端口。

**别动手实验**：尽管在生产环境中可能需要修改该端口，但是请不要在测试计算机上进行修改。保留 WinRM 默认配置选项，这样本章后面的示例才可以正常运行（不需要你再做额外的修改）。

其实还有另外一个方法，可以修改客户端计算机上的 WinRM 的默认端口。这样当我们在运行命令的时候，就不需要再指定修改之后的默认端口。但是在本书中，我们仍然使用微软提供的默认配置选项。同时，你可以针对 WinRM 创建多个侦听器（比如一个针对 HTTP 流量，一个针对加密的 HTTPS 流量，或者其他一些针对不同的 IP 地址）。这些侦听器会将流量导入至计算机上配置的端点。

**注意**：如果你查看 Windows 远程 Shell（Remote Shell）的组策略对象设置选项，你或许注意到下面几个可更改的选项：一个远程处理进程在被计算机自动杀掉之前处于打开状态的最长时间；允许并行运行远程处理进程的最大用户数；每个远程 Shell 可使用的最大内存以及最大进程数；每个用户可打开远程 Shell 的最大数目等。针对健忘的管理员来说，这些配置选项都是确保服务器不会过度消耗资源很好的方法。默认情况下，只有管理员才能使用远程处理，所以没有必要担心普通用户会导致服务器资源用尽。

## 13.3 一对一场景的 Enter-PSSession 和 Exit-PSSession

PowerShell 可以通过两种方法实现远程处理，第一种称为一对一或者 1:1 远程处理（第二种称为一对多，或者 1:n 远程处理，在下一节中会讲到一对多场景）。当使用一对一远程处理时，实际上是在单台远程计算机上调用了一个 Shell 命令窗口。输入的任何命令都会直接在该计算机上运行，然后在远程处理窗口中返回输出结果。该机制非常类似于远程桌面连接（Remote Desktop Connection），只是 Windows PowerShell 采用的是命令行环境。相对于远程桌面连接，这种远程处理技术只需要使用很少的资源，所以对服务器来讲，开销会小很多。

如果需要针对一台远程计算机建立一对一的远程处理进程，请运行下面的命令。

```
Enter-PSSession –ComputerName Server-R2
```

（你需要使用正确的计算机名称来替代 Server-R2。）

假如在远程计算机上已经启用了远程处理，两台计算机在同一个域中，并且网络质量良好，那么你应该可以得到一个连接。如果 Shell 命令窗口变为下面的格式，那么也就说明该连接成功建立。

```
[Sever-R2] PS C:\>
```

该 Shell 命令框表示你所运行的任何语句都是在 Server-R2（或者说是你连接到的计算机）上运行。你可以在该命令框中运行任意命令，甚至可以在远程计算机上导入已存在的任意模块或者添加任意 PSSnapIn。

**动手实验**：现在请尝试建立一个到第二台计算机或者虚拟机的远程连接。如果你从来没有这样测试过，那么你需要在尝试连接远程计算机之前，在该机器上启用远程处理功能。另外要注意的是，你需要知道远程计算机的真实名称，WinRM 默认不允许使用 IP 地址或者 DNS 中的别名去进行远程处理。

你的权限以及特权在远程连接中也会继续保持。你运行的 PowerShell 副本会带有其运行的安全令牌（该过程通过 Kerberos 实现，所以并不会通过网络传递用户名以及密码到远程计算机）。你在远程计算机上运行的任何命令都依赖于你的凭据，所以你能实现你权限范围之内的任意操作。该过程类似于你通过远程桌面连接到对应的远程计算机，然后在该计算机上运行本地的 PowerShell。

下面介绍两个不同点。

- 即使远程计算机上 PowerShell 存在一个 Profile 脚本，当使用远程处理时，该脚本也不会运行。我们还没有讲到 Profile 脚本部分（在 25 章中会涉及该部分知识），但是这里可以大概提一下，Profile 脚本是指当我们打开 Shell 时会自动运行的一批命令。人们经常使用 Profile 脚本来自动载入一些 Shell 扩展程序以及模块等。我们必须要明白，当我们通过远程处理连接到某台计算机时，对应的 Profile 脚本不会自动运行。

- 远程计算机的运行策略会限制某些脚本的运行。假如本地计算机的策略设置为 RemoteSigned，也就意味着可以运行本地未签名的脚本。如果远程计算机的策略设置为默认（严格），当使用远程处理连接到该计算机时，并不是所有脚本都可以运行。

了解这两个不同之处之后，可以继续后面的学习了。但是等等——当在远程计算机上运行命令结束之后，还要运行什么命令呢？很多 PowerShell 的 Cmdlet 都是以成对形式出现，一个 Cmdlet 做一件事情，另一个 Cmdlet 就会做相反的事情。在这个场景中，如果 Enter-PSSession 可以对其他计算机运行远程处理，你能猜到什么命令可以退出该进程吗？如果你猜到是 Exit-PSSession，那么请给你自己一个奖励。该命令不需要其他任何参数；运行之后，Shell 命令窗口会变回正常，远程连接会被自动关闭。

**动手实验**：如果已经开启远程处理进程，运行 Exit-PSSession 命令并退出远程连接进程。

如果你忘记运行 Exit-PSSession 而是直接关闭 PowerShell 的窗口，会有什么后果呢？别担心。PowerShell 和 WinRM 足够智能，它们能识别你的行为，然后自行关闭远程连接。

有个要点需要注意：当你使用远程处理连接到另一台计算机时，除非完全理解你所做的操作，否则不要在该命令窗口中再次运行 Enter-PSSession。假如你的本地计算机为 Computer A，使用 Windows 7 操作系统，之后使用远程处理连接到 Server-R2。此时，在 PowerShell 命令框中，运行下面的语句。

```
[Server-R2] PS C:\>Enter-PSSession Server-DC4
```

该语句会在 Server-R2 上维护一个到 Server-DC4 的远程连接，也就是会建立一个"远程处理链"。"远程处理链"非常难以追踪，同时会增加计算机中不必要的系统开销。在某些场景下，可能只能采取这种方式来实现——比如 Server-DC4 处于防火墙中，无法被直接访问，所以需要 Server-R2 作为中转服务器，使得可以访问到 Server-DC4。但是，一般情况下，请不要使用远程处理链。

**警告**：在某些人看来，远程处理链类似于"二连跳"，同时可以算作 PowerShell 的一个缺点。

简单提示一下：如果 PowerShell 的命令行窗口已经显示了一个计算机的名称，那么请到此结束。除非你退出该进程回到本地计算机命令（PowerShell 命令行窗口中不包含计算机名称）时，你才能再次运行一些远程控制的命令。我们会在第 23 章中讨论启用多层远程处理的相关问题。

当你使用一对一的远程处理时，你不需要担心被序列化和反序列化的对象。就你个人而言，其实等效于直接在远程计算机的控制台中键入命令。如果你获取了一个进程，并通过管道传递给 Stop-Process 命令，正如我们期待的那样，该进程会停止运行。

## 13.4  一对多场景的 Invoke-Command

下面讲的是 Windows PowerShell 最酷的功能之一，也就是将一个命令同时传递给多台远程计算机。是的，就是这样，也可称之为全面的分布式计算。每台计算机都独立运行发送的命令，然后将结果集返回给你。PowerShell 利用 Invoke-Command 命令来实现该功能，称之为一对多或者 1:n 远程处理。

该命令类似下面的语句。

```
Invoke-Command -ComputerName Server-R2,Server-DC4,Server12
➥-Command {Get-EventLog Security -Newest 200 |
➥Where {$_.EventID -eq 1212 }}
```

**动手实验**：尝试运行上面的脚本，请使用你自己的远程计算机的名字来替换上面的三个计算机名称。

　　最外层{}中包含的全部命令都会传递到 3 台远程计算机。默认情况下，PowerShell 最多一次与 32 台远程计算机通信。如果超过 32 台，那么会将计算机信息存放到一个队列中。如果命令在一台远程计算机上运行完毕，队列中的下一台计算机会立即开始运行。当然，如果网络足够良好，并且计算机足够强劲，那么我们可以通过 Invoke-Command 的-ThrottleLimit 参数来指定更多数量的计算机（如果需要了解更多的信息，请查阅该命令的帮助文档）。

> **注意标点符号**
>
> 　　我们需要注意一对多远程处理示例的语法，因为 PowerShell 的标点符号在某种场景下会让我们感到很困惑。当我们在输入这些命令时，这些困惑可能让 PowerShell 实现一些意料之外的功能。
>
> 　　比如，考虑下面的示例。
>
> ```
> Invoke-Command -ComputerName Server-R2,Server-DC4,Server12
> ➥-Command {Get-EventLog Security -Newest 200 |
> ➥Where { $_.EventID -EQ 1212 }}
> ```
>
> 　　在该示例中，有两个命令使用了大括号：Invoke-Command 和 Where（是 Where-Object 命令的别名）。Where 命令完整嵌套在最外层的大括号中。最外层的大括号中包含的命令就是我们需要传递到远程计算机上运行的命令，也就是下面这段命令。
>
> ```
> Get-EventLog Security -Newest 200 | Where {$_.EventID -EQ 1212}
> ```
>
> 　　可能很难去照搬这些嵌套的命令，特别是本书中这种示例，由于每页的宽度限制，必须使用多行文字来展示该命令。
>
> 　　你必须确保你知道传递给远程计算机的命令到底是什么，同时要理解每一组大括号的功能。

　　另外，需要告知你的是，在 Invoke-Command 的帮助信息中找不到-Command 参数，但是我们确认上面示例中的命令可以正常运行。实际上，-Command 参数是帮助文档中-ScriptBlock 参数（可以在 Invoke-Command 帮助文档中找到该参数的信息）的一个别名或者昵称。由于-Command 命令更容易记住，所以我们往往使用-Command，而不会使用-ScriptBlock。但是实际上，它们的作用相同。

如果你认真查阅了 Invoke-Command 的帮助文档，你应该会注意到其中一个参数，该参数允许我们指定一个脚本文件，而不是一个命令。该参数可以将本地的完整脚本传递到远程计算机——意味着你可以自动化一些复杂的任务，让每一台计算机完成各自对应的部分。

**动手实验**：确保你在 Invoke-Command 的帮助文档中找到了 -ScriptBlock 参数，同时能找到允许指定一个文件路径以及名称的参数（-FilePath）（并不是一段脚本）。

现在让我们回到本章开始提到的 -ComputerName 参数。当我们首次使用 Invoke-Command 时，我们键入了一串以逗号分隔的计算机名称，比如前面的示例。但是真实环境中可能存在大量的计算机，因此我们并不想每次都手动键入这些计算机名称。我们可以将所有的计算机按照对应的种类，比如 Web 服务器和域控制器，放入到各自的文本文档中。文本文档的每行代表一个计算机名称——不需要使用逗号、引号。通过 PowerShell，我们可以很轻易地使用这些文本文档中的内容。

```
Invoke-Command –Command {dir}
➡-ComputerName (Get-Content WebServers.txt)
```

上面命令中的圆括号使得 PowerShell 优先运行 Get-Content 命令——和数学中的圆括号功能一样。之后 Get- 命令的结果集被传递给 -ComputerName 参数，然后括号中的命令就可以在文件中罗列的计算机上运行。

有些时候我们会遇到更棘手的问题，比如从活动目录中获取计算机的名称。我们可以使用 Get-ADComputer 命令（来自于活动目录模块；Windows 7 的远程服务器管理工具（RSAT）/Windows Server 2008 R2 或者之后版本的操作系统的域控制器服务器中均存在该模块）来获取计算机信息，但是我们无法将该命令放入圆括号中（类似上面的 Get-Content 命令）。为什么不行呢？因为 Get-Content 命令产生的对象类型为 -Computer 参数可接受的简单文本 String 类型。但是 Get-ADComputer 会输出完整的计算机对象，-ComputerName 参数不知道应该如何处理这部分数据。

如果我们要使用 Get-ADComputer 命令，那么我们需要找到一个方法去获取这些计算机对象名称属性的值。比如下面的命令。

```
Invoke-Command –Command {dir} –ComputerName (
➡Get-ADComputer -Filter * -SearchBase "OU=Sales,DC=Company,DC=pri" |
➡Select-Object -Expand Name)
```

**动手实验**：如果你是在 Windows Server 2008 R2 的域控制器服务器或者安装了远程服务器管理工具（RSAT）的 Windows 7（或更新版本）计算机上运行 PowerShell，那么你可以运行 Import-Module ActiveDirectory，之后再运行上面的命令。如果你的测试域环境中并没有包含计算机账户的 Sales OU，那么你需要将 OU=Sales 修改为 OU=Domain Controllers，同时需要根据你本地实际域情况修改 Company 和 Pri 为正确的值（比如，你的域名为 mycompany.org，那么你需要使用 mycompany 替换 company，使用 org 替换 pri）。

通过使用圆括号，我们将产生的计算机对象通过管道传递给 Select-Object，然后选择其中的 -Expand 参数。我们会告诉该命令去获取对应值的 Name 属性——在这个示例中，也就是这些计算机对象。圆括号中命令的运行结果是一串计算机名称，而不是计算机对象，正好 -ComputerName 参数能处理的对象就是计算机名称。

**注意：** 我们希望前面对 -Expand 参数的讨论能让你有种似曾相识的感觉：你应该是在第 9 章中第一次看到该参数。如果需要，请回到第 9 章对应小节以便加深印象。

如果需要深入了解，那么我们需要查看每个参数代表的意义。Get-ADComputer 的 -Filter 参数指定所有的计算机都应该包含在这个命令的输出列表中；-SearchBase 参数指定我们要从哪个地方开始运行这个命令——在这个示例中，是指 Company.Pri 域的 Sales OU。再次说明，Get-ADComputer 仅在 Windows Server 2008 R2（及之后版本操作系统）的域控制器服务器上以及安装远程服务器管理工具（RSAT）Windows 7（及之后版本操作系统）的客户端电脑上才存在。

## 13.5  远程命令和本地命令之间的差异

在这里，我们会解释使用 Invoke-Command 命令远程运行和在本地运行相同命令之间的差异，也会涉及使用远程处理以及使用其他形式远程连接之间的差异。我们会使用下面的命令作为演示差异的示例。

```
Invoke-Command –ComputerName Server-R2,Server-DC4,Server12
➥-Command {Get-EventLog Security –Newest 200 |
➥Where {$_.EventID -EQ 1212}}
```

之后我们再看一些其他命令，然后确认为什么它们会不一样。

### 13.5.1  Invoke-Command 和 –ComputerName 对比

下面是实现相同目的的另外一种方法。

```
Get-EventLog Security –Newest 200
➥-ComputerName Server-R2,Server-DC4,Server12 |
➥Where {$_.EventID -EQ 1212}
```

在该示例中，我们使用 Get-EventLog 命令的 -ComputerName 参数，而不是远程调用整个命令。我们会得到类似的结果，但是在该命令运行的方式上存在很大的不同。

- 提及的计算机会按照顺序被串行访问，而不会采用并行方式，也就意味着命令会运行更久的时间。
- 该命令的输出结果中不会包含 PSComputerName 属性，也就意味着我们很难判别某个结果是从哪台计算机得出的。

- 该连接并不会使用 WinRM 实现，而会使用.Net FrameWork 决定的底层协议。我们不知道到底是哪种协议，同时有可能由于该协议无法在本地和远程计算机之间顺利通过防火墙而无法建立连接。
- 我们会从 3 台计算机上查询 200 条记录，然后通过它们找到 eventid 为 1212 的事件。这也就意味着，可能会返回一些我们不需要的结果。
- 我们得到的是功能全面的事件日志对象。

对带有-ComputerName 参数的 Cmdlet 而言都存在这些差异。一般来讲，使用 Invoke-Command 命令比 Cmdlet 的-ComputerName 参数更有效率，更有用。

如果我们采用之前的 Invoke-Command 命令，就会是下面这样。

- 计算机会被并发地访问，也就意味着，命令运行更有效率。
- 命令的输出结果中包含 PSComputerName 属性，也就使得我们能轻易看到哪个结果来自于哪台计算机。
- 通过 WinRM 来建立连接，WinRM 会使用一个预定义的端口，使得命令可以更轻易地穿过任何防火墙。
- 每台计算机都会查询 200 条记录，然后在本地就做筛选。通过网络传递回来的数据是经过筛选之后的结果，也就是说，这些记录都是我们希望得到的有效数据。
- 在传递结果之前，每台计算机都会将输出结果序列化为 XML。本地计算机收到该 XML 之后，会反序列化为一些类似对象的结果。但是它们并不是真正的事件日志对象，这也就限制了本地计算机处理这些对象的方式。

最后一点是使用-ComputerName 参数和 Invoke-Command 命令之间很大的一个差异点。下面会讨论到这一点。

## 13.5.2  本地处理和远程处理对比

再次引用之前的示例。

```
Invoke-Command -ComputerName Server-R2,Sever-DC4,Server12
➥-Command {Get-EventLog Security -Newest 200 |
➥Where {$_.EventID -EQ 1212}}
```

然后和下面的命令对比一下。

```
Invoke-Command -ComputerName Server-R2,Server-DC4,Server12
➥-Command {Get-EventLog Security -Newest 200 } |
➥Where {$_.EventID -EQ 1212}
```

看起来差异很小。唯一的不同点是，我们移动了一个大括号的位置。

在第二个命令中，只有 Get-EventLog 命令被远程调用。Get-EventLog 命令产生的所有结果都被序列化，之后发送到本地计算机，最后在本机反序列化为对象，再通过管道传递给 Where 做筛选。相对而言，第二个版本的命令效率更为低下，因为会有大量不必要的数据通过网络传输，然后在本地计算机上筛选来自 3 台计算机的返回结果，而并不是在 3 台计算机上筛选好结果之后再发送给本地计算机。所以采用第二个版本的命令是一个非常糟糕的主意。

让我们看看其他命令的两个版本，如下面的命令。

```
Invoke-Command –ComputerName Server-R2
➥-Command {Get-Process –Name Notepad}|
➥Stop-Process
```

然后看另外一个版本。

```
Invoke-Command –ComputerName Server-R2
➥-Command {Get-Process –Name NotePad |
➥Stop-Process}
```

和上面一样，这里唯一的差异是一个大括号的位置不同。但是在本示例中，第一个版本的命令根本无法运行。

仔细对比：我们将 Get-Process –Name NotePad 命令发送到远程计算机。远程计算机会获取特定的进程，然后将其序列化到 XML，最后通过网络传递给本机。本地计算机收到该 XML 后，反序列为一个对象，然后通过管道传递给 Stop-Process。此时问题出现了，本地计算机上被反序列的 XML 文件中并没有信息表明该进程来自于远程计算机。相反，本地计算机会尝试关闭本地运行的 NotePad 进程，但是这根本就不是我们所期望的结果。

这个故事告诉我们，我们需要在远程计算机上完成尽量多的工作。我们唯一需要注意的是如何处理 Invoke-Command 命令的结果，要么显示，要么将结果存储为一个报表或者一个数据文件等。第二个版本的脚本正是采用了该思想：发送给远程计算机的命令是 Get-Process –Name Notepad | Stop-Process，所以整个命令（包含获取进程以及停止进程）都是在远程计算机上运行。因为 Stop-Process 命令不会产生任何运行结果，并没有任何对象需要序列化传递给我们，所以在我们本地的控制台中无法看到任何信息。但是该命令正好达到我们的目的：停止远程计算机的 NotePad 进程，而不是停止本地计算机上的 Notepad。

当我们使用 Invoke-Command 命令时，我们总会看到后面跟着一些命令。如果这些命令是用作格式化或者导出数据，那没问题，因为 PowerShell 可以这样处理 Invoke-Command 的输出结果。但是如果 Invoke-Command 后面跟着操作类型的 Cmdlet（比如开启、停止、设置或者修改等其他操作），我们需要好好想想我们在做什么。理想情况下，我们希望所有的操作都是运行在远程计算机，而不是本地计算机上。

### 13.5.3 反序列化对象

远程处理的另一个需要注意的事项是返回给本地计算机的对象可能会缺失部分功能。在大部分情况中，由于它们不再需要关联到可用软件，它们都会缺少对应的方法（**Method**）。

比如，在你本地计算机上运行下面的命令，你会发现存在关联到 Service-Controller 对象的多个方法。

```
PS C:\>Get-Service | Get-Member
```

```
    TypeName: System.ServiceProcess.ServiceController

Name                        MemberType      Definition
----                        ----------      ----------
Name                        AliasProperty   Name = ServiceName
RequiredServices            AliasProperty   RequiredServices = ServicesDep
Disposed                    Event           System.EventHandler Disposed(S
Close                       Method          System.Void Close()
Continue                    Method          System.Void Continue()
CreateObjRef                Method          System.Runtime.Remoting.ObjRef
Dispose                     Method          System.Void Dispose()
Equals                      Method          bool Equals(System.Object obj)
ExecuteCommand              Method          System.Void ExecuteCommand(int
GetHashCode                 Method          int GetHashCode()
GetLifetimeService          Method          System.Object GetLifetimeServi
GetType                     Method          type GetType()
InitializeLifetimeService   Method          System.Object InitializeLifeti
Pause                       Method          System.Void Pause()
Refresh                     Method          System.Void Refresh()
Start                       Method          System.Void Start(), System.Vo
Stop                        Method          System.Void Stop()
WaitForStatus               Method          System.Void WaitForStatus(Syst
CanPauseAndContinue         Property        bool CanPauseAndContinue {get;
CanShutdown                 Property        bool CanShutdown {get;}
CanStop                     Property        bool CanStop {get;}
Container                   Property        System.ComponentModel.IContain
DependentServices           Property        System.ServiceProcess.ServiceC
```

现在通过远程处理获取类似的对象。

```
PS C:\> Invoke-Command -ScriptBlock { Get-Service } -ComputerName
    WCMIS034 | Get-Member
    TypeName: Deserialized.System.ServiceProcess.ServiceController
Name                    MemberType      Definition
```

```
----                  ----------    ----------
ToString              Method        string ToString(), string ToString(string
    format, System.I
Name                  NoteProperty  System.String Name=AeLookupSvc
PSComputerName        NoteProperty  System.String   PSComputerName=WCMIS034
PSShowComputerName    NoteProperty  System.Boolean PSShowComputerName=True
RequiredServices      NoteProperty
    Deserialized.System.ServiceProcess.ServiceController[] Req
RunspaceId            NoteProperty  System.Guid RunspaceId=6dc9e130-f7b2-4db4-
    8b0d-3863033d7df
CanPauseAndContinue   Property      System.Boolean {get;set;}
CanShutdown           Property      System.Boolean {get;set;}
CanStop               Property      System.Boolean {get;set;}
Container             Property       {get;set;}
DependentServices     Property
    Deserialized.System.ServiceProcess.ServiceController[] {ge
DisplayName           Property      System.String {get;set;}
MachineName           Property      System.String {get;set;}
ServiceHandle         Property      System.String {get;set;}
ServiceName           Property      System.String {get;set;}
ServicesDependedOn    Property
    Deserialized.System.ServiceProcess.ServiceController[] {ge
ServiceType           Property      System.String {get;set;}
Site                  Property       {get;set;}
Status                Property      System.String {get;set;}
```

　　查看上面返回的结果，你会发现，除了每个对象都拥有的普通 ToString()方法外，其他的方法都不在了。返回的结果只是对象的一些副本，你无法让它完成停止、暂停、恢复等操作。所以如果希望对返回的结果运行一些操作，那么这部分命令都应该包含在发送给远程计算机的脚本中；只有这样，这些对象才是可用的，并且会仍然保留它们包含的方法。

# 13.6　深入探讨

　　前面的示例都是采用即席远程连接，也就是说，每次都需要我们指定计算机名称。如果你需要在很短时间内多次重复连接到相同的远程计算机，那么你可以创建可重用的持久性连接。我们会在第 20 章中讲解该技术。

　　当然，我们也承认并不是每家公司都允许开启 PowerShell 的远程处理机制，至少当前不是。比如，那些拥有非常严格安全策略的公司在所有的客户端和服务器计算机上都会开启防火墙，这将阻止 PowerShell 远程处理的连接。如果你所在的公司也是这样，那么你需要确认一下在防火墙中是否有针对远程桌面协议（RDP）设置一个例外。我们可以发现，在大部分公司总是会存在该例外，因为管理员总是需要不定时远程连接到某些服务器。如果 RDP 是允许使用的，那么也请尝试对 PowerShell 的远程处理设置类似例外。因为远程处理连接可以被审核到（它们类似于网络账号，就像访问一个共享文件会在审计日志中出现对应日志），所以它们默认情况下被限制为仅管理员可以连接。在安全风险方面，PowerShell 的远程处理和 RDP 没多大差别，并且相对于 RDP，PowerShell 的远程处理在远程计算机上占用更少的开销。

## 13.7　远程处理的配置选项

通过阅读帮助文档，可以看到 Invoke-Command 和 Enter-PSSession 命令都有一个 -SessionOption 参数（该参数能处理 PSSessionOption 类型对象）。该参数有什么功能呢？

正如我们刚才解释的，这两个命令在运行时都会初始化一个新的 PowerShell 连接或者会话。它们完成对应的工作后，会自动关闭该会话。一个会话选项（Session Option）是指你可以用来改变建立会话方式的一组选项。我们使用 New-PSSessionOption 命令实现该功能。你可以使用该命令实现下面的功能。

- 打开、取消和空闲超时。
- 取消正常数据流的压缩或者加密功能。
- 通过代理服务器传递网络流量时，也可以设置一些代理相关的选项。
- 忽略远程机器的 SSL 证书、名称以及其他安全特性。

比如，通过下面的命令可以忽略机器名称检查，然后打开一个会话。

```
PS C:\> Enter-PSSession -ComputerName Wcmis034
➥-SessionOption (New-PSSessionOption -SkipCNCheck)
[WCMIS034] : PS C:\Users\wh42\Documents>
```

重新查看 New-PSSessionOption 命令的帮助信息，确认该命令可实现的功能；在第 20 章中，我们会使用一些选项来完成某些进阶的远程处理任务。

## 13.8　常见误区

我们在教学课程中讲解远程处理时，总会看到一些常见的问题。

- 默认情况下，只有指定远程计算机的真实名称时，远程处理才能正常工作。不能使用 DNS 的别名或者 IP 地址。在第 23 章中，我们会讨论该限制的背景，同时会给出解决该问题的方案。
- 设计远程处理功能的目的主要是解决域中自动化配置的事情。如果涉及的计算机以及所使用的用户账号都属于同一个域或者可信任的域中，那么一切都可以很轻易地实现。如果不是这种情况，那么需要详细查看 `About_Remote_TroubleShooting` 的帮助文档。一个需要确认的情形是你是否跨域进行远程处理。如果确认如此，那么你必须修改一些配置选项使得 PowerShell 可以正常运行，帮助文档中详细描述了该场景。

■ 当调用一个命令时，远程计算机会发起一个 PowerShell 会话。运行你键入的命令，之后关闭 PowerShell 会话。当你在相同计算机上运行下一条命令时，又会重复该步骤（第一次调用过程中运行的任何结果或者命令都不再有效）。如果你需要运行一系列关联的命令，那么你需要将它们放入相同的调用进程中。

■ 确保你以管理员身份运行 PowerShell，特别是对于开启用户账户控制（UAC）功能的计算机。如果你使用的账号在远程计算机上没有管理员权限，那么你需要使用 `Enter-PSSession` 或者 `Invoke-Command` 命令的 `-Credential` 参数去指定另外一个拥有管理员权限的账号。

■ 如果你使用的不是 Windows 防火墙，而是第三方防火墙产品，`Enable-PSRemoting` 不会建立特定的防火墙例外。那么你需要手动来完成该项设置。如果远程连接需要穿过一个部署在路由器或者代理服务器上的普通防火墙，那么也需要针对远程流量手动设置一个例外。

■ 请不要忘记一点规则，在组策略对象（GPO）中的配置选项会覆盖本地配置的选项。我们经常会看到管理员会花费几小时来使得远程处理可以正常工作，最后才发现一个 GPO 对象覆盖他们设置的选项。在某些情况下，可能一些好心的同事很久之前设置了一些 GPO 对象，但是后来忘记了。所以请不要想当然以为没有 GPO 影响到你的设置，你需要去检查一下，以便确认。

## 13.9  动手实验

**注意：** 在该动手实验环境中，你仍然需要基于 Windows 运行 PowerShell v3 或者之后版本的计算机。理论上，你需要在同一活动目录中的两台计算机。但是如果只有一台计算机可以用来进行实验，那么也没关系。

现在，我们需要把本章学到的关于远程处理的知识和前面章节学习到的内容关联起来。你可以尝试是否能完成下面的任务。

1. 创建针对一台远程计算机一对一的连接（如果只有一台计算机，请使用 `localhost` 模拟）。打开 NotePad.exe，发生了什么？

2. 使用 `Invoke-Command` 命令获取一台或者两台远程计算机上尚未开启的服务列表（如果仅有一台计算机，也可以两次使用 `localhost` 模拟）。将结果集格式化为一个较宽的列表（提示：也可以在远程计算机上获取结果之后，在本地计算机格式化结果集——也就是说，不要将 `Format- Cmdlet` 放入到发送给远程计算机的命令中）。

3. 按照虚拟内存使用排列，使用 Invoke-Command 命令去获取消耗虚拟内存最高的 10 个进程。如果可以的话，在一台或者两台远程计算机上运行该命令；如果只有一台计算机，那么在 localhost 上运行两次。

4. 创建一个文本文件，其中每一行代表一个计算机名称，共 3 行数据。如果你只能访问到本地计算机，那么每一行可以是相同的计算机名称或者 localhost。然后在文本文件中列出的计算机上运行 Invoke-Command 命令去获取最新的 100 条应用程序的事件日志。

5. 使用 Invoke-Command，查询一个或多个远程计算机，从而显示来自注册表键 （ HKEY_Local_Machine\SOFTWARE\Microsoft\Windows NT\CurrentVersion ） 的 ProductName、EditionID、CurrentVersion 这 3 个属性（提示：这需要你获得一个项（item）的属性）。

## 13.10 进一步学习

其实在该书中，我们本可以讲解更多关于 PowerShell 远程处理的知识，但是这样需要你花费更长的时间（一个月甚至更多）来完成阅读学习。但不幸的是，一些比较棘手的问题都没有得到很好的记录。我们建议你访问网站 http://PowerShell.org 的 e-book 资源，这里 Don 和 MVP Tobias Weltner 博士一起写了一本全面探究 PowerShell 远程处理原理的一本迷你电子书（也是完全免费）。该电子书中会重讲本章中所学的一些基础知识，但是内容主要集中关于如何配置各种远程处理场景的详细说明（同时配有彩色截图）。该指南深入探索协议与故障排查，甚至还有一小节是关于如何说服公司的安全人员同意启用远程处理，同时，该电子书也会定期更新，所以你需要每隔几个月就检查一遍，以便确认获取的版本为当前最新的版本。当然，你也别忘了，可以通过网站 PowerShell.org 的论坛向 Don 咨询一些问题。

## 13.11 动手实验答案

1. Enter-PSSession Server01

    [Server01] PS C:\Users\Administrator\Documents> Notepad

记事本进程将会启动，但无论是本地还是远程都不会有任何交互式进程。实际上，以这种方式运行，提示符在记事本进程结束前都不会返回结果——虽然有一个替代命令可以实现同样的功能。

    Start-Process Notepad

2. Invoke-Command -scriptblock {get-service | where {$_.status -eq "stopped"}} -computername Server01,Server02 | format-wide -Column 4

3. Invoke-Command -scriptblock {get-process | sort VM -Descending | Select-first 10} -computername Server01,Server02

4. Invoke-Command -scriptblock {get-eventlog -LogName Application -Newest 100} -ComputerName (Get-Content computers.txt)

5. invoke-command -scriptblock{get-itemproperty 'HKLM:\SOFTWARE\Microsoft\Windows NT\CurrentVersion\' | Select ProductName,EditionID,CurrentVersion} -computername Server01, Server02

# 第 14 章　Windows 管理规范

我们一直期望但是又害怕写这一章。Windows 管理规范（Windows Management Instrumentation，WMI）可能是微软提供给管理员使用最优秀的工具之一。但同时它也是这个公司曾经给我们造成最多问题的部分。WMI 可以从计算机中收集大量系统信息。但有时候这些信息不易看懂，另外文档也不够友好。在本章，我们将从 PowerShell 的角度介绍 WMI，以及 WMI 的工作方式和一些不完美的地方，以便全面揭示你将会遇到的问题。

需要强调的是，WMI 是一个外部技术；PowerShell 仅仅与其接口交互而已。本章的重点将放在 PowerShell 如何与 WMI 交互，而不是 WMI 的底层实现机制。如果你不想深入探讨 WMI，我们在本章结尾提供了一些建议。PowerShell 已经在最大程度减少你需要与 WMI 交互的部分做出了改进。

## 14.1　WMI 概要

典型的 Windows 计算机包含数万个管理信息，WMI 会将这些信息整理成易于访问的形式。

在最顶层，WMI 被组织成命名空间（namespaces）。可以把命名空间想象为关联到特定产品或技术的一个文件夹。比如，"root\CIMv2"，该命名空间包含了所有 Windows 操作系统和计算机硬件信息。而 "root\MicrosoftDNS" 命名空间包含了所有关于 DNS 服务器（假设你已经在计算机中安装了该角色）的信息。在客户端计算机上，"root\SecurityCenter" 包含了关于防火墙、杀毒软件和反流氓软件等工具的信息。

注意："root\SecurtityCenter" 的内容根据你计算机上的已安装程序的情况而有所不同，新
版本的 Windows 使用 "root\SecurityCenter2" 代替它，这是 WMI 使人困惑的例子
之一。

图 14.1 展示了通过微软管理控制台（Microsoft Management Console，MMC）的 WMI 控制单元在我本机上产生的一些命名空间。

在命名空间中，WMI 被分成一系列的类，每个类都是可用于 WMI 查询的管理单元。比如，在"root\SecurityCenter"中的"Antivirus-Product"类被设计用于保存反间谍软件的信息；在"root\CIMv2"中的"Win32_LogicalDisk"类被设计用于保存逻辑磁盘的信息。但是即使一个计算机上存在某个类，也不代表计算机实际上安装了对应组件。比如无论是否安装了磁带驱动程序。"Win32_TapeDrive"类在所有的 Windows 版本上都存在。

图 14.1　浏览 WMI 命名空间

注意：再一次提醒，不是所有的计算机都包含相同的 WMI 命名空间或类。比如，新版本的 Windows 存在"Root\SecurityCenter2"命名空间，而不是"Root\SecurityCenter"命名空间；而前者在新版本的计算机中包含了所有信息。

下面看一下从"root\SecurityCenter2"中查询"AntiSpywareProduct"，你可以查看返回结果。

```
PS C:\> Get-CimInstance -Namespace root\securitycenter2 -ClassName antispyw
areproduct
```

注意：本示例需要 PowerShell v3 及以上版本，我们稍微介绍一下"Get-CimInstance"命令。

当你有一个或多个可管理组件时，你可以看到在对应的类中有相同数量的实例（instances）。一个实例由类代表了一个现实世界的事件。如果你的计算机只有一个单一的 BIOS，那么在"root\CIMv2"中会有一个关于"Win32_BIOS"的实例。如果计算机安装了 100 个后台服务，你会看到 100 个"Win32_Service"的实例。请注意，在

"root\CIMv2"中的类型一般以"Win32_"（即使在 64 位系统中亦然）或"CIM_"（Common Information Model 的缩写，是 WMI 建立的标准）开头。在其他命名空间中，这些类名前缀很少出现。不同命名空间下的类型名称重复也存在可能性，虽然这种情况很少，但在 WMI 中允许存在，因为每个命名空间实际上是一种有边界的容器。当你引用一个类时，你同时需要引用其命名空间，以便 WMI 知道从哪里找到对应的类，从而避免因为多个重名但不属于同一个命名空间的类造成混乱。

所有这些实例、类和其他不可名状的东西统称为 WMI 仓库（WMI Repository）。在旧版本的 Windows 中，WMI 仓库有时会损坏而导致不可用，必须通过重建恢复。但从 Win 7 开始，这种情况越来越少见。

表面看上去，使用 WMI 十分简单：你只需要指出哪个类包含你要的信息，然后从 WMI 中查询类的实例，最后检查实例的属性得知其管理信息。有时候需要实例执行一个方法，从而启动一个动作（action）或开始一个配置变更（configuration change）。

## 14.2　关于 WMI 的坏消息

在 WMI 大部分生命周期中，微软都没有把过多的精力放在对其内部控制上（最近有所好转）。微软为 WMI 制定了一系列的编程标准，但是产品组或多或少把精力放在如何实现类和是否对其文档化。结果就是使得 WMI 变得混乱。

例如，在"root\CIMv2"命名空间中，只有很少的类提供了让你修改配置设置的方法（methods）。因为属性是只读的，意味着你必须使用方法来修改。如果对应的方法不存在，你就不能使用 WMI 来修改这些类。当 IIS 团队采用 WMI（IIS 第六版），它们针对大量的元素进行了并行类的实现。比如一个网站，可以用一个具有典型只读属性的类表示，但是同时也提供了第二个类用于修改属性。这种情况下很容易因为文档质量不佳而导致混乱，特别是 IIS 团队倾向于使用自身提供的工具。IIS 团队已经放弃了把 WMI 作为管理接口的做法，并从 v7.5 开始把注意力集中在 PowerShell Cmdlets 上，并且用一个 PSProvider 类替代 WMI。

微软从来没规定某个产品必须使用 WMI，或者如果这个产品使用了 WMI，必须公开 WMI 的每个可能的部分。微软的 DHCP 服务可以访问到 WMI。正如旧版本的 Windows 服务器一样，你可以查询网卡的配置，但是不能查到连接速度，因为这些信息不支持通过 WMI 查询。同时，虽然大部分"Win32_"的类都有很好的文档支持，但其他命名空间下的类大部分都没有相关文档，WMI 不支持类搜索，因此查找这些类对你来说就变得费时费力（在下一节将告诉你如何减少这种影响）。

但是微软也对此进行了改善，微软正在努力使 PowerShell Cmdlets 尽可能完成更多的管理任务。比如，过去 WMI 仅用于某种特定的编程方式重启远程计算机，这个方法由"Win32_OperatingSystem"类实现。而现在，PowerShell 提供了名称为"Restart-

Computer"的 Cmdlet 来实现。在某些情况下，Cmdlets 内部会通过 WMI 实现，而无须直接调用 WMI。Cmdlets 能提供更一致的接口，并且这些接口大部分都有很好的文档支持。虽然 WMI 不会消失，但你时不时还是需要在某些场景用到 WMI。

实际上，在 PowerShell v3 及后续版本中（尤其是在新版本的 Windows 中，从 Windows 8 或 Windows Server 2012 开始），你会留意到大量"CIM"命令，如图 14.2 所示（作为"Get-Command"输出的一部分）。在大部分情况下，这些命令都是对 WMI 的某些部分进行了封装，从而提供了更加以 PowerShell 为中心的方式与 WMI 交互。你可以像使用其他 Cmdlet 一样使用这些 Cmdlet，包括对这些 Cmdlet 使用 Help 命令。这使得使用这部分 Cmdlet 和使用其他 PowerShell 中的 Cmdlet 的体验变得一致，也便于隐藏一些底层的 WMI 的复杂性。

图 14.2　用于封装 WMI 类的"CIM"命令

## 14.3　探索 WMI

最佳的 WMI 入门恐怕是暂时抛开 PowerShell 并从 WMI 自身出发。这里我们使用 WMI 探索工具。不幸的是，这些工具就像季节更替那样经常更换，所以我们犹豫是否该告诉你某个特定工具。你可以尝试在搜索引擎中搜索 WMI explorer 并查看结果。你也可以尝试访问 http://powershell.org/wp/2013/03/08/wmi-explorer/。我们可以从这类工具中得到大部分所需的关于 WMI 的信息。当然，这个工作要求耐心和不少的浏览量——这并不是最佳方法，但是我们最终还是选择了这个工具。

由于每台计算机上的 WMI 命名空间和类都不尽相同，所以你需要把工具直接在准备查询的机器上运行，以便看到对应机器的 WMI 仓库。

现在我们需要查询一组计算机并从中得知它们的图标间距设置。这个任务依赖于 Windows 桌面，并且是操作系统的核心部分，所以我们从 "root\CIMv2" 类开始，显示在 WMI 浏览器左侧的树型视图中（见图 14.3）。单击命名空间并在右侧查看对应的类，我们知道需要 "Desktop" 这个关键字。滚动右侧窗口的滚动条，最终锁定 "Win32_Desktop" 并单击它。此时下方窗体将展示其对应明细，然后我们选择【Properties】（属性）选项卡并查看其内容。在距离下边大约三分之一的地方，找到 "IconSpacing"，其值为整数。

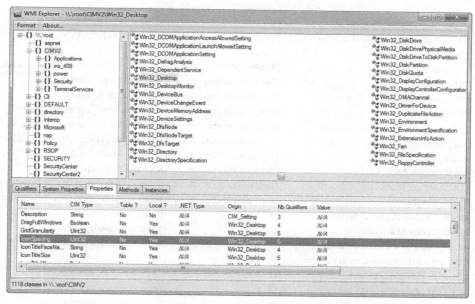

图 14.3 WMI 浏览器

显而易见，搜索引擎是查询所需类信息的另一种好方法。我们倾向在 icon spacing 之前添加 wmi 前缀作为关键字进行搜索，一般在查看几个例子之后就可以找到大概方向。这些例子可能是与 VBScript 相关的，或者是类似 C#或 Visual Basic 等.NET 语言相关的。不过这不重要，因为我们只是在查找 WMI 类名称。比如，我们在搜索引擎（例子使用 Google）中查找 "wmi icon spacing"，可能会首先显示 http://stackoverflow.com/questions/202971/formula-or-api-for-calulating-desktop-icon-spacing-on-windows-xp 作为第一个结果。在该页中我们找到一些 C#代码。

```
ManagementObjectSearcher searcher = new
    ➡ManagementObjectSearcher("root\\CIMV2","SELECT * FROM Win32_Desktop");
```

对此，我们并不知道上述代码的意思，但是"Win32_Desktop"看上去像是个类名称。接下来我们就要查询该类名，这样的查询通常会帮助我们找到一些存在的文档。我们会在本章后续介绍一些关于文档的问题。

另外一个途径是使用 PowerShell 本身。比如，假设我们想知道一些关于磁盘的信息，那么需要从猜测正确的命名空间开始。但是我们已经知道"root\CIMv2"包含了所有 OS 核心和硬件设备的信息，所以可以使用下面的命令。

```
PS C:\> Get-WmiObject -Namespace root\CIMv2 -list | where name -like '*dis *'


    NameSpace:ROOT\CIMv2

Name                                  Methods             Properties
----                                  -------             ----------
Win32_DisplayConfiguration            {}                  {BitsPerPel,Caption,...}
Win32_DisplayControllerConfigura...   {}                  {BitsPerPixel,Caption,...}
CIM_DiskSpaceCheck                    {Invoke}            ...}
CIM_DiscreteSensor                    {SetPowerState, R...{AcceptableValues, Availability,...
CIM_Display                           {SetPowerState, R...{Availability, Caption,...
CIM_DiskDrive                         {SetPowerState, R...{Availability, Capabilities,...
Win32_DiskDrive                       {SetPowerState, R...{Availability, BytesPerSector,...
CIM_DisketteDrive                     {SetPowerState, R...{Availability, Capabilities,...
CIM_LogicalDisk                       {SetPowerState, R...{Access, Availability, BlockSize,...}
Win32_LogicalDisk                     {SetPowerState, R...{Access, Availability, BlockSize,...}
Win32_MappedLogicalDisk               {SetPowerState, R...{Access, Availability, BlockSize,...}
CIM_DiskPartition                     {SetPowerState, R...{Access, Availability, BlockSize,...}
Win32_DiskPartition                   {SetPowerState, R...{Access, Availability, BlockSize,...}
Win32_LogicalDiskRootDirectory        {}                  {GroupComponent, PartComponent}...
Win32_DiskQuota                       {}                  {DiskSpaceUsed, Limit,...}
Win32_LogonSessionMappedDisk          {}                  {Antecedent, Dependent}...
CIM_LogicalDiskBasedOnPartition       {}                  {Antecedent, Dependent,...
Win32_LogicalDiskToPartition          {}                  {Antecedent, Dependent,...
CIM_LogicalDiskBasedOnVolumeSet       {}                  {Antecedent, Dependent}...
Win32_DiskDrivePhysicalMedia          {}                  {Antecedent, Dependent,...
CIM_RealizesDiskPartition             {}                  {Antecedent, Dependent,...
Win32_DiskDriveToDiskPartition        {}                  {Antecedent, Dependent}
Win32_OfflineFilesDiskSpaceLimit      {}                  {AutoCacheSizeInMB,...
Win32_PerfFormattedData_Counters...   {}                  {Caption, Description,...
Win32_PerfRawData_Counters_FileS...   {}                  {Caption, Description,...
Win32_PerfFormattedData_Distribu...   {}                  {AckMessagesReceivedPersecond,...
Win32_PerfRawData_DistributedRou...   {}                  {AckMessagesReceivedPersecond,...
Win32_PerfFormattedData_MSDTC_Di...   {}                  {AbortedTransactions,...
Win32_PerfRawData_MSDTC_Distribu...   {}                  {AbortedTransactions,
Win32_PerfFormattedData_MSSQLSER...   {}                  {Caption, Description,...
Win32_PerfRawData_MSSQLSERVER_SQ...   {}                  {Caption, Description,...
```

```
Win32_PerfFormattedData_PeerDist... {}                    {BITSBytesfromcache,...
Win32_PerfRawData_PeerDistSvc_Br... {}                    {BITSBytesfromcache,...
Win32_PerfFormattedData_PerfDisk... {}                    {AvgDiskBytesPerRead,...
Win32_PerfRawData_PerfDisk_Logic... {}                    {AvgDiskBytesPerRead,...
Win32_PerfFormattedData_PerfDisk... {}                    {AvgDiskBytesPerRead,...
Win32_PerfRawData_PerfDisk_Physi... {}                    {AvgDiskBytesPerRead,...
```

最终我们找到"Win32_LogicalDisk"。

**注意：** 这些名称以"CIM_"开头的类通常是基类，你通常不能直接使用这些类。"Win32_"版本的类是 Windows 特有的，并且这种前缀仅存在于特定命名空间——其他命名空间不使用以 CIM_作为前缀这种命名方式。

## 14.4 选择你的武器：WMI 或 CIM

在 PowerShell v3 及后续版本中，有两种与 WMI 交互的方式。

- 所谓的"WMI Cmdlets"，例如"Get-WmiObject"与"Invoke-WmiMethod"——这些都是遗留命令，意味着它们依旧能工作，但是微软不会对它们进行后续开发投入。它们与远程过程调用（RPC）交互，也就是说，只有在防火墙支持状态审查时才能通过防火墙（实际上很难）。
- 新版的"CIM Cmdlets"，例如"Get-CimInstance"与"Invoke-CimMethod"——它们或多或少等价于旧版本的"WMI Cmdlets"，但是它们通过 WS-MAN（由 Windows 远程管理服务实现）交互，替代原有的 RPCs。这是微软的主方向，执行"Get-Command -noun CIM*"可以显示很多微软提供的这类命令的功能。

毫无疑问，这些命令的后端同样是 WMI，其差异在于如何交互和如何被使用。在没有安装 PowerShell 的旧版本系统中，或者没有启用 Windows 远程管理功能的系统中，WMI Cmdlets 依旧能工作（这个功能从 Windows NT 4.0 SP3 开始引入）。对于已经装有 PowerShell 和启用了 Windows 远程管理服务的新系统，CIM Cmdlets 提供最佳体验——微软也会对其进行持续的功能及性能改进。实际上，在 Windows Server 2012 R2 以及更新版本中，旧版的 WMI 默认为禁用状态，因此尽可能使用 CIM。除此之外，CIM cmdlet 可以使用旧版的 RPC（或 DCOM）协议通讯，因此即使与老机器进行通讯时，你也可以仅使用 CIM cmdlet。

## 14.5 使用 Get-WmiObject

通过"Get-WmiObject"命令，你可以指定一个命名空间、一个类名称甚至远程计算机的名称以及备用凭据名。如果需要，还可以从指定的计算机中查询该类的所有实例。

　　如果需要减少类实例的返回结果，甚至可以提供筛选条件实现，可以使用下面的语法获取一个命名空间中的类列表。

```
Get-WmiObject -namespace root\cimv2 -list
```

　　注意，命名空间名字使用的是反斜杠，不是斜杠。

　　也可以通过指定命名空间和类型查询一个类。

```
Get-WmiObject -namespace root\cimv2 -class win32_desktop
```

　　其中“root\CIMv2”命名空间是 Windows XP SP2 及后续版本的系统默认命名空间，所以如果你的类在该命名空间中，可以不显式指定。同时，“-class”是位置参数，也就是说，如果你把类名称放到第一个位置，它依旧能正常工作。

　　这里有两个例子，其中一个使用 Gwmi 别名代替完整的 Cmdlet 名称。

```
PS C:\> Get-WmiObject win32_desktop
PS C:\> gwmi antispywareproduct -namespace root\securitycenter2
```

**动手实验**：从现在开始，你应该动手运行每个我们展示的命令。对于涉及远程计算机名称的，
　　　　　　如果没有另外一台机器可供测试，可以用 localhost 替代。

　　对于许多 WMI 类，PowerShell 的默认配置已经设定了需要展示的属性。“Win32_OperatingSystem”是一个很好的例子，因为它默认仅在列表中展示了 6 个属性。请记住，你总能把 WMI 对象用管道传输到“Gm”或“Format-List *”中，以便查看所有可用的属性。“Gm”总是列出所有可用的方法。下面是一个示例。

```
PS C:\> Get-WmiObject win32_operatingsystem | gm


   TypeName: System.Management.ManagementObject#root\cimv2\Win32_Operating
System

Name                     MemberType     Definition
----                     ----------     ----------
Reboot                   Method         System.Managemen...
SetDateTime              Method         System.Managemen...
Shutdown                 Method         System.Managemen...
Win32Shutdown            Method         System.Managemen...
Win32ShutdownTracker     Method         System.Managemen...
BootDevice               Property       System.String Bo...
BuildNumber              Property       System.String Bu...
BuildType                Property       System.String Bu...
Caption                  Property       System.String Ca...
CodeSet                  Property       System.String Co...
CountryCode              Property       System.String Co...
CreationClassName        Property       System.String Cr...
```

　　为了节省空间，这里截断了部分输出结果。如果想看完整结果，请自行执行命令。

另外，"-filter"参数允许你通过指定的规则查询特定实例。该参数使用起来有点棘手。下面的示例可以看出其最坏情况下的结果。

```
PS C:\> gwmi -class win32_desktop -filter "name='COMPANY\\Administrator'"


__GENUS                : 2
__CLASS                : Win32_Desktop
__SUPERCLASS           : CIM_Setting
__DYNASTY              : CIM_Setting
__RELPATH              : Win32_Desktop.Name="COMPANY\\Administrator"
__PROPERTY_COUNT       : 21
__DERIVATION           : {CIM_Setting}
__SERVER               : SERVER-R2
__NAMESPACE            : root\cimv2
__PATH                 : \\SERVER-R2\root\cimv2:Win32_Desktop.Name="COMPANY
                         \\Administrator"
BorderWidth            : 1
Caption                :
CoolSwitch             :
CursorBlinkRate        : 530
Description            :
DragFullWindows        : False
GridGranularity        :
IconSpacing            : 43
IconTitleFaceName      : Tahoma
IconTitleSize          : 8
IconTitleWrap          : True
Name                   : COMPANY\Administrator
Pattern                : 0
ScreenSaverActive      : False
ScreenSaverExecutable  :
ScreenSaverSecure      :
ScreenSaverTimeout     :
SettingID              :
Wallpaper              :
WallpaperStretched     : True
WallpaperTiled         : False
```

对于该命令和输出结果，需要注意下面事项。

- 筛选条件通常被双引号包住。
- 筛选比较操作符并不使用 PowerShell 的常规操作符"-eq"或"-like"，而使用更加传统、更加编程化的操作符，比如=、>、<、<=、>=和<>。可以使用关键字"LIKE"作为操作符，但在匹配值时必须使用"%"作为字符通配符，如"NAME LIKE '%administrator%'"。注意，这里不能像 PowerShell 的其他地方一样使用*作为通配符。

- 字符串匹配是以单引号包住，这也是筛选表达式的最外层的引号是双引号的原因。
- 避免在 WMI 中使用反斜杠。当你需要使用文本的反斜杠时，你必须使用两个反斜杠替代。
- Gwmi 的输出结果总会包含大量系统属性。PowerShell 的默认显示配置通常会隐藏这些属性，如果你故意列出的这些值或类没有默认配置，那么这些值会被显示出来。系统属性名称以双下划线开始。这里有两个非常有用的属性。

    \_\_SERVER：包含被查询的实例所在的计算机名称。当所查询的 WMI 信息来自于多台计算机时非常有用，该属性与易于记忆的 "PSComputerName" 属性功能一致。

    \_\_PATH：是实例本身的绝对引用。如果需要的话，可以用来查询实例。

该 Cmdlet 不仅可以从远程计算机中查询信息，也可以从多台计算机中检索，可以使用任何可以生成一个包含计算机名称或 IP 列表的技术。

```
PS C:\> Gwmi Win32_BIOS -comp server-r2,server3,dc4
```

计算机名称按顺序连接，如果某一台计算机不可用，该 Cmdlet 会产生一个错误，并跳过这台计算机，并转向下一台计算机。对于不可用的计算机，Cmdlet 通常需要等待直到发生超时，意味着 Cmdlet 可能会暂停 30～45 秒之后才决定放弃这台计算机，然后产生错误并继续向后连接。

一旦你查询到一个 WMI 实例的集合后，就可以把它们用管道连接到任何以 "-Object" Cmdlet、"Format-" Cmdlet 或 "Out-" "Export-" "ConvertTo-" 开头 Cmdlet 中。你可以使用自定义表格显示 "Win32_BIOS" 类的信息。

```
PS C:\> Gwmi Win32_BIOS | Format-Table SerialNumber,Version -auto
```

在第 10 章中，我们已经介绍了如何使用 "Format-Table" Cmdlet 生成定制列。当你想从一台给定计算机中查询一些 WMI 类并集成到一个表时，该技术在这里就可以派上用场。此时你可以创建一个关于表的自定义列，并用列的表达式执行一个全新的 WMI 查询。语法如下，虽然看上去有点头大，但是结果却能让人满意。

```
PS C:\> gwmi -class win32_bios -computer server-r2,localhost |
➡ format-table @{label='ComputerName';expression={$_.__SERVER}},
➡ @{label='BIOSSerial';expression={$_.SerialNumber}},
➡] @{label='OSBuild';expression= {gwmi -class win32_operatingsystem
➡ -computer $_.__SERVER | select-object -expand BuildNumber}} -autosize


ComputerName BIOSSerial                                                   OSBuild
------------ ----------                                                   --------
SERVER-R2    VMware-56 4d 45 fc 13 92 de c3-93 5c 40 6b 47 bb 5b 86 7600
```

如果将上面的代码复制到 PowerShell ISE 中并格式化，则会更容易理解：

```
gwmi -class win32_bios -computer server-r2,localhost |
format-table
@{label ='ComputerName';expression={$_.__SERVER}},
@{label ='BIOSSerial';expression={$_.SerialNumber}},
@{label ='OSBuild';expression={
   gwmi -class win32_operatingsystem -comp $_.__SERVER |
   select-object -expand BuildNumber}
 } -autosize
```

下面是上述示例所产生的结果。

■ "Get-WmiObject" 从两台计算机中查询 "Win32_BIOS" 信息。

■ 结果被管道传输到 "Format-Table"。"Format-Table" 被要求创建三个自定义列。

第一列：名称为 ComputerName，使用 "Win32_BIOS" 实例中的 "__SERVER" 系统属性得出。

第二列：名称为 BIOSSerial，使用 "Win32_BIOS" 实例中的 "SerialNumber" 属性得出。

第三列：名称为 OSBuild。该列执行一个新的 "Get-WmiObject" 查询，从 "Win32_BIOS" 实例的 "__SERVER" 属性中查询 "Win32_OperatingSystem" 类。然后把结果用管道传输到 "Select-Object" 中，这些信息来自于 "Win32_OperatingSystem" 实例的 "BuildNumber" 属性的内容，并用于填充 OSBuild 列的值。

语法有点复杂，但是提供了满意的结果。并且作为一个很好的例子展示了如何通过一些精心挑选的 PowerShell Cmdlet 实现你要的结果。

我们已经提醒过，一些 WMI 类包含方法。你可以在第 16 章中看到如何使用这些方法。这些方法相对难懂，所以我们独立出一章来介绍。

## 14.6  使用 Get-CimInstance

Get-CimInstance 是 PowerShell v3 引入的新命令，与 "Get-WmiObject" 有很多相似的地方，但是也有几个语法上的差异。

■ 你需要使用 "-ClassName" 代替 "-Class"（虽然你只需要输入-Class，但是如果你只记住了该参数名称的话，这没有问题）。

■ 没有用于列出命名空间中的所有类的"-List"参数。而是使用"Get-CimClass"并搭配 "-Namespace" 参数获取类列表。

■ 没有"-Credential"参数；如果你需要从远程计算机查询并被要求提供替代凭据，需要通过 "Invoke-Command"（前面章节已介绍）发送 "Get-CimInstance"。

比如：

```
PS C:\> Get-CimInstance -ClassName Win32_LogicalDisk


DeviceID   DriveType   ProviderName   VolumeName        Size       FreeSpace
--------   ---------   ------------   ----------        ----       ---------
A:         2
C:         3                                            687173...  580806...
D:         5                          HB1_CCPA_X64F...  358370...  0
```

如果你需要使用替代凭据查询远程计算机，可以使用类似下面的命令。

```
PS C:\> invoke-command -ScriptBlock { Get-CimInstance -ClassName win32_process }
➡-ComputerName WIN8 -Credential DOMAIN\Administrator
```

## 14.7　WMI 文档

前面提到过，搜索引擎通常是查找已有 WMI 文档的最佳方式。虽然"Win32_"类在微软的 MSDN 网站上有很好的文档记录，但是搜索引擎依旧是查询正确页面最容易的方式。你只需要把类名在 Google 或者 Bing 上搜索，通常第一条就会导航到 http://msdn.microsoft.com/。

## 14.8　常见误区

之前的 10 章介绍了如何使用内置的 PowerShell 帮助，所以你可能更倾向于在 PowerShell 中运行类似"help win32_service"的命令。不幸的是，在这里行不通。操作系统本身不包含任何 WMI 信息，所以 PowerShell 的帮助功能不能实现你的期望。你可能希望从网上的其他管理员和程序员分享的经验中而不是从微软信息中得到大部分你要的信息，比如查询"root\SecurityCenter"。不幸的是，你不会在结果中找到哪怕一个微软的文档页。

WMI 的筛选规则的差异也是其中一个误区。不管任何时候，你需要在所有可用实例中筛选信息时都应该提供过滤条件。但是别忘了，筛选语法存在不同。筛选语法是传递到 WMI，而不是由 PowerShell 处理，所以你必须使用 WMI 规定的语法去替代内置的 PowerShell 操作符。

另外一些在我们的学生中常见的关于 WMI 的误区是，虽然 PowerShell 提供了从 WMI 查询信息的简易途径，但是 WMI 并不集成在 PowerShell 中。WMI 是一个外部技术，有自己的规则和工作方式。WMI 虽然可以在 PowerShell 内部使用，但和其他 Cmdlets 不一样，因为这些 Cmdlets 完全集成在 PowerShell 内。所以请注意 WMI 的这些误区。

## 14.9　动手实验

**注意**：对于本次动手实验来说，你需要运行 PowerShell v3 或更新版本 PowerShell 的 Windows 计算机。

花点时间完成下面的动手任务。使用 WMI 的难处主要在于如何找到你所需要的类的信息，所以本实验中大部分时间会花在查找正确的类上面。尝试花点儿时间在思考关键字上（我们会给一些提示），并使用 WMI explorer 快速查找这些类（WMI Explorer 按字母顺序排列类，便于我们验证自己的猜测）。记住，PowerShell 的帮助系统并不能帮助你查找 WMI 类。

1．使用什么类可以查看一个网卡的当前 IP 地址？这个类是否有什么方法可用于释放 DHCP 租期？（提示：network 是一个不错的关键字。）

2．创建一个显示计算机名称、操作系统版本号、操作系统描述（标题）和 BIOS 序列号的表格。（提示：你已经见过这个技术，但你需要首先查询 OS 类，然后再查询 BIOS。）

3．使用 WMI 查询关于热修复补丁（hotfixes）的列表。（提示：微软通常把这些引用为 quick fix engineering。）该列表内容与"Get-Hotfix"的输出结果有何不同？

4．显示服务列表，在列表中包含它们的当前状态、启动模式和启动账号信息。

5．使用 CIM cmdlet，显示在 SecurityCenter2 命名空间内，并且以 Product 作为路径列表一部分的所有可用列。

6．当你发现所需使用的名称后，使用 CIM cmdlet 显示所有反间谍软件。你也可以再查询反病毒产品。

**动手实验**：当你完成这个实验后，尝试完成附录中的实验回顾 2。

## 14.10　进一步学习

WMI 是一个巨大的、复杂的技术，其中一些技术足以编写一整本书。实际上确实有人这样做了：*PowerShell and WMI*，作者是微软 MVP Richard Siddaway(Manning, 2012)。该书提供了大量示例，并讨论了关于 PowerShell v3 引入关于 CIM Cmdlets 的新功能。如果有深入学习 WMI 的意愿，我强烈建议阅读这该书。

如果你发现 WMI 实在很难理解，别担心。这是正常反应。但是我们有一些好消息：在 PowerShell v3 及后续版本中，你可以在没有显式调用的情况下使用 WMI。因为微软已经开发了数百个 Cmdlets 用于封装 WMI。这些 Cmdlets 提供了帮助信息、可发现性、示例和所有其他 Cmdlets 能提供给你的好处，但是它们内部实现还是使用 WMI。这样能更好地使用 WMI 的强大功能，又避免处理一些使人困惑的元素。

## 14.11　动手实验答案

1. 你可以使用 Win32_NetworkAdapterConfiguration 类。

   如果对该类运行 Get-Wmiobject 并通过管道传输给 Get-Member，你可以看到大量 DHCP 相关的方法。你还可以使用 CIM cmdlet 发现这些。

   ```
   Get-CimClass win32_networkadapterconfiguration | select -expand
   methods | where Name -match "dhcp"
   ```

2. ```
   get-wmiobject win32_operatingsystem | Select BuildNumber,Caption,
   @{l='Computername';e={$_.__SERVER}},
   @{l='BIOSSerialNumber';e={(gwmi win32_bios).serialnumber}}|ft-auto
   ```
   或者使用 CIM cmdlets：
   ```
   get-ciminstance win32_operatingsystem | Select BuildNumber,Caption,
   @{l='Computername';e={$_.CSName}},
   @{l='BIOSSerialNumber';e={(get-ciminstance win32_bios).serialnumber
   }} | ft -auto
   ```

3. get-wmiobject win32_quickfixengineering。你可以看到结果是类似的。

4. ```
   get-wmiobject win32_service | Select Name,State,StartMode,StartName
   ```
   或
   ```
   get-ciminstance win32_service | Select Name,State,StartMode,StartName
   ```

5. get-cimclass -namespace root/SecurityCenter2 -ClassName *product

6. ```
   get-ciminstance -namespace root/SecurityCenter2 -ClassName
   AntiSpywareProduct
   ```
   ```

# 第 15 章　多任务后台作业

每个人都会跟你说"多任务"，对吧？为什么 PowerShell 不能同时处理多个任务实现"多任务"呢？事实证明，PowerShell 完全可以实现该功能，特别是涉及多台目标计算机的长时间运行的任务时。请确保在学习本章之前，你已经阅读过第 13 章和第 14 章，因为在本章中会更加深入地使用这些远程处理和 WMI 的概念。

## 15.1　利用 PowerShell 实现多任务同时处理

在你的印象中，你应该会将 PowerShell 视作一种单线程的应用程序，也就意味着 PowerShell 一次只能处理单个任务。你键入一条命令，然后按回车键，之后 PowerShell 就会等待该命令执行结束。除非第一条命令执行结束，否则你无法运行第二条命令。

但是借助于 PowerShell 的后台作业功能，它可以将一个命令移至另一个独立的后台线程（一个独立的，PowerShell 后台进程）。该功能使得命令以后台模式运行，这样你就可以使用 PowerShell 处理其他任务。但是你必须在执行该命令之前就决定是否这样处理，因为在按回车键之后，无法将一个正在运行的命令移至后台进程。

当命令处于后台模式时，PowerShell 会使用一些机制来查看这些进程的状态，获取产生的结果等。

注意：PowerShell for Linux 早期版本对 PowerShell 后台作业支持并不成熟。我们期望 PowerShell on Linux 最终会支持 PowerShell 后台作业但我们并不能保证它能支持到 Windows 版本那样。你已经了解如何阅读 PowerShell 帮助文档，本章会阐述这些概念。

## 15.2　同步 VS 异步

首先介绍一些术语。正常情况下，PowerShell 会使用同步模式执行命令，也就意味着，在按回车键之后，你需要等待命令执行完毕。将一个命令置于后台模式将会使得该命令异步运行，也就是说，异步执行的命令在执行过程中，可以使用 PowerShell 处理其他任务。

下面是在两种模式中运行命令时的重要区别。

- 当在同步模式下运行命令时，可以响应输入请求；当使用后台模式运行命令时，根本就没有机会看到输入请求——实际上，当遇到输入请求时，会停止执行该命令。
- 在同步模式中，如果遇到错误，命令会立即返回错误信息；后台执行的命令也会产生错误信息，但是你无法立即查看这些信息。如果需要，你必须通过一些机制来获取这些信息（第 22 章会讲解如何实现）。
- 在同步模式中，如果忽略了某个命令的必要参数，PowerShell 会提示对应的缺失信息；如果是后台执行的命令，无法提示缺失信息，所以命令会执行失败。
- 在同步模式中，当命令开始产生执行结果时，就会立即返回；但是当命令处于后台模式时，你必须等待命令执行结束，才能获取缓存的执行结果。

通常情况下，我们会用同步模式执行命令，以便对这些命令进行测试，并使得可以正常工作。仅当它们被全面调试并能按照预期执行后，我们才会使用后台模式。我们只有遵循这些规则来保证命令的成功执行，这才是将命令置于后台模式的最好的时机。

PowerShell 将后台执行的命令称为作业（Jobs）。你可以通过多种方法创建作业，可以使用多种命令管理它们。

**补充说明**

严格意义上，本章中讨论的作业只是你将来会使用到的其中一种作业而已。本质上讲，作业只是 PowerShell 的一个扩展点，也就是说，对他人（不管是微软还是第三方）而言，都有可能创建其他功能（也命名为作业）。但是这些作业与本章描述的作业看起来并不一样，并且工作方式也不一样。实际上，本章末尾将讲到的调度作业（Scheduled Jobs）与本章前面提到的常规作业并不一致。当你为实现不同目的而扩展该 Shell 时，也会遇到很多其他一些作业。我们只是想让你知道这些小细节，并且理解到本章中所学的知识仅适用于 PowerShell 原生的常规作业。

## 15.3　创建本地作业

首先讲到的第一个作业类型应该是最简单的：本地作业。这是指一个命令几乎完全在你的本地计算机上运行（在后面会讲到对应的例外），并且该命令以后台模式运行。

为了创建这种类型的作业，你需要使用 Start-Job 命令。参数 -ScriptBlock 使得你可以指定需要执行的命令（一个或多个）。PowerShell 会自动使用默认的作业名称（Job1、Job2 等）。当然，你也可以使用 -Name 参数指定特定的作业名称。如果你需要作业运行在其他凭据下，那么可以使用 -Credential 参数接受一个域名\用户名

（DOMAIN\UserName）的凭据，同时该参数也会使得提示输入密码。如果没有指定一个脚本块，你也可以使用 -FilePath 参数来使得作业执行包含多个命令的完整脚本文件。

下面是一个简单的示例。

```
PS C:\> Start-Job -ScriptBlock {Dir}

Id      Name    PSJobTypeName    State    HasMoreData    Location
--      ----    -------------    -----    -----------    --------
1       Job1    BackgroundJob    Running  True           localhost
```

该命令创建了一个作业对象，并且正如示例所示，该作业会立即开始运行。同时，该作业会按照顺序被赋予一个作业 ID 号，正如上面表格所示。

我们认为，这些作业完全运行于本地计算机上，的确如此。如果你执行一个可支持 -ComputerName 参数的命令，在这种情形下，作业中的命令会被允许访问远程计算机。比如下面的示例。

```
PS C:\> Start-Job -ScriptBlock {
➥Get-EventLog Security -Computer Server-R2
➥}

Id      Name    PSJobTypeName    State    HasMoreData    Location
--      ----    -------------    -----    -----------    --------
3       Job3    BackgroundJob    Running  True           localhost
```

**动手实验：** 我们期望你能持续跟随并执行所有的命令。如果你仅有一台计算机可以使用，请使用真实的本地计算机名称，同时用 localhost 作为第二台计算机，这样 PowerShell 会采用类似处理两台计算机的方式来运行命令。

作业的进程会在你本地计算机上运行，它会与指定的远程计算机进行连接（比如本示例中的 Server-R2）。所以从某种程度上说，这个作业就是一个"远程作业"。但是由于该命令实际上是在本地运行，所以我们仍然将它视为本地作业。

细心的读者可能已经注意到，创建的第一个作业被命名为 Job1，同时 ID 为 1，但是创建的第二个 Job 名为 Job3，同时 ID 为 3。原因是，每个作业至少都有包含一个子作业，第一个子作业（job1 的子作业）会被命名为 job2，其 ID 为 2。在本章后面章节会讲到子作业相关的知识。

另外，需要记住几点：尽管本地作业是在本地运行，但是它们也会需要使用 PowerShell 远程处理系统的架构，也就是在第 13 章中所讲的知识。如果你还没启用远程处理，那么将无法创建本地作业。

## 15.4  WMI 作业

创建作业的另一种方法是使用 Get-WMIObject 命令。正如我们在上一章所讲，Get-WMIObject 命令会与一台或多台远程计算机进行连接，但是通过串行方式实现。

这意味着如果给出一长串计算机名称，将需要花费很长的时间执行某个命令，那么将该命令移至后台作业就成为了必然选择。为了将该命令置为后台运行模式，像往常一样执行 Get-WMIObject 命令，但是需要加上-AsJob 参数。此时，你不能指定一个自定义的作业名称，只能使用 PowerShell 指定的默认作业名称。

**动手实验**：如果你在测试环境中运行相同的命令，那么需要在 C:根目录下新建一个名为 allservers.txt 的文本文件（因为在这些示例中，均在该路径下执行命令），同时按照每行一个名称的格式在该文件中写入多个计算机名称。你可以将本地计算机名称，以及多个 localhost 放在该文件中，正如我们展示的这样。

```
PS C:\> Get-WMIObject Win32_OperatingSystem -ComputerName (
➥Get-Content allservers.txt) -AsJob

Id       Name        PSJobTypeName     State     HasMoreData    Location
--       ------      -------------     -------   ------------   ------------
5        Job5        WmiJob            Running   True           Server-R2,lo...
```

在该示例中，PowerShell 会创建一个上层的父作业（Job5，如上面返回结果中所示），同时会针对指定的每个计算机创建一个子作业。你可以看到，上面的输出表格的 Location 列中包含多个计算机名称，也就表明该作业也会在这些计算机上运行。

理解 Get-WMIObject 命令仅会在本地计算机上运行非常重要；该命令会使用正常的 WMI 通信机制与指定的远程计算机进行连接。它仍然一次只在一台计算机上执行，并且遵循直接跳过不可访问的计算机的默认规则等。实际上，该实现过程等同于同步执行 Get-WMIObject 命令，唯一不同点是该命令在后台运行。

**动手实验**：你也会发现存在除 Get-WMIObject 外的其他命令来启动一个作业。尝试执行 Help * -Parameter AsJob，看看你是否可以找到所有的这种命令。

请注意，在第 14 章中学到的新的 Get-CimInstance 命令，并没有包含-AsJob 参数。如果你想在作业中使用该命令，请运行 Start-Job 或者 Invoke-Command（你即将学到的命令），并且将 Get-CIMInstance（或者说，任何新的 CIM 命令）放在脚本块中。

## 15.5　远程处理作业

下面介绍最后一种可以用来创建新作业的技术：PowerShell 的远程处理功能，也就是你在第 13 章中学习的功能。当使用 Get-WMIObject 时，你会使用-AsJob 参数实现该功能，但是这里我们会通过将该参数添加到 Invoke-Command Cmdlet 中实现。

这里有一个重要的不同点：在-ScriptBlock 参数（或者是该参数的别名，-Command）中指定的任意命令都会并行发送到指定的每台计算机。可以同时访问多达

32 台计算机（除非你修改了 `-ThrottleLimit` 参数允许同时访问更多或者更少的计算机），所以当你指定了超过 32 个计算机名称，仅有前 32 台计算机会开始执行该命令。当在前 32 台计算机即将结束时，剩余的计算机才可以开始执行这些命令。另外，当在所有计算机上都执行结束后，上层的父作业会返回一个完整的状态。

与另外两种新建作业的方式不同，该技术要求你在每台目标计算机上安装第二版或者之后版本的 PowerShell，同时要求在每台目标计算机上 PowerShell 中均启用远程处理。因为命令会真正在每台远程计算机上执行，所以可以通过分布式计算工作负载提升复杂的或者长时间运行命令的性能。执行结果会返回到你的本地计算机。在你准备查看它们之前，结果都会与作业一起被存储。

在下面的示例中，你可以看到通过 `-JobName` 参数指定一个特有的作业名称，这样就不需要无意义的默认名称。

```
PS C:\> Invoke-Command -Command {Get-Process}
➥-ComputerName (Get-Content .\allservers.txt )
➥-AsJob -JobName MyRemoteJob
```

| Id | Name | PSJobTypeName | State | HasMoreData | Location |
|----|------|---------------|-------|-------------|----------|
| 9 | MyRemoteJob | RemoteJob | Running | True | Server-R2,loca... |

## 15.6 获取作业执行结果

当开启一个作业之后，你最想做的第一件事应该就是确认作业是否执行结束。`Get-Job` 这个 Cmdlet 可以获取在系统中定义的所有作业，并且返回其状态。

```
PS C:\> Get-Job
```

| Id | Name | PSJobTypeName | State | HasMoreData | Location |
|----|------|---------------|-------|-------------|----------|
| 1 | Job1 | BackgroundJob | Completed | True | localhost |
| 3 | Job3 | BackgroundJob | Completed | True | localhost |
| 5 | Job5 | WmiJob | Completed | True | Server-R2,loca... |
| 9 | MyRemoteJob | RemoteJob | Completed | True | Server-R2,loca... |

你也可以通过作业 ID 或者名称去查询特定的作业信息。我们建议你可以尝试该命令并且将返回结果通过管道传递给 `Format-List *`，因为你已经收集了很多有用的信息。

```
PS C:\> get-job -id 1 | format-list *

State        : Completed
```

```
HasMoreData   : True
StatusMessage :
Location      : localhost
Command       : dir
JobStateInfo  : Completed
Finished      : System.Threading.ManualResetEvent
InstanceId    : e1dddde9e-81e7-4b18-93c4-4c1d2a5c372c
Id            : 1
Name          : Job1
ChildJobs     : {Job2}
Output        : {}
Error         : {}
Progress      : {}
Verbose       : {}
Debug         : {}
Warning       : {}
```

**动手实验**：如果你一直跟着执行上面的命令，请记住，你的作业 ID 以及名称与上面返回的结果不一样。请通过 Get-Job Cmdlet 的结果获取你的环境中的作业 ID 与名称，然后使用它们来替换上面示例中对应的部分。同时请记住微软已经在过去几年 PowerShell 的几个版本不断扩展作业对象，输出结果的属性可能会有不同。

其中 ChildJobs 属性是返回信息中最重要的部分之一，在后面会讲到该部分。

为了获取一个作业的执行结果，请使用 Receive-Job 命令。但是在运行该 Cmdlet 之前，请先了解下面的一些知识点。

- 你必须指定希望获取返回结果的对应作业。可以通过作业 ID、作业名称，或者通过 Get-Job 命令获取作业列表，之后将它们通过管道传递给 Receive-Job 命令。
- 如果你获取了父作业的返回结果，那么该结果会包含所有子作业的输出结果。当然，你也可以获取一个或多个子作业的执行结果。
- 正常情况下，当获取了一个作业的返回结果之后，会自动在作业的输出缓存中清除对应的数据，这样你不能再次获取它们。可以通过 -Keep 命令在内存中保留输出结果的一份拷贝。或者如果你希望保存一份拷贝以作它用，也可以将结果输出到 CliXML 中。
- 作业的返回结果可能是反序列化的对象，也就是你在第 13 章中所学的知识。也就意味着返回的结果是它们产生时的一个快照，它们可能不会包含可以执行的任何方法。但是如果需要的话，你直接将作业的返回结果通过管道传递给一些 Cmdlet，比如 Sort-Object、Format-List、Export-CSV、ConvertTo-HTML、Out-File 等。

下面是一个示例。

```
PS C:\>Receive-Job -ID 1


    Directory: C:\Users\Administrator\Documents

Mode                LastWriteTime         Length Name
----                -------------         ------ ----
d----         11/21/2009 11:53 AM                Integration Services Script Component

d----         11/21/2009 11:53 AM                Integration Services Script Task

d----          4/23/2010  7:54 AM                SQL Server Management Studio
d----          4/23/2010  7:55 AM                Visual Studio 2005
d----         11/21/2009 11:50 AM                Visual Studio 2008
```

　　前面的输出展示了一个比较有趣的结果。这里重新回忆一下最开始创建该作业的命令。

```
PS C:\> Start-Job -ScriptBlock { Dir }
```

　　尽管当运行该命令时，PowerShell 是在 C:\路径下，但是在结果中的路径却是 C:\Users\Administrator\Documents。正如你所见，本地作业运行时会在不同的上下文中，这可能会导致路径改变。当使用后台作业时，请永远不要猜测这些文件路径。因此需要使用绝对路径从而确保你可以关联作业命令可能需要的任何文件。如果我们希望后台作业获取 C:\下的目录信息，那么我们应该这样执行命令。

```
PS C:\> Start-Job -ScriptBlock { Dir C:\ }
```

　　当我们获取 Job1 的结果时，我们并没有指定-Keep 参数。如果我们再次获取这部分结果，不会得到任何信息，因为这部分结果已经没有与作业一同被缓存了。

```
PS C:\> Receive-Job -ID 1
PS C:\>
```

　　下面的命令展示了如何强制结果驻留在内存缓存中。

```
PS C:\>Receive-Job -ID 3 -Keep

Index Time            EntryType    Source            InstanceID Message
----- ----            ---------    ------            ---------- -------
6542 Oct 04 11:55    SuccessA...  Microsoft-Windows...    4634 An...
6541 Oct 04 11:55    SuccessA...  Microsoft-Windows...    4624 An...
6540 Oct 04 11:55    SuccessA...  Microsoft-Windows...    4672 Sp...
6539 Oct 04 11:54    SuccessA...  Microsoft-Windows...    4634 An...
```

　　你最终会希望释放用于缓存作业结果的内存，后面会进行对应的说明。但是首先，我们快速看一下如何将作业结果通过管道直接传递给其他 Cmdlet。

```
PS C:\>Receive-Job -Name MyRemoteJob | Sort-Object PSComputerName |
➥Format-Table -GroupBy PSComputerName


    PSComputerName: localhost


Handles  NPM(K)      PM(K)     WS(K)     VM(M)    CPU(s)     Id ProcessName PSComputerName
-------  -----      -----     -----     -----    ------     -- ----------- --------------
    195     10       2780      5692        30     0.70     484 lsm          loca...
    237     38      40704     36920       547     3.17    1244 Micro...     loca...
    146     17       3260      7192        60     0.20    3492 msdtc        loca...
   1318    100      42004     28896       154    15.31     476 sass         loca...
```

　　该作业是我们通过 Invoke-Command 命令所创建的。和以前一样，该 Cmdlet 会
添加 PSComputerName 属性，这样我们就能追踪哪个对象来自于哪台计算机。因为我
们从上层父作业中获取了结果，它包含了我们指定的所有计算机上的作业，这将允许命
令可以对结果按照计算机名称进行排序，然后针对每台计算机创建独立的表组。

　　Get-Job 命令也会告知你还有哪些作业还留有剩余的结果。

```
PS C:\>Get-Job

WARNING: column "Command" does not fit into the display and was removed.

Id            Name          State          HasMoreData      Location
--            -----         -------         ------------      --------
1             Job1          Completed      False            localhost
3             Job3          Completed      True             localhost
5             Job5          Completed      True             server-r2,lo...
8             MyRemoteJob   Completed      False            server-r2,lo...
```

　　当某个作业的输出结果没有被缓存时，对应的 HasMoreData 列为 False。在
Job1 和 MyRemoteJob 这两个场景中，我们已经获取了这部分结果，并且获取时并
未指定-Keep 参数。

## 15.7　使用子作业

　　在前面我们提及，所有的作业都由一个上层父作业以及至少一个子作业组成。我们
再次查看该作业。

```
PS C:\>Get-Job -ID 1 | Format-List *


State            : Completed
HasMoreData      : True
```

```
StatusMessage :
Location      :localhost
Command       :dir
JobStateInfo  : Completed
Finished      :System.Threading.ManualResetEvent
InstanceId    : e1ddde9e-81e7-4b18-93c4-4c1d2a5c372c
Id            : 1
Name          : Job1
ChildJobs     : {Job2}
Output        : {}
Error         : {}
Progress      : {}
Verbose       : {}
Debug         : {}
Warning       : {}
```

**动手实验：** 不要照搬该部分的脚本，因为你如果自始至终都照搬的话，那么你之前已经获取
ID 为 1 的作业结果（也就是说，此时无法再次获取该结果）。如果你希望执行该
脚本，那么请执行 Start-Job –Script{Get-Service} 新建一个作业，然后
使用该作业 ID 替换我们示例中的 ID。

你可以看到，Job1 包含了一个子作业 Job2。既然你知道了它的名字，那么你就可
以直接获取该作业的信息。

```
PS C:\>Get-Job -Name Job2 | Format-List *


State         : Completed
StatusMessage :
HasMoreData   : True
Location      :localhost
Runspace      :System.Management.Automation.RemoteRunspace
Command       :dir
JobStateInfo  : Completed
Finished      :System.Threading.ManualResetEvent
InstanceId    : a21a91e7-549b-4be6-979d-2a896683313c
Id            : 2
Name          : Job2
ChildJobs     : {}
Output        : {Integration Services Script Component, Integration Services
                Script Task, SQL Server Management Studio, Visual Studio
                2005...}
Error         : {}
Progress      : {}
Verbose       : {}
Debug         : {}
Warning       : {}
```

有些时候，某个作业会包含多个子作业，它们都会以这种格式罗列出来。此时你可能希望采用不同的方式来罗列它们，比如下面这样。

```
PS C:\>Get-Job -ID 1 | Select-Object -Expand ChildJobs

WARNING: column "Command" does not fit into the display and was removed.
ID              Name            State          HasMoreData    Location
--              ----            -----          -----------    ------------
2               Job2            Completed      True           localhost
```

该技术会针对 ID 为 1 的作业创建一个表格用于存放子作业。该表格可以采用任意的长度，只要能将它们罗列出来。

你也可以使用 Receive-Job 命令指定作业名称或 ID 获取来自任意独立子作业的结果。

## 15.8　管理作业的命令

针对作业，也可以使用另外 3 个命令。对这 3 个命令中任意一个，你都可以指定作业 ID、作业名称，或者先获取作业信息，然后通过管道传递给这 3 个命令之一。

- Remove-Job——该命令会移除一个作业，包括从内存中移除该作业缓存的所有输出结果。
- Stop-Job——如果某个作业看起来卡住了，你可以通过执行该命令停止它。但是仍然可以获取截止到该时刻产生的结果。
- Wait-Job——该命令在下面场景中比较有用：当使用一段脚本开启一个作业，同时希望该脚本在作业运行完毕之后继续执行。该命令会使得 PowerShell 停止并等待作业执行，在作业执行结束后，允许 PowerShell 继续执行。

例如，为了移除已经获取了结果的作业，我们可以使用下面的命令。

```
PS C:\>Get-Job | Where { -Not $_.HasMoreData } | Remove-Job
PS C:\>Get-Job

WARNING: column "Command" does not fit into the display and was removed.

Id              Name            State          HasMoreData    Location
--              ----            -----          ------          -----------
3               Job3            Completed      True           localhost
5               Job5            Completed      True           server-r2,lo...
```

在 PowerShell 中，作业也可能执行失败，也就意味着在执行过程中发生了某些错误。考虑下面的示例。

```
PS C:\>Invoke-Command -Command { Nothing } -Computer NotOnline -AsJob -Job
Name ThisWillFail

WARNING: column "Command" does not fit into the display and was removed.

Id          Name            State      HasMoreData    Location
---         ----            -----      -----------    ------------
11          ThisWillFail    Failed     False          NotOnline
```

在这里，我们向根本不存在的计算机发送一条不存在的命令来开启一个作业。当然，该作业立即就会失败，正如返回的 State 列。此时，我们根本就不需要使用 Stop-Job，因为该作业并未运行。但是我们仍然可以获取对应的子作业列表。

```
PS C:\>Get-Job -ID 11 | Format-List *

State          : Failed
HasMoreData    : False
StatusMessage  :
Location       :notonline
Command        : nothing
JobStateInfo   : Failed
Finished       :System.Threading.ManualResetEvent
InstanceId     : d5f47bf7-53db-458d-8a08-07969305820e
ID             : 11
Name           :ThisWilLFail
ChildJobs      : {Job12}
Output         : {}
Error          : {}
Progress       : {}
Verbose        : {}
Debug          : {}
Warning        : {}
```

此时，我们就可以获取其子作业的信息了。

```
PS C:\>Get-Job -Name Job12

WARNING: column "Command" does not fit into the display and was removed.
Id          Name            State      HasMoreData    Location
--          -----           -----      ------------   ------------
12          Job12           Failed     False          NotOnline
```

正如你所见，该作业并没有产生任何输出，因此你并不能获取对应的结果。但是该作业的错误信息仍然保留在结果中，你可以使用 Receive-Job 命令获取这部分信息。

```
PS C:\>Receive-Job -Name Job12
```

```
Receive-Job: [NotOnline]Connecting to remote server failed with the following
error message:WinRM cannot process the request. The following error occured
while using Kerberos authentication:The network path was not found.
```

　　完整的错误信息很长，在这里我们做了一些截断从而节省一些空间。你可以看到，错误信息中包含产生错误的计算机名称：[NotOnline]。当仅有某台计算机无法连接时会发生什么呢？我们看下面的示例：

```
PS C:\>Invoke-Command -Command { Nothing }
➥-Computer NotOnline,Server-R2 -AsJob -JobName ThisWillFail
```

警告：列 "Command" 无法显示，已被删除。

| ID | Name | State | HasMoreData | Location |
|----|------|-------|-------------|----------|
| 13 | ThisWillFail | Running | True | NotOnline,Se... |

　　稍待片刻，再执行下面的命令。

```
PS C:\>Get-Job
```

警告：列 "Command" 无法显示，已被删除。

| ID | Name | State | HasMoreData | Location |
|----|------|-------|-------------|----------|
| 13 | ThisWillFail | Failed | False | NotOnline,Se... |

　　可以看到该作业仍然失败，但是让我们检查一下独立的子作业状态。

```
PS C:\>Get-Job -id 13 | Select -expand ChildJobs
```

警告：列 "Command" 无法显示，已被删除。

| ID | Name | State | HasMoreData | Location |
|----|------|-------|-------------|----------|
| 14 | Job14 | Failed | False | NotOnline |
| 15 | Job15 | Failed | False | Server-R2 |

　　好吧，它们都失败了。我们都能预感到 Job14 会失败，并且也知道失败的原因，但是 Job15 怎么了？

```
PS C:\>Receive-Job -Name Job15
Receive-Job : The term 'nothing' is not recognized as the name of a Cmdlet, function,
script file, or operable program. Check the spelling of the name, or if a path was
included, verify that the path is correct and try again.
```

　　对，这就是原因，我们让它执行了一个根本不存在的命令。正如你所见，每一个子作业都会由于不同的原因执行失败，PowerShell 能分别进行追踪。

# 15.9  调度作业

在 v3 版本的 PowerShell 中引入了针对调度作业的支持——可以在 Windows 的计划任务程序中使用 PowerShell 友好的方式创建任务。这里的作业与之前讲的那些作业相比，会采用不同的工作方式。正如前面写到的，作业是 PowerShell 中的一个扩展点，也就意味着允许存在多种通过不同方式实现的作业。调度作业正好是这些不同种类的作业中的一种。这种作业与标准计划任务作业有一点差别，这些作业的输出结果会存到磁盘中以供 PowerShell 后续进行使用。实际上，术语调度作业（scheduled jobs）与调度任务（scheduled tasks）并不同——前一种是与 PowerShell 相关的，后一种是你经常使用的传统作业。

你通过创建一个触发器（New-JobTrigger）开启一个调度作业，该触发器主要用于定义任务的运行时间。同时，你也可以使用 New-ScheduledTaskOption 命令设置该作业的选项。之后你使用 Register-ScheduledJob 命令将该作业注册到计划任务程序中。该命令采用计划任务程序中的 XML 格式来创建作业的定义，之后在磁盘上新建一个层级结构的文件夹存放每次作业运行的结果。

现在看下面的示例。

```
PS C:\> Register-ScheduledJob -Name DailyProcList -ScriptBlock { Get-Process }
➡-Trigger (New-JobTrigger -Daily -At 2am) -ScheduledJobOption
➡ (New-ScheduledJobOption -WakeToRun -RunElevated)
```

警告: 列 "Enabled" 无法显示，已被删除。

| ID | Name | JobTriggers | Command |
|----|------|-------------|---------|
| 1 | DailyProcList | {1} | Get-Process |

该命令会新建一个作业，该作业在每天凌晨两点执行 Get-Process 命令。如果有必要，会唤醒计算机，同时要求该作业运行在高级特权下。当作业执行完毕后，你可以回到 PowerShell 中，执行 Get-Job 查看每次该调度作业执行结束时的一个标准作业列表。

```
PS C:\>Get-Job
```

警告: 列 "Command" 无法显示，已被删除。

| ID | Name | State | HasMoreData | Location |
|----|------|-------|-------------|----------|
| 6 | DailyProcList | Completed | True | localhost |
| 9 | DailyProcList | Completed | True | localhost |

不像常规的作业，从调度作业中获取结果并不会导致结果被删除，因为它们是被缓存在磁盘上，而非内存中。之后可以继续多次获取该结果。当你移除这些作业时，对应的结果也会从磁盘上被移除。如图 15.1 所示，输出的结果会存放于磁盘上特定的文件夹中，Receive-Job 命令可以阅读这些结果。

你可以通过 Register-ScheduledJob 命令的-MaxResultCount 参数控制存放的结果数量。

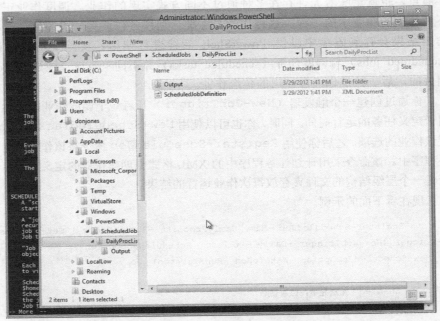

图 15.1　调度作业的输出结果存放于磁盘

## 15.10　常见困惑点

一般情况下，作业都是比较简单的，但是我们曾经见到其他人做导致混淆的事。请不要这样做。

```
PS C:\>Invoke-Command -Command { Start-Job -ScriptBlock { Dir } }
➥-ComputerName Server-R2
```

执行该命令之后，会对 Server-R2 计算机开启一个临时的连接，并且在该计算机上开启一个本地作业。遗憾的是，该连接会立即中断，这样就导致你无法重新连接并且获取该作业的信息。一般而言，不要混淆和随意匹配开启作业的 3 种方式。

比如下面的命令也不是一个好主意。

```
PS C:\>Start-Job -ScriptBlock { Invoke-Command -Command { Dir }
➥ -ComputerName SERVER-R2 }
```

该命令过于冗长了；完全可以通过保留 Invoke-Command 部分，之后使用-AsJob 参数来使得该作业在后台运行。

更少的混淆，但同样有趣的是教室里学生经常问到的关于作业的一些问题。其中最重要的一个问题可能是"我们是否可以看到由其他人开启的作业呢"，这里的答案是"不能"，但是调度作业例外。常规的作业完全包含在 PowerShell 进程中。尽管你可以看到其他用户在运行 PowerShell，但是你还是没有办法看到该进程内部的一些信息。这和其他应用程序一样。例如，你可以看到他人有运行微软的 Word 软件，但是你无法看到他们正在编辑的文档，因为这些文档完全隐藏于 Word 的进程中。

仅当 PowerShell 进程开启，作业才会维持。当你关闭进程后，在进程中定义的任何作业就会消失。无法在 PowerShell 外部的任意地方定义作业，所以它们依赖于继续运行的进程，保证可以自行维护。

针对前面的论述，调度作业是一个例外：具有权限的任何人都可以看到它们，修改它们，删除它们，以及获取它们的结果。这是因为它们存放于物理磁盘上。请注意，它们存放于你的用户配置文件下，因此它通常要求管理员从配置文件中获取文件（和结果）。

# 15.11 动手实验

**动手实验**：对于本章的动手实验环节，你需要操作系统为 Windows 8（或之后）或者 Windows Server 2012（或之后）运行 PowerShell v3 或更新版本的计算机。

下面的实验应该能帮助你理解如何在 PowerShell 中使用各种类型的作业以及任务。在进行这些实验时，请不要要求自己仅通过单行代码实现。某些时候，可能将它们拆成独立的步骤会更容易。

1．创建一次性的后台作业用于寻找 C:驱动器中所有的 PowerShell 脚本。任何需要很长时间运行完成的任务都比较合适。

2．你意识到该后台作业在一些服务器上识别所有 PowerShell 脚本非常有效。你如何在一组远程计算机上运行任务 1 中相同的命令呢？

3．创建一个后台作业获取计算机上系统事件日志中最近的 25 条错误记录，之后将记录导出为 CliXML。你期望在每周一到周五的早上 6 点运行，这样当你上班时就可以查看这些作业。

4．你会使用哪个 Cmdlet 获取一个作业的结果，然后在作业队列中如何存放这些结果？

## 15.12　动手实验答案

1. `Start-Job {dir c:\ -recurse -filter '*.ps1'}`

2. `Invoke-Command -scriptblock {dir c:\ -recurse -filter *.ps1}`
   `-computername (get-content computers.txt) -asjob`

3. `$Trigger=New-JobTrigger -At "6:00AM" -DaysOfWeek "Monday",`
   `"Tuesday","Wednesday","Thursday","Friday" -Weekly`
   `$command={ Get-EventLog -LogName System -Newest 25 -EntryType`
   `Error | Export-Clixml c:\work\25SysErr.xml}`
   `Register-ScheduledJob -Name "Get 25 System Errors" -ScriptBlock`
   `$Command -Trigger $Trigger`
   `#检查被创建的作业`
   `Get-ScheduledJob | Select *`

4. `Receive-Job -id 1 -keep`
   当然，你可以使用任意适用的作业 ID 或作业名称。

# 第16章 同时处理多个对象

PowerShell 存在的主要意义在于自动化管理，这通常意味着你将会在多个目标上同时执行任务。你或许希望重启多台计算机，重新配置多个服务，修改多个邮箱等。在本章，你将学到 3 种技术：批处理 Cmdlet、WMI 方法以及对象枚举，用于完成这些以及其他多目标任务。同时，你需要知道本章中的大多数示例无法在 Linux 或 macOS 平台下工作；这些示例（至少是当前）仅在 Windows 中有效。但是无论你使用的是哪种操作系统，这里谈到的概念与技术并无不同。

## 16.1 对于大量管理的自动化

我们当然知道本书不是一本关于 VBScript 的书，但我们希望使用一个 VBScript 的例子简单阐述多目标管理的方式——Don 喜欢将"批量管理"称为过去的方式（你不需要输入下面代码并运行——我们讨论的仅仅是方法，而不是结果）。

```
For Each varService in colServices
  varService.ChangeStartMode("Automatic")
Next
```

上述方法不仅仅是在 VBScript 中很流行，在编程的世界中都很流行。下面的步骤阐述了该段代码的作用。

（1）假设变量 colServices 包含多个服务。因为获取服务的方式有很多，所以先不关心 colServices 如何被赋值。重要的是，你已经获取到服务并将其存入变量。

（2）ForEach 结构将会遍历或枚举所有服务，一次一个。每次都将服务存入变量 varService。使用该结构，varService 将会仅包含一个服务。如果 colServices 包含 50 个服务，则该循环体结构将会执行 50 次，每一次 varService 变量都会只包含这 50 个服务中的一个。

（3）在循环结构中，每次都执行一个方法——在本例中是 `ChangeStartMode()`
方法——完成某些工作。

对于上述步骤，如果再思考一下，就会发现所采用的方法并不是一次并行执行所有
服务，而是每次只执行一个。方式和使用图形用户界面（GUI）重新配置服务并无不同。
唯一的区别是代码使得计算机每次只配置一个服务，而不是人为操作。

计算机擅长执行重复操作，所以上面的过程所使用的方法是可取的。但问题在于该
方法需要我们给计算机提供更长、更复杂的指令。学习使用该语言编写这些指令集需要
花费时间，这也是管理员会尝试避免 VBScript 和其他脚本语言的原因。

PowerShell 可以使该方法重复，因为有些时候你还是需要上述方法，我们将会
在本章后面展示如何做。但利用计算机枚举对象的方式并不是使用 PowerShell 最高
效的方式。实际上，PowerShell 提供了其他两种更加易于学习和减少输入的方式，
并且功能更加强大。

## 16.2　首选方法：“批处理” Cmdlet

正如我们在之前章节所说，很多 PowerShell Cmdlet 可以接受批量对象，或者称之
为对象集合。比如在第 6 章，你已经学习过利用管道将一个 Cmdlet 产生的结果传输给
另一个 Cmdlet，比如说下面命令（请不要运行该命令——它将使你的计算机崩溃）。

```
Get-Service | Stop-Service
```

这是一个使用批处理管理的示例。在本例中，`Stop-Service` 专门被设计用于从管道接
受一个或多个服务对象，并停止服务。`Set-Service`、`Stop-Service`、`Move-ADObject`
以及 `Move-Mailbox` 都是接受一个或多个输入对象并执行其任务或行为的 Cmdlet 示
例。你无须像我们在之前小结 VBScript 中那样使用循环结构手动枚举对象。PowerShell
知道如何使用更简单的语法规则处理批量对象。

这就是所谓的“batch Cmdlets”（这是我们对它的命名，并不是官方术语），也是我
们批量管理的首选方式。比如说，我们希望改变 3 个服务的启动模式。我们不选择
VBScript 方式的方法，而是采用下面这种。

```
Get-Service -name BITS,Spooler,W32Time | Set-Service -startuptype Automatic
```

从某种程度来说，`Get-Service` 也是一种批处理 Cmdlet。这是由于该命令能够从
多台计算机中获取服务。假设你需要变更同样这 3 台计算机上的服务。

```
Get-Service -name BITS,Spooler,W32Time -computer Server1,Server2,Server3 |
➥Set-Service -startuptype Automatic
```

上述方法中一个潜在的问题在于，执行动作的 Cmdlet 通常不会返回表示作业状态
的结果。这意味着上面两个命令都不会产生可视化结果，这非常令人不安。值得庆幸的

是，这些命令通常会有一个 -passThru 参数，该参数用于打印出该命令所接受的对象。你也可以使用 Set-Service 输出其修改的服务，并使用 Get-Service 重新获取这些服务以便查看之前的命令是否生效。

下面是不同 Cmdlet 使用 -PassThru 参数的示例。

```
Get-Service -name BITS -computer Server1,Server2,Server3 |
➥Start-Service -passthru |
➥Out-File NewServiceStatus.txt
```

该命令将会从 3 台计算机列表中获取指定的服务，然后通过管道将这些服务传递给 Start-Service。该命令不仅会启动服务，而且会将涉及的服务对象打印在屏幕上。然后这些服务对象将会通过管道传递给 Out-File，将这些被更新对象的信息存储在文本文件中。

再重申一次：这是我们使用 PowerShell 推荐的首选方式。如果存在可以通过 Cmdlet 完成的工作，请使用 Cmdlet。理想情况下，Cmdlet 的作者都会选择以对象批处理的方式处理对象，但并不总是这样（Cmdlet 作者也在学习为我们这些管理员写 Cmdlet 的最佳方式）。这是最理想的方式。

## 16.3 CIM/WMI 方式：调用方法

不幸的是，总有一些任务无法通过调用 Cmdlet 完成。而且有一些我们可以通过 Windows 管理规范（WMI）可以操控的条目（关于 WMI，我们将会在第 14 章讲解）。

**注意：** 我们将通过故事线的方式帮助你体验人们如何使用 PowerShell。这会看起来有点多余，但请记住，经验本身是无价的。

比如，WMI 中的 Win32_NetworkAdapterConfiguration 类。该类代表与网卡绑定的配置信息（网卡可以有多个配置，但目前我们假设它只有一个配置信息，这也是对于大多数计算机的常见配置）。假如说我们的目标是在计算机上所有的 Intel 网卡上启用 DHCP，但我们不希望启用 RAS 或其他虚拟网卡的 DHCP。

我们可以以查询网卡配置开始，得到如下输出结果。

```
DHCPEnabled       : False
IPAddress         : {192.168.10.10, fe80::ec31:bd61:d42b:66f}
DefaultIPGateway  :
DNSDomain         :
ServiceName       : E1G60
Description       : Intel(R) PRO/1000 MT Network Connection
Index             : 7
DHCPEnabled       : True
IPAddress         :
DefaultIPGateway  :
```

```
DNSDomain        :
ServiceName      : E1G60
Description      : Intel(R) PRO/1000 MT Network Connection
Index            : 12
```

　　为了得到上述输出结果，我们需要查询合适的 WMI 类并过滤出只有描述中包含 INTEL 的配置。下面的代码可以完成该功能（注意在 WMI 过滤中以 "%" 作为通配符）。

```
PS C:\> gwmi win32_networkadapterconfiguration
➥-filter "description like '%intel%'"
```

**动手实验**：我们欢迎你跟随本章的示例执行代码。你或许需要小幅修改命令，从而获得希望的结果。比如说，你的计算机中并没有使用 Intel 制造的网卡，则需要将过滤条件做适当的修改。

　　我们在管道中包含这些配置对象信息后，我们希望启用 DHCP（你可以看到其中一块网卡并没有启用 DHCP）。我们或许可以找一个名称类似 "Enable-DHCP" 的 Cmdlet。不幸的是，我们找不到该 Cmdlet，因此不存在该 Cmdlet。没有任何 Cmdlet 可以直接在批处理中与 WMI 对象打交道。

　　下一步是查看对象本身是否包含可以启用 DHCP 的方法，为了找出结果，我们将配置对象通过管道传输给 Get-Member（或者其别名 Gm）。

```
PS C:\> gwmi win32_networkadapterconfiguration
➥-filter "description like '%intel%'" | gm
```

　　在结果列表的开始部分，我们可以看到我们寻找的方法 EnableDHCP()。

```
TypeName: System.Management.ManagementObject#root\cimv2\Win32_NetworkAd
apterConfiguration
```

| Name | MemberType | Definition |
| ---- | ---------- | ---------- |
| DisableIPSec | Method | System.Management.ManagementB... |
| EnableDHCP | Method | System.Management.ManagementB... |
| EnableIPSec | Method | System.Management.ManagementB... |
| EnableStatic | Method | System.Management.ManagementB... |

　　下一步，也是很多 PowerShell 新手会尝试的方法，将配置对象通过管道传递给该方法。

```
PS C:\> gwmi win32_networkadapterconfiguration
➥-filter "description like '%intel%'" | EnableDHCP()
```

　　不幸的是，这是无效的。你不能将对象通过管道传输给方法，你只能将其传递给 Cmdlet。EnableDHCP 并不是一个 PowerShell 的 Cmdlet，而是直接附加在配置对象自身的行为。这种传统的、类似 VBScript 的方法和我们在本章开篇所展示给你的 VBScript 示例非常类似。但使用 PowerShell，你能够以更简单的方式完成该任务。

虽然没有名为 Enable-DHCP 的"批处理"Cmdlet，但可以使用 Invoke-WmiMethod 这个通用 Cmdlet。该 Cmdlet 特别设计用于接受一批 WMI 对象，比如说我们的 Win32 _NetworkAdapterConfiguration 对象，并调用附加在这些对象上的某个方法。下面是我们运行的命令。

```
PS C:\> gwmi win32_networkadapterconfiguration
➥-filter "description like '%intel%'" |
➥Invoke-WmiMethod -name EnableDHCP
```

你需要记住如下几条。

- 方法名称后无须加括号。
- 方法名称不区分大小写。
- Invoke-WmiMethod 一次只能接收一种类型的 WMI 对象。在本例中，我们只发送给 Win32_NetworkAdapterConfiguration 一种对象，这意味着命令可以如预期产生效果。当然也可以一次发送多个对象（实际上，这是重点），但所有的对象都必须是同一类型。
- 你可以针对 Invoke-WmiMethod 方法加上-WhatIf 和-Confirm 参数。但直接由对象调用方法时，无法使用这些参数。

Invoke-WmiMethod 的输出结果有点让人困惑。WMI 总是产生结果对象，并包含大量系统对象（名称以两个下划线开始）。在本例中，命令产生如下输出结果。

```
__GENUS          : 2
__CLASS          : __PARAMETERS
__SUPERCLASS     :
__DYNASTY        : __PARAMETERS
__RELPATH        :
__PROPERTY_COUNT : 1
__DERIVATION     : {}
__SERVER         :
__NAMESPACE      :
__PATH           :
ReturnValue      : 0
__GENUS          : 2
__CLASS          : __PARAMETERS
__SUPERCLASS     :
__DYNASTY        : __PARAMETERS
__RELPATH        :
__PROPERTY_COUNT : 1
__DERIVATION     : {}
__SERVER         :
__NAMESPACE      :
__PATH           :
ReturnValue      : 84
```

上述结果唯一有用的信息是一个没有以双下划线开头的属性：ReturnValue。该数字告诉我们操作的结果。通过 Google 搜索 "Win32_NetworkAdapterConfiguration" 出现文档页，我们通过单击 EnableDHCP 方法找到可能返回的值以及其代表的意义。图 16.1 展示了我们发现的结果。

0 表示成功，而 84 表示该网卡配置中未启用 IP，因此 DHCP 无法启用。但该值对应哪一个网卡配置呢？这很难说。这是由于输出结果并没有告诉你是由哪一个配置对象产生的。虽然令人遗憾，但这就是 WMI 的工作机制。

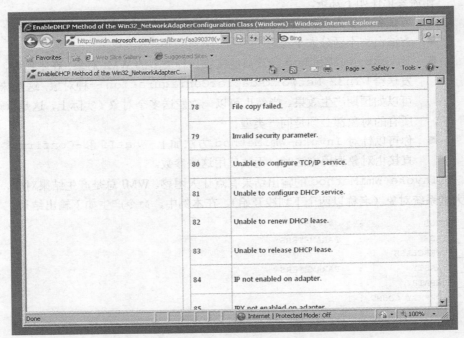

图 16.1　找 WMI 方法返回值的结果

当你有一个 WMI 对象包含可执行的方法时，大多可以使用 Invoke-WmiMethod。该命令对于远程计算机同样有效。我们的基本原则是 "如果你可以使用 Get-WmiObject 获取对象，则也能够使用 Invoke-WmiMethod 执行它的方法"。

当你回忆第 14 章所学内容时，你会发现 Get-WmiObject 与 Invoke-WmiMethod 都是 "遗留" 用于操作 WMI 的 Cmdlet；这两个命令的接替者为 Get-CimInstance 和 Invoke-CimMethod。它们的工作方式或多或少有些相同。

```
PS C:\> Get-CimInstance -classname win32_networkadapterconfiguration
➥ -filter "description like '%intel%'" |
➥ Invoke-CimMethod -methodname EnableDHCP
```

在第 14 章中，我们提供了何时使用 WMI 或 CIM 的建议，该建议在此同样适用：虽然 WMI 所需的 RPC 网络通信难以穿透防火墙，但 WMI 能够适用的计算机数量最多（当前来说）；CIM 只需要更新更简单的 WS-MAN 通信，但在老版本的 Windows 默认情况下，并没有安装 WS-MAN。

但请等一下，还有一件事，我们在本小节讨论了 WMI，并在第 14 章中提到微软做了很多工作，也就是将 WMI 功能封装进了 Cmdlet，以至于无意中对你隐藏了 WMI 的存在（技术角度来讲，是 CIM 功能，但也很接近）。请尝试在 PowerShell 中运行 Help Set-NetIPAddress。在较新版本的 Windows 中，你将会发现这个强大的 Cmdlet 掩盖了大量底层 WMI/CIM 的复杂性。我们可以使用该 Cmdlet 变更 IP 地址，而无需一大堆 WMI/CIM。这是一个真实的教训：即使你在网上阅读了关于该主题的一些资料，也并不意味着新版本的 PowerShell 没有提供更好的方式。大多数发布在网上的资料都是基于 PowerShell v1 和 v2，但 v3 和更新的版本中提供的 Cmdlet 至少比之前的好 4～5 倍。

## 16.4　后备计划：枚举对象

不幸的是，我们遇到的一些情况是 Invoke-WmiMethod 无法执行某个方法——执行时不断返回奇怪的错误信息（Invoke-CimMethod 更可靠）。我们还遇到的一些情况是虽然某个 Cmdlet 可以产生对象，但我们知道并没有可以通过管道接收这些对象并进行操作的批处理 Cmdlet。无论是上述哪种情况，你依然可以完成任务，但你必须回到传统的 VBScript 风格的方法来指挥计算机枚举对象并一次执行一个对象。PowerShell 提供了两种方法：第一种是使用 Cmdlet，另一种是使用脚本结构。我们在本章主要关注第一种技术，并在第 21 章阐述第二种。在第 21 章中，我们将会深入 PowerShell 内置的脚本语言。

我们使用 Win32_Service 这个 WMI 类作为示例。更详细地说，我们将使用 Change() 方法。这是一个可以一次性变更某个服务中多个元素的复杂方法。图 16.2 展示了其在线文档（通过搜索 "Win32_Service" 并单击 Change 方法找到）。

通过阅读该页，你会发现无须为该方法的每一个参数赋值。你可以将你希望忽略的参数指定为 Null（PowerShell 中有一个特殊的内置$null 变量）。

对于本例来说，我们希望变更服务的启动密码，也就是第 8 个参数。为了完成该工作，我们需要将前 7 个参数指定为$null。这意味着我们的方法执行代码看上去像下面这样。

```
Change($null, $null, $null, $null, $null, $null, $null, "P@ssw0rd")
```

顺便提一下，无论是 Get-Service 还是 Set-Service，都无法显示或设置某个服务的登录密码。但 WMI 可以完成该工作，所以我们使用 WMI。

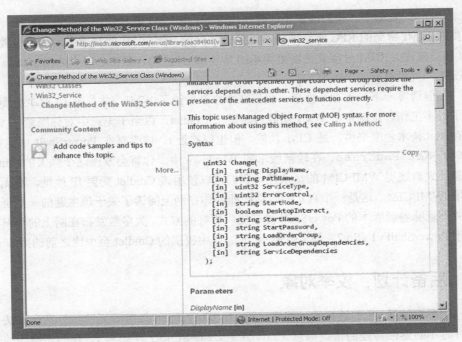

图 16.2　Win32_Service 的 Change() 方法的文档页

　　由于我们无法使用首选的 Set-Service 这个批处理 Cmdlet，让我们尝试第二种方式，也就是使用 Invoke-WmiMethod。该 Cmdlet 包含一个参数：-ArgumentList，可以利用该参数为方法指定参数。下面的示例是我们进行的尝试以及接收的结果。

```
PS C:\> gwmi win32_service -filter "name = 'BITS'" | invoke-wmimethod -name
➥ change -arg $null,$null,$null,$null,$null,$null,$null,"P@ssw0rd"
Invoke-WmiMethod : Input string was not in a correct format.
At line:1 char:62
+ gwmi win32_service -filter "name = 'BITS'" | invoke-wmimethod <<<<  -nam
e change -arg $null,$null,$null,$null,$null,$null,$null,"P@ssw0rd"
    + CategoryInfo          : NotSpecified: (:) [Invoke-WmiMethod], Forma
  tException
    + FullyQualifiedErrorId : System.FormatException,Microsoft.PowerShell
  .Commands.InvokeWmiMethod
```

**注意**：我们这里使用的是 Get-WmiObject，但 Get-CimInstance 的语法与其几乎相同。

　　此时，我们必须做出决定。有可能我们没有用正确的方式运行命令，所以我们必须决定是否花一些时间找出原因。还有一种可能是 Invoke-WmiMethod 与 Change() 方法的兼容性存在问题。如果是这个问题的话，就需要我们花费大量时间在我们无法控制的事情上。

对于这种情况，我们通常会尝试其他方式：我们将会要求计算机（好吧，是 Shell）枚举所有服务对象，每次一个，并对每个对象执行 Change() 方法。我们将使用 ForEach-Object 这个 Cmdlet 完成这项工作。

```
PS C:\> gwmi win32_service -filter "name = 'BITS'" | foreach-object {$_.cha
nge($null,$null,$null,$null,$null,$null,$null,"P@ssw0rd") }
__GENUS           : 2
__CLASS           : __PARAMETERS
__SUPERCLASS      :
__DYNASTY         : __PARAMETERS
__RELPATH         :
__PROPERTY_COUNT  : 1
__DERIVATION      : {}
__SERVER          :
__NAMESPACE       :
__PATH            :
ReturnValue       : 0
```

在文档中，我们发现 ReturnValue 为 0 表示成功。这意味着我们已经实现了目标。但让我们将命令格式化得更美观，更仔细地看这个命令。

```
Get-WmiObject Win32_Service -filter "name = 'BITS'" |
ForEach-Object -process {
  $_.change($null,$null,$null,$null,$null,$null,$null,"P@ssw0rd")
}
```

该命令中包含很多内容。第一行看起来很合理：我们使用 Get-WmiObject 获取所有满足过滤条件的 Win32_Service 实例，也就是名称包含"BITS"的服务（照例，我们选择 BITS 服务是由于相比其他服务来说，该服务并没有那么重要，该服务停止运行不会导致计算机崩溃）。然后我们将 Win32_Service 对象传递给 ForEach-Object 这个 Cmdlet。

让我们把之前示例中的代码分解为模块。

- 首先，你将看到 Cmdlet 名称：ForEach-Object。
- 接下来，使用 -Process 参数指定脚本段。我们原先并没有输入 -Process 的参数名称，这是由于该参数为位置参数。但脚本段中，所有在花括号中的代码都是 -Process 参数的值。所以我们接下来将参数名称包含在内，并更好地格式化，以方便阅读。
- ForEach-Object 将会对于每一个通过管道传输给 ForEach-Object 的对象执行脚本段。每次脚本段执行后，下一个通过管道传输进来的对象都会被置于特殊的 $_ 容器。
- 通过在 $_ 后输入一个"."，告诉 Shell 我们需要访问当前对象的属性或方法。

■　在示例中，我们访问 Change() 方法。注意，方法的参数以逗号分隔列表方式
存在，并被包在括号内。我们使用 $null 作为我们不希望变更的参数传入，并
将新密码作为第 8 个参数。该方法可以接受更多参数，但由于我们不希望修改
第 9 个、第 10 个或第 11 个参数，我们可以完全忽视它。（我们也可以将最后三
个参数指定为 $null。）

我们当然传达了一个复杂的语法。图 16.3 将帮助你分解它。

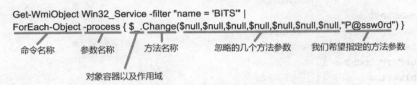

**图 16.3　分解 ForEach-Object Cmdlet**

你可以对 WMI 方法使用完全同样的模式。为什么你从不使用 Invoke-WmiMethod
来替代上面的方法呢？好吧，该命令通常会起作用，并更容易输入和阅读。但如果你更
倾向于只记住一种方式，那就是 ForEach-Object 方式。

我们不得不警告你，在网上看到的示例可能或更难以阅读。PowerShell 专家更倾向
于使用别名、位置参数以及最短的参数名称，这会降低可读性（但节省输入）。下面是
同样的命令，但以最短的形式。

```
PS C:\> gwmi win32_service -fi "name = 'BITS'" |
➥ % {$_.change($null,$null,$null,$null,$null,$null,$null,"P@ssw0rd") }
```

让我们查看一下我们所做的变更。

■　我们使用 Gwmi 而不是 Get-WmiObject。
■　我们将 -filter 简写为 -fi。
■　我们使用 % 这个别名代替 ForEach-Object。是的，百分号符号是该 Cmdlet
的别名。我们发现该别名难以阅读，但很多人这么用。
■　我们再次删除了 -Process 的参数名称，这是由于该参数是位置参数。

在博客或其他地方分享脚本时，我们并不喜欢使用别名和简写的参数名称。这是由
于该方法使得其他人难以阅读。如果你将一些代码存入脚本，花费一些时间将代码输入
完整是值得的（或者使用 Tab 自动补全功能让 Shell 帮你输入）。

如果你希望使用本例，下面是一些你希望改变的地方（见图 16.4）。

■　你或许希望改变 WMI 名称或者过滤条件，以取得你希望取得的 WMI 对象。
■　你可以将方法名称从 Change 修改为你希望执行的方法名称。
■　你可以修改方法的参数（也被称为 "argument"）列表为任何你的方法期望的参数
列表。参数列表总是一个逗号分隔的列表，并包裹在圆括号内。对于没有任何参
数的方法，圆括号内可以为空，比如我们在本章开篇介绍的 EnableDHCP() 方法。

这是否是实现我们目标的最佳方式？通过查看 `Set-Service` 的帮助文档，我们发现该命令并没有提供修改密码的方式，而 `Get-WmiObject` 和 `Get-CimInstance` 这两个命令都可以完成该功能。这使得我们可以做出总结：即使是 PowerShell v3，对于这个任务，WMI 依然是一种值得使用的方式。

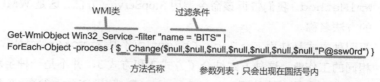

图 16.4　可以对之前示例所做的变更，以便执行不同的 WMI 方法

# 16.5　常见误区

我们本章中所涵盖的技术是 PowerShell 中最难的技术，这些技术是在我们班级中导致最多困惑的技术。让我们来看一些学生们经常遇到的问题，并提供一些替代的阐述方式。我们希望能够帮助你避免同样的问题。

## 16.5.1　哪一种是正确的方式

我们使用术语"批处理 Cmdlet"或"行为 Cmdlet"指代一个针对一组对象或对象集合操作的 Cmdlet。你可以将一组对象发送给 Cmdlet 并由 Cmdlet 对循环进行处理，而不是指示计算机"遍历列表中的东西，并对列表中的每一个东西执行某些行为"。

微软在其产品中提供这类 Cmdlet 方面做得越来越好，但并没有 100%覆盖所有功能（很可能以后很多年也覆盖不了，这是由于存在大量复杂的微软产品）。但当存在一个我们所需的 Cmdlet 时，我们更倾向使用 Cmdlet。即便如此，其他 PowerShell 的开发人员根据他们先学到的和他们更容易记住的倾向于选择其他替代办法。下面所有的命令实现的功能完全相同。

```
Get-Service -name *B* | Stop-Service                              ←❶ 批处理 Cmdlet
Get-Service -name *B* | ForEach-Object { $_.Stop() }              ←❷ ForEach-Object
Get-WmiObject Win32_Service -filter "name LIKE '%B%'" |←❸ WMI
➥Invoke-WmiMethod -name StopService
Get-WmiObject Win32_Service -filter "name LIKE '%B%'" |←
➥ForEach-Object { $_.StopService() }
                                                      ❹ WMI 和 ForEach-Object
Stop-Service -name *B*                                ←❺ Stop-Service
```

让我们来看一下每种方式的工作机制。

- 第一种方式是使用批处理 Cmdlet❶。这里，我们使用 `Get-Service` 获取所有名称包含"B"的服务，并停止这些服务。

- 第二种方式类似。但使用 ForEach-Object 替代批处理 Cmdlet，并要求每个服务执行 Stop() 方法❷。
- 第三种技术是使用 WMI，而不是 Shell 的原生管理 Cmdlet❸。我们接收到需要的服务（也就是名称包含字母 "B" 的服务），并通过管道传递给 Invoke-WmiMethod。我们告诉该命令调用 StopService 方法，这是 WMI 服务对象使用的方法名称。
- 第四种方式是使用 ForEach-Object 而不是 Invoke-WmiMethod 实现完全相同的工作❹。这种方式结合了方式 2 和方式 3，并不是一种全新的方式。
- 第五种方式是直接使用 Stop-Service❺，但其 -Name 参数（在 PowerShell v3）接受通配符。

其实还有第六种方式——使用 PowerShell 的脚本语言完成工作。你将会发现 PowerShell 中每一项工作都可以使用多种方式完成，且没有哪一种方式是错误的。某些方式比其他方式更易于学习、记忆以及重复，这也是为什么我们按照所做的顺序关注我们可以使用的技术。

我们的例子还阐述了使用原生 Cmdlet 和 WMI 的重要区别。

- 原生 Cmdlet 过滤条件通常使用 "*" 作为通配符，而 WMI 过滤使用百分比符号（%）——请不要将百分比符号和 ForEach-Object 别名搞混。这个百分比符号封装在 Get-WmiObject 的 -filter 参数内，它并不是一个别名。
- 原生对象通常和 WMI 有同样的功能，但语法或许会有不同。在本例中，由 Get-Service 产生的 ServiceController 对象有 Stop() 方法；而我们通过 WMI 的 Win32_Service 类访问同样的对象时，方法名称变为 StopService()。
- 原生过滤通常使用原生的比较操作符，比如说 -eq；WMI 使用类似编程语言风格的操作符，比如说=或者 Like。

我们该使用哪一种方式?这无所谓，因为并没有一种所谓 "对" 的方式。你甚至会根据环境以及 Shell 能够提供给你的功能混合使用这两种方式。

## 16.5.2  WMI 方法与 Cmdlet 对比

你何时该使用 WMI 方法或 Cmdlet 来完成一个任务呢?这个选择十分简单。

- 如果你通过 Get-WmiObject 获取对象，你将需要通过使用 WMI 方法来执行行为。你可以使用 Invoke-WmiMethod 或 ForEach-Object 方式执行方法。
- 如果你通过非 Get-WmiObject 的方式获取对象，你将需要对获取到的对象使用原生 Cmdlet。除非你获取到的对象只有方法而没有能够完成任务所需的 Cmdlet，你可能会使用 ForEach-Object 方式执行方法。

注意，到这里的最低标准是 `ForEach-Object`：它的语法或许是最难的，但你可以使用它完成几乎所有你需要完成的工作。

无论何时都无法将任何对象通过管道传递给一个方法。你只能利用管道将一个 Cmdlet 产生的对象传递给另一个 Cmdlet。如果完成任务所需的 Cmdlet 不存在，但存在这样的方法，那么你就可以将其通过管道传递给 `ForEach-Object` 并执行对象的方法。

例如，假设你通过 `Get-Something` 这个 Cmdlet 获取到对象，你希望删除这些对象，但不存在 `Delete-Something` 或 `Remove-Something` 这样的 Cmdlet。但该对象包含 **Delete** 方法，那么你就可以这么做。

```
Get-Something | ForEach-Object { $_.Delete() }
```

### 16.5.3 方法文档

请记住，通过管道将对象传递给 Get-Member，可以查看该对象包含的方法。我们在此使用 `Get-Something` 这个 Cmdlet 作为示例。

```
Get-Something | Get-Member
```

PowerShell 的内置帮助系统并未记录 WMI 方法的文档。你需要使用搜索引擎（通常搜索 WMI 类的名称）来找到 WMI 方法的指南和示例。你也无法在 PowerShell 内置的帮助系统中找到非 WMI 对象的文档。比如说，如果你获取一个服务对象的成员列表，你将会发现存在名称为 `Stop` 和 `Start` 的方法。

```
TypeName: System.ServiceProcess.ServiceController

Name                       MemberType     Definition
----                       ----------     ----------
Name                       AliasProperty  Name = ServiceName
RequiredServices           AliasProperty  RequiredServices = ServicesDepe...
Disposed                   Event          System.EventHandler Disposed(Sy...
Close                      Method         System.Void Close()
Continue                   Method         System.Void Continue()
CreateObjRef               Method         System.Runtime.Remoting.ObjRef ...
Dispose                    Method         System.Void Dispose()
Equals                     Method         bool Equals(System.Object obj)
ExecuteCommand             Method         System.Void ExecuteCommand(int ...
GetHashCode                Method         int GetHashCode()
GetLifetimeService         Method         System.Object GetLifetimeService()
GetType                    Method         type GetType()
InitializeLifetimeService  Method         System.Object InitializeLifetim...
Pause                      Method         System.Void Pause()
Refresh                    Method         System.Void Refresh()
```

| Start | Method | System.Void Start(), System.Voi... |
| Stop | Method | System.Void Stop() |
| ToString | Method | string ToString() |
| WaitForStatus | Method | System.Void WaitForStatus(Syste... |

如果希望找到该对象的文档，请重点关注 TypeName，在本例中也就是 System. Service Process.ServiceController。在搜索引擎中搜索完整的类型名称，你通常可以找到完整的官方开发文档，并可以根据文档找出你所需的特定方法的文档。

### 16.5.4  ForEach-Object 相关误区

ForEach-Object 这个 **Cmdlet** 的语法中包含大量标点符号，再加上方法自带的语法，会导致出现难以阅读的命令行。我们准备了一些小技巧帮你打破僵局。

■  多使用 ForEach-Object 的完整名称,而不是使用%或 ForEach 这样的别名。完整名称更易于阅读。如果你使用别人写的示例，请将别名替换为完整名称。

■  花括号内的代码段对于每一个通过管道传入的对象执行一次。

■  在代码段内，$_代表通过管道传入的对象之一。

■  使用$_本身控制所有通过管道传入的对象；使用$_后的加 "." 控制单独的方法或属性。

■  即使方法不需要任何参数，方法名称之后也总是跟随圆括号。当需要参数时，通过逗号将参数分隔放在括号内。

## 16.6  动手实验

**注意**：对于本次动手实验来说，你需要运行 PowerShell v3 或更新版本 PowerShell 的计算机。

尝试回答接下来的问题并完成指定任务。这是一个重要的实验，因为该实验需要利用你在之前章节所学的技巧。随着你读完本书剩下的内容，你还需要不断巩固这些技巧。

1．哪一个 ServiceController 对象（由 Get-Service 产生）的方法将会暂停服务，而不是完全停止服务？

2．哪一个 Process 对象的方法（由 Get-Process 产生）可以终止指定的进程？

3．哪一个 WMI 对象 Win32_Process 的方法将会终结一个给定进程？

4．写 4 个不同命令，利用该命令可以终结所有名称为 "Notepad" 的进程。在此假设多个进程以同样的进程名称运行。

5．假设你有一个计算机名称的文本列表，但希望以大写的方式展示。该使用哪种 PowerShell 表达式。

# 16.7 动手实验答案

1. 找到类似如下的方法：`get-service | Get-Member -MemberType Method`，你应该能够找到 `Pause()` 方法。

2. 找到类似如下的方法：`get-service | Get-Member -MemberType Method`，你应该能够找到 `Kill()` 方法。你可以通过检查该进程对象类型对应的 **MSDN** 文档进行确认。当然你并不应该需要调用方法，这是由于已经存在一个名称为 Stop-Process 的 cmdlet，该 cmdlet 可以实现该功能。

3. 你可以在 **MSDN** 文档中搜索 Win32_Process 类。或者你可以使用 **CIM** 的 cmdlet，这是由于这些 cmdlet 可作用于 **WMI** 用于列出所有可能的方法。

`Get-CimClass win32_process | select -ExpandProperty methods`

无论是哪种方法，你应该都能看到 `Terminate()` 方法。

4. `get-process Notepad | stop-process`

`stop-process -name Notepad`

`get-process notepad | foreach {$_.Kill()}`

`Get-WmiObject win32_process -filter {name='notepad.exe'} | Invoke-WmiMethod -Name Terminate`

5. `Get-content computers.txt | foreach {$_.ToUpper()}`

# 第 17 章　安全警报

现在，你已经知道 PowerShell 是多么强大，但是你也会突然意识到一个问题：这些已存在的强大功能会不会造成一些安全隐患？答案是"可能会"。在本章中，我们会帮助你了解 PowerShell 将如何影响环境的安全，同时会讲解如何配置 PowerShell 才能取得安全和强大功能上的平衡。同时，本章几乎所有的内容都是关于 Windows 版本的 PowerShell；大部分这些功能在 macOS 与 Linux 中都不存在，这是由于这些功能并没有与 macOS 和 Linux 的传统 Shell 体验保持一致。

## 17.1　保证 Shell 安全

自从 2006 年年底 PowerShell 发布以来，微软在安全和脚本方面并没有取得很好的名声。毕竟那个时候，VBScript 和 Windows Script Host(WSH)是两个最流行的病毒和恶意软件的载体，它们经常成为臭名昭著的"I Love You""Melissa"等其他病毒的攻击点。当 PowerShell 团队宣布他们创造了一种新的、能提供前所未有强大的功能与可编程能力的命令行 Shell 语言时，我们认为，警报来临，人们将对这种新的命令行 Shell 避之不及。

但是，没关系。PowerShell 是在比尔·盖茨先生在微软发起的一个"可信赖计算计划"之后才进行开发的。在微软公司内部，该计划产生了很积极的效果：每个产品部门都要求配备一名资深软件安全专家，该专家会参与到设计会议、代码复审等工作中。该专家被称为产品的"安全伙伴"（并不是我们编造的）。PowerShell 产品的"安全伙伴"是经由微软出版的《编写安全代码》（*Writing Secure Code*）的其中一位作者，该书描写了如何编写不易受攻击者利用的软件。我们可以保证 PowerShell 与其他产品一样都是安全的 ——至少默认情况下，都是安全的。当然，你也可以修改这些默认值，但是当你进行操作时，请不要只考虑软件的功能，也要注意安全问题。这也就是本章要帮你完成的事情。

# 17.2　Windows PowerShell 的安全目标

我们需要明确，当谈及安全时，PowerShell 会做什么，又不会做什么；最好的办法是列出一些 PowerShell 的安全目标。

首先，PowerShell 不会给被处理的对象任何额外的权限。也就是说，PowerShell 仅会在你已拥有的权限主体下处理对象。比如，如果通过图形用户界面操作，你没有在活动目录中创建新用户的权限，那么在 PowerShell 中你也无法创建该用户。总体来说，PowerShell 仅仅是你使用当前权限来完成某些操作的一种实现方式而已。

其次，PowerShell 无法绕过既有的权限。比如，想为你的用户部署某个脚本，并希望该脚本能完成某些操作——正常情况下这些用户会由于权限不足无法完成的某些操作，那么该脚本同样不能运行。如果希望用户可以完成某些操作，那么必须给他们赋予对应的权限；PowerShell 仅能完成这些用户凭借现有权限执行命令或者脚本可以完成的工作。

设计 PowerShell 安全系统的目的并不是为了阻止用户在正常的权限下输入并运行某些命令。该思想使得欺骗用户输入很长的、较为复杂的命令变得更加困难，因此 PowerShell 不会应用超过该用户当前拥有的权限之外的安全设置。从过去的经验我们知道，欺骗用户运行一段可能包含恶意代码的命令是非常简单的事。这也就是为什么 PowerShell 的大部分安全设置都被设计为阻止用户运行一些未知的脚本。"意外"这个部分是非常重要的：PowerShell 的安全并不旨在阻止一个已确定用户运行的脚本，只是为了阻止用户被欺骗运行来自不受信任来源的脚本。

> **补充说明**
>
> 下面讲到的内容超出本书范围，但是还是希望你能知道存在其他一些方法可以使得用户在其他凭据（而非自有凭据）下运行某些命令。通常称这种技术为脚本封装。它是一些商业脚本开发环境的一个特性，比如 SAPIEM PrimalScript(www.PrimalTools.com)。
>
> 创建一个脚本之后，你可以使用打包程序将这个脚本放入到一个可执行文件(.EXE)中。这并不是编码学中的编译过程：这个可执行文件并不是独立的，它需要在 PowerShell 安装之后才能执行。你也可以通过配置打包程序，将可用的凭据加密到可执行文件中。这样，如果有人运行该可执行文件，其中的脚本会在指定的凭据下被执行，而不依赖当前用户的凭据。
>
> 当然，被封装的凭据也不是百分之百安全。被封装的文件中都会包含用户名以及对应密码，尽管大部分打包程序都会进行用户及密码的加密。准确地说，针对大部分用户而言，他们都无法发现用户名以及对应的密码；但是针对一个熟练的加密专家来说，破解出用户名以及密码是很简单的一件事。

PowerShell 的安全并不是针对恶意软件的防护。一旦在你的系统上存在恶意软件，那么恶意软件可以做你权限范围内的任何事情。它可能使用 PowerShell 去执行一些恶意命令，也有可能非常轻易地使用多种其他技术损坏你的电脑。一旦在你的系统中存在恶意软件，那么你就被"挟持"了。当然，PowerShell 也并不是第二道防御系统。此时，首先你需要杀毒软件来阻止恶意软件进入你的系统。对大部分人而言，可能忽略这样一个重要的概念：即使恶意软件可能借助 PowerShell 去完成一些危害行为，也不应该将恶意软件问题归咎于 PowerShell。杀毒软件必须阻止恶意软件运行。再次申明，PowerShell 设计出来并不是为了保护一个已经受损的系统。

# 17.3   执行策略和代码签名

　　PowerShell 中第一个安全措施是执行策略。执行策略是用来管理 PowerShell 执行脚本的一种计算机范围的设置选项。正如本章前面所讲，该策略主要用作防止用户被注入，从而执行一些非法脚本。

## 17.3.1   执行策略设置

　　默认设置是 Restricted，该策略会阻止正常脚本的运行。也就是说，默认情况下，你可以使用 PowerShell 进行交互式执行命令，但是你不能使用 PowerShell 执行脚本。如果你尝试执行脚本，你会得到下面的错误。

```
无法加载文件 C:\test.ps1，因为在此系统中禁止执行脚本。有关详细信息，请参阅 "get
-help about_signing"。
所在位置 行:1 字符: 11
+ .\test.ps1 <<<<
    + CategoryInfo          : NotSpecified: (:) [], PSSecurityException
    + FullyQualifiedErrorId :RuntimeException
```

　　你可以通过运行 Get-ExecutionPolicy 命令来查看当前的执行策略。另外，如果你想修改当前的执行策略，可以采用下面 3 种方式之一。

- 运行 Set-ExecutionPolicy 命令。该命令会修改 Windows 注册表中的 HKEY_LOCAL_MACHINE 部分，但是需要在管理员权限下才能执行该命令，因为一般用户没有修改注册表的权限。
- 使用组策略对象（GPO）。从 Windows Server 2008 R2 开始，Windows PowerShell 相关的设置已经包含在内。如果因为某些原因你不得不继续使用老版本的域（我们为你哀悼），可以通过访问网站 http://download.microsoft.com，之后在搜索框中搜索 PowerShell ADM 进行查找。
  如图 17.1 所示，我们可以在"本地计算机策略"→用户配置→管理模板→Windows 组件→Windows PowerShell 中找到 PowerShell 的设置选项。图 17.2 展示了我们将该策略设置为"启用"的状态。当通过组策略对象来配置时，组策略中的设定会覆盖本地的任何设置值。实际上，如果你试图运行 Set-ExecutionPolicy，命令可以正常执行，但是会返回一个警告。该警告会告知由于组策略覆盖的原因，新修改的设定值不会生效。

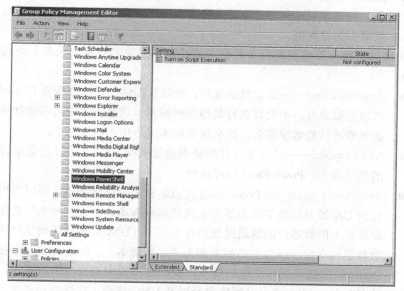

图 17.1　Windows PowerShell 设置在组策略中的位置

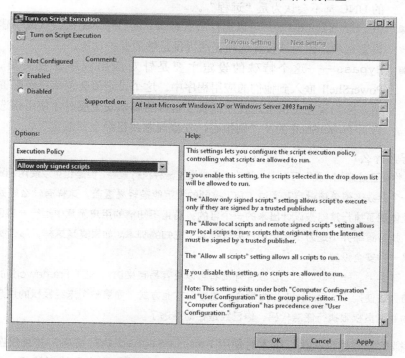

图 17.2　在组策略对象中修改 Windows PowerShell 的执行策略

- 通过手动运行 PowerShell.exe，并且给出 -ExecutionPolicy 的命令行开关参数。如果采用这种方式，那么命令中指定的执行策略会覆盖本地任何设置和组策略中的设置值。

你可以将执行策略设置为 5 种值（请注意：组策略对象中包含下面列表中的 3 个选项）。

- Restricted——这是默认选项，除微软提供的一部分配置 PowerShell 的默认选项的脚本外，不允许执行其他任何脚本。这些脚本中附带微软的数字签名。如果修改这些数字签名，那么这些脚本就再也无法运行了。
- AllSigned——经过受信任的证书颁发机构（CA）设计的数字证书签名之后的任意脚本，PowerShell 均可执行。
- RemoteSigned——PowerShell 可以运行本地任何脚本，同时也可以执行受信任的 CA 签发的数字证书签名之后的远程脚本。"远程脚本"是指存在于远端计算机上的脚本，经常通过通用命名规则（UNC）方式访问这些脚本。我们也会将那些来自于网络上的脚本称为"远程脚本"。Internet Explorer、Firefox 和 Outlook 中提供的可下载的脚本，我们均可视为来自网络的脚本。在某些版本的 Windows 中，会区分网络路径以及 UNC 路径。在这些场景中，本地网络中的 UNC 都不会认为是"远程"。
- Unrestricted——可以运行所有脚本。我们并不是很喜欢或不建议使用这个设置选项，因为该设置选项无法提供足够的保护功能。
- Bypass——这个特殊的设定主要是针对应用程序开发人员，他们会将 PowerShell 嵌入到他们的应用程序中。这个设定值会忽略已经配置好的执行策略，应当仅在主机应用程序提供了自身的脚本安全层时才使用该选项。你最终告诉 PowerShell 的是"别担心，安全问题我已经全部搞定"。

**等等，什么？**

你是否注意到，我们可以在组策略对象中设置一种执行策略，但是也可以使用 PowerShell.exe 的一个参数来覆盖该设定？通过 GPO 控制的设定能被轻易覆盖，这样有什么好处呢？这里主要是体现了执行策略被设计出来的一个目的：防止不知情的用户无意中运行一些匿名脚本。

执行策略并不是为了阻止用户去运行某个已知的脚本。如果真是这样，那么执行策略就不算是一种安全设置。

事实上，一个聪明的恶意软件开发者可以更容易直接访问 .NET Framework 的函数，而不是费力去使用 PowerShell 作为媒介。或是用其他方式，如果一个未经授权的用户拥有你计算机的管理员权限执行任意代码，你已经是在劫难逃了。

微软强烈建议在执行脚本时使用 RemoteSigned 执行策略，并且仅在需要执行脚本的机器上采用该策略。根据微软的建议，其他计算机应当继续保持 Restricted 的执行策略。微软解释道：RemoteSigned 策略在安全性和功能之间取得了较好的平衡；AllSigned 相对更严格，但是它要求所有脚本都需要被数字签名。PowerShell 社区作为一个整体是更开放的，在到底哪种执行策略较优的问题上，存在大量的意见。就当前而言，我们会采纳微软的建议。当然，如果你有兴趣，你可以自己研究该主题。

现在，我们可以深入讨论数字签名的话题了。

**注意**：多个专家，包括微软的一些开发人员，都建议使用 Unrestricted 作为执行策略。他们觉得该功能并没有提供一个安全层，并且你也不应该相信该设置可以将任何危险的行为隔离开。

## 17.3.2 数字代码签名

数字代码签名，简称为代码签名，是指将一个密码签名应用到一个文本文件的过程。签名会显示在文件末端，并且类似下面的形式。

```
<!-- SIG # Begin signature block -->
<!-- MIIXXAYJKoZIhvcNAQcCoIIXTTCCF0kCAQExCzAJBgUrDgMCGgUAMGkGCisGAQQB -->
<!-- gjcCAQSgWzBZMDQGCisGAQQBgjcCAR4wWJgIDAQAABBAfzDtgWUsITrck0sYpfvNR -->
<!-- AgEAAgEAAgEAAgEAAgEAMCEwCQYFKw4DAhoFAAQUJ7qroHx47PI1dIt4lBg6Y5Jo -->
<!-- UVigghIxMIIEYDCCA0ygAwIBAgIKLqsR3FD/XJ3LwDAJBgUrDgMCHQUAMHAxKzAp -->
<!-- YjcCn4FqI4n2XGOPsFq7OddgjFWEGjP1O5igggyiX4uzLLehpcur2iC2vzAZhSAU -->
<!-- DSq8UvRB4F4w45IoaYfBcOLzp6vOgEJydg4wggR6MIIDYqADAgECAgphBieBAAAA -->
<!-- ZngnZui2t++Fuc3uqv0SpAtZIikvz0DZVgQbdrVtZG1KVNvd8d6/n4PHgN9/TAI3 -->
<!-- an/xvmG4PNGSdjy8Dcbb5otiSjgByprAttPPf2EKUQrFPzREgZabAatwMKJbeRS4 -->
<!-- kd6Qy+RwkCn1UWIeaChbs0LJhix0jm38/pLCCOo1nL79E1sxJumCe6GtqjdWOIBn -->
<!-- KKe66D/GX7eGrfCVg2Vzgp4gG7fHADFEh3OcIvoILWc= -->
<!-- SIG # End signature block -->
```

签名中包含了两部分重要信息：一是列出了对脚本签名的公司或者组织；二是包含了对脚本的加密副本，并且 PowerShell 可以解密该副本。要理解这部分信息的工作原理，你需要了解一些背景知识。当然，这部分背景知识也会帮助在你的环境中决定该采用何种安全策略。

在创建一个数字签名之前，你需要拥有一个代码签名的证书。这些证书也被称为第三类证书。这些证书均由商业 CA 签发，比如 Cybertrust、GoDaddy、Thawte、VeriSign 等公司。当然，如果可能的话，你也可以从公司内部的公钥基础设施（PKI）中获取到该证书。正常情况下，第三类证书仅会签发给公司或者组织，而不会发给个人。当然，在公司内部可以签发给个人。在签发证书之前，CA 需要验证接收方的身份——证书类似一种数字识别卡，该卡上列出了持有者的姓名以及其他详细信息。比如，在签发证书给 XYZ 公司之前，CA 需要验证 XYZ 公司的授权代表人提交了该请求。在整个安全体系中，验证过程是其中最重要的环节，你应当仅信任能出色完成验证申请证书的公司身份工作的 CA。如果你对一个 CA 的验证流程不熟悉，那么你不应该信任该 CA。

应当在 Windows 的 IE 属性控制面板（也可以在组策略中配置）中配置信任关系。在该控制面板中，选择 Content 标签页，然后单击 Publishers 按钮。在弹出的对话框中，选择"受信任的根证书颁发机构"标签页。如图 17.3 所示，你可以看到计算机信任的 CA 列表。

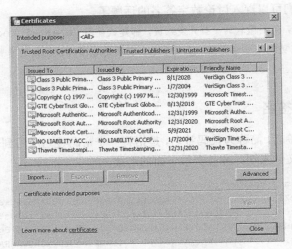

图 17.3　设置计算机的"受信任的根证书颁发机构"选项

当你信任一个 CA 之后，你也会信任该 CA 签发的所有证书。如果有人使用一个证书对恶意脚本进行签名，那么你可以通过该证书去查找该脚本的作者——这也就是为什么已签名的脚本相对于未签名的脚本更加值得"信任"。但是如果你信任一个无法很好验证身份的 CA，那么一个恶意脚本的作者可能会获取一个虚假的证书，这样你就无法使用该 CA 的证书去做追踪。这也就是为什么选择一个受信任的 CA 是如此重要。

一旦你获取了一个三级证书（具体而言，你需要一个包装为带有验证码的证书——通常 CA 会针对不同的操作系统以及不同的编程语言提供不同的证书），之后将该证书安装到本地计算机。安装之后，你可以使用 PowerShell 的 `Set-AuthenticodeSignature` Cmdlet 将该数字签名应用到一段脚本。如果需要查看更详细的信息，你可以在 PowerShell 中执行 `Help About_Signing` 命令。许多商业的脚本开发环境（PowerShell Studio、PowerShell Plus 以及 PowerGUI 等）都可进行签名，甚至可以在你保存一段脚本时进行自动签名，这样使得签名过程更加透明。

签名不仅会提供脚本作者的身份信息，也会确保在作者对脚本签名之后，不会被他人更改。实现原理如下。

（1）脚本作者持有一个数字证书，该密钥包含两个密钥：一个公钥、一个私钥。

（2）当对脚本进行签名时，该签名会被私钥加密。私钥仅能被脚本开发者访问，同时仅有公钥能对该脚本进行解密。在签名中会包含脚本的副本。

（3）当 PowerShell 运行该脚本时，它会使用作者的公钥（包含在签名中）解密该签名。如果解密失败，则说明签名被篡改，那么该脚本就无法被运行。如果签名中的脚本副本与明文文本不吻合，那么该签名就会被识别为损坏，该脚本也无法被运行。

图 17.4 描述了当执行脚本时，PowerShell 处理的整个流程。在该流程中，你可以看到为什么 `AllSigned` 执行策略在某种意义上说更加安全：在该种执行策略下，仅有包含签名的脚本才能被运行，也就意味着，你总是能识别某段脚本的作者。如果需要执行某段脚本，那么就会要求对该脚本进行签名。当然，如果你修改了该脚本，你也就需要对该脚本重新签名（可能稍显烦琐）。

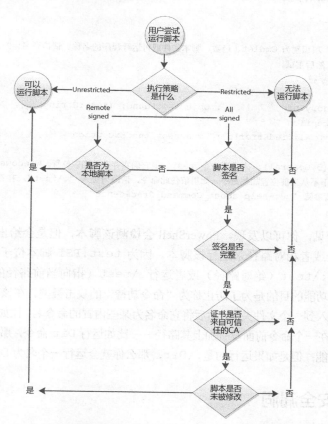

**图 17.4 尝试执行脚本时 PowerShell 的处理流程**

# 17.4 其他安全措施

PowerShell 包含另外两种总是一直有效的重要安全设置。一般情况下，它们应该保持默认值。

首先，Windows 不会将 PS1 文件扩展名（PowerShell 会将 PS1 识别为 PowerShell 的脚本）视为可执行文件类型。双击打开 PS1 文件，默认会使用记事本打开进行编辑，而不会被执行。该配置选项会保证即使 PowerShell 的执行策略允许执行该脚本时，用户也不会在不知晓的情况下运行某段脚本。

其次，在 Shell 中不能通过键入脚本名称执行该脚本。Shell 不会在当前目录中搜索脚本，也就是说，如果有一个名为 test.PS1 的脚本，切换到该脚本路径下，键入 test 或者 test.PS1 都不会运行该脚本。

比如下面的例子。

```
PS C:\> test
```

无法将"test"项识别为 Cmdlet、函数、脚本文件或可运行程序的名称。请检查名称的拼写，如果包括路径，请确保路径正确，然后重试。
所在位置行:1 字符:5
+ test<<<<
    + CategoryInfo          : ObjectNotFound: (test:String) [], CommandNo
  tFoundException
    + FullyQualifiedErrorId :CommandNotFoundException

Suggestion [3,General]: 未找到命令 test，但它确实存在于当前位置。Windows PowerSh
ell 默认情况下不从当前位置加载命令。如果信任此命令，请改为键入 ".\test"。有关更
多详细信息，请参阅 "get-help about_Command_Precedence"。
PS C:\>

如你所见，你可以发现，PowerShell 会检测该脚本，但是会给出警告信息：必须通过绝对路径或者相对路径来运行该脚本。因为 test.PS1 脚本位于 C:目录下，所以你可以键入 C:\test（绝对路径）或者运行 .\test（指向当前路径的相对路径）。

该安全功能的目的是为了防止称为"命令劫持"的攻击类型。在该攻击中，它会将一个脚本文件放入到一个文件夹中，然后将它命名为某些内置的命令名，比如 Dir。在 PowerShell 中，如果你在一个命令前面没有加上其路径——比如运行 Dir 命令，那么你很明确运行的这个命令的功能；但是如果运行的是 .\Dir，那么你就会运行一个名为 Dir.PS1 的脚本。

## 17.5  其他安全漏洞

正如本章前面所讨论，PowerShell 的安全主要在于防止用户在不知情的情况下运行不受信任的脚本。没有什么安全措施可以阻止用户向 Shell 手动键入命令或者拷贝一个脚本的全部内容，然后粘贴进 Shell 中（尽管以该种方式运行脚本，可能不会有相同的作用）。恶意脚本很难让用户去手动执行，以及指导用户如何去做，这也就是为什么微软并没有将该种场景作为一个潜在的攻击因素。但是请记住，PowerShell 并不会给予用户额外的权限——用户仅能做权限允许的事情。

某些人可能会通过电话联系用户或者发送邮件方式，让用户打开 PowerShell 程序，然后键入一些命令，最后损坏他们的计算机。但是这些人也可以不通过 PowerShell 而是其他方式去攻击某些用户。说服一个用户打开资源管理器，选择 Program Files 文件夹，然后按键盘上的 Delete 键是非常容易的（当然，视你自己的真实情况，也可能比较困难）。在某些方面，比起让用户执行相同功能的 PowerShell 命令，这会更加容易。

我们会指出这一点，是因为人们总是倾向于对命令行以及其看起来具备无限多的功能及功能延伸感到焦虑不安，但是事实上，你和你的用户如果通过其他方式无法完成某些工作，那么在 PowerShell 中你也是无法完成的。

# 17.6 安全建议

正如前面提到的，微软建议针对需要运行脚本的计算机，将 PowerShell 的执行策略设置为 RemoteSigned。当然，你也可以考虑设置为 AllSigned 或者 Unrestricted。

AllSigned 选项相对来说可能比较麻烦，但是如果采用了下面两条建议，那么该选项会变得更加方便。

- 商业 CA 针对一个代码签名证书，每年最多收费 900 美元。如果你没有一个内部的 PKI 可以提供免费的证书，那么你也可以自己制作。运行 Help About_Signing 可以查询如何获取以及使用 MakeCert.exe，该工具可以用来制作一个本地计算机信任的证书。如果你仅需在本地计算机运行脚本，那么这种方式是较快免费获取一个证书的方式。根据你所使用的 PowerShell 版本，你还可以使用一个名称为 New-SelfSignedCertificate 的 cmdlet，也能完成同样的工作。

- 通过我们上面提及的编辑器去编辑一段脚本，这些编辑器在你每次保存这些脚本时对脚本进行签名。通过这种方式，签名过程更加透明以及自动化，这样对用户来说更加方便。

正如前面所讲，我们都不太建议你去修改.PS1 文件名的关联性。我们曾经看到过某些人修改了 Windows 的一些设置，将.PS1 视为一种可执行文件，也就意味着，你可以通过双击一个脚本来执行它。如果采用这种方式，那么我们就回到使用 VBScript 时的糟糕日子，所以你需要避免该问题。

另外需要指出的是，我们在本书中提供的脚本都没有经过数字签名。这些脚本可能会在不知情的情况下被修改，最后脱离本意。所以在运行这些脚本之前，你应该花费一定的时间去检查它们，理解它们实现的功能，并且确保它们与本书中对应的脚本相吻合（如果可能的话）。我们之所以不对这些脚本进行签名，就是为了让你花费这部分时间来完成这些工作：你应该养成这个习惯，不管该脚本来自于多么受信任的作者，都对那些从网上下载的脚本进行检查。

## 17.7　动手实验

**注意：** 对于本次动手实验来说，你需要运行基于 Windows 的 PowerShell v3 或更新版本
　　　　PowerShell 的计算机。

在本章的动手实验中，你的任务非常简单——正因为如此简单，所以我们并没有提供
一个示例方案。我们需要你通过一些配置选项使得 PowerShell 可以执行脚本。通过
Set-ExecutionPolicyCmdlet，我们建议的值是 RemoteSigned。当然，你也可以
选择 AllSigned 这个值，但是对本书后面章节的动手实验环节来说可能就不太适合了。
你还可以选择 Unrestricted 执行策略。

即便如此，如果在生产环境中使用 PowerShell 工具，也请保证你选择的执行策
略的设定值符合贵公司的安全规则与流程。我们不想你为了本书以及其动手实验而
陷入某种困境。

# 第18章 变量：一个存放资料的地方

前面已经提到过，PowerShell 包含脚本语言，并且在前面几章中已经开始与脚本语言打交道。但是一旦开始编写编程，就需要了解什么是"变量"，所以我们以此作为本章开端。你可以在其他复杂的脚本中使用变量，因此我们也会展示如何在这些地方使用变量。

## 18.1 变量简介

简单来说，变量就是在内存中的一个带有名字的"盒子"。你可以把所有你想存放的东西都放入这个"盒子"中：一个计算机名称、一系列服务的集合、XML 文档等。然后通过名字去访问这个盒子。在访问过程中，可以存放、添加或者从里面检索东西。这些东西是一直驻留在盒子里面的，并且允许你反复使用它们。

PowerShell 并没有对变量有太多限制。比如，你不需要在使用变量前对其进行显式声明或定义。你也可以更改变量值的类型：某个时刻你可能只存储了一个进程在里面，下一时刻又可能存储一系列的计算机名进去。变量甚至可以存储多种不同的东西，比如服务的集合和进程的集合（虽然允许这样做，但是大部分情况下，使用变量的内容还是有讲究的）。

## 18.2 存储值到变量中

PowerShell 中的所有东西——的确是所有东西，都被认为是一个对象。即使一个简单的字符串，比如计算机名，都被当作对象对待。比如，把一个字符串用管道传输到 Get-Member（或者它的别名 Gm），可以看到对象的类型是 "System.String"，并且有很多方法可用（为了节省空间，这里截断了部分输出）。

```
PS C:\> "SERVER-R2" | gm


    TypeName: System.String

Name            MemberType      Definition
----            ----------      ----------
Clone           Method          System.Object Clone()
CompareTo       Method          int CompareTo(System.Object valu...
Contains        Method          bool Contains(string value)
CopyTo          Method          System.Void CopyTo(int sourceInd...
EndsWith        Method          bool EndsWith(string value), boo...
Equals          Method          bool Equals(System.Object obj), ...
GetEnumerator   Method          System.CharEnumerator GetEnumera...
GetHashCode     Method          int GetHashCode()
GetType         Method          type GetType()
GetTypeCode     Method          System.TypeCode GetTypeCode()
IndexOf         Method          int IndexOf(char value), int Ind...
IndexOfAny      Method          int IndexOfAny(char[] anyOf), in...
```

**动手实验**：在你自己的电脑上运行命令，看是否能获取来自于 “**System.String**” 对象的完整的
方法和属性的列表。

　　虽然从技术角度讲字符串是一个对象，但是和其他 Shell 中的东西一样，你会发现
人们更倾向于把它当作一个简单的值。因为大部分情况下，我们关注的是它的值（如前
面提到的 “SERVER-R2”），而不会过多关注从属性中查找信息。也就是说，一个进程
就算很庞大，数据结构很抽象，而你通常只需要处理一些单独的属性，如 VM、PM、Name、
CPU、ID 等。一个字符串是一个对象，但是相比常见的进程，它又显得没那么复杂。

　　PowerShell 允许在一个变量中存储简单的值。你需要定义一个变量，然后使用等号
符（=），用于赋值操作，接下来是变量所需存储的值。下面是例子。

```
PS C:\> $var = "SERVER-R2"
```

**动手实验**：动手运行这些例子，以便你能重现我们的结果。但是需要把服务器名改为本地，
而不是使用 “SERVER-R2”。

　　需要注意的是，美元符（$）并不是变量名称的一部分。在我们的例子中，变量名称
是 “var”。“$” 符号只是告知 Shell 接下来的是一个变量名，并且将要赋值给这个变量。
下面我们看看关于变量及其名称的一些注意事项。

- 变量名称通常包含字母、数字和下划线，最常见的形式是以字母或下划线开头。
- 变量名称可以包含空格，但是名字必须被花括号包住。比如${My Variable}，
  表示一个变量名 “My Variable”。就我个人而言，我不喜欢变量名包含空格，
  因为这会要求更多的输入操作，并且不易阅读。

- 变量不会驻留在 Shell 会话之间。当关闭 Shell 时，所有你创建的变量都会被清除。
- 变量名称可以很长——长到你可以不用考虑它到底能有多长。但是请确保变量名称的可读性。比如，如果你想要把计算机名存入变量，可以使用"computername"作为变量名称。如果变量需要包含一系列的进程，使用"processes"是个不错的选择。
- 除了有 VBScript 背景的人，PowerShell 用户通常不需要使用前缀名来标识变量存放了什么。比如在 VBScript 中，"strComputerName"是常见的变量名称，表示变量存储的是一个字符串（"str"部分）。PowerShell 不在意你是否这样做。同时在大多数社区中，这种习惯也不被认为是好习惯。

如果需要查询变量的内容，可以使用美元符号加上变量名称，像下面的例子所实现的。再次提醒，美元符号只是告诉 Shell 你需要访问的变量内容；紧跟其后的变量名称才是告诉 Shell 你要访问的变量是什么。

```
PS C:\> $var
SERVER-R2
```

你可以在几乎所有地方使用变量来替代值。比如，当使用 WMI 时，你可以选择指定一个计算机名称。该命令类似：

```
PS C:\> get-wmiobject win32_computersystem -comp SERVER-R2

Domain              : company.pri
Manufacturer        : VMware, Inc.
Model               : VMware Virtual Platform
Name                : SERVER-R2
PrimaryOwnerName    : Windows User
TotalPhysicalMemory : 3220758528
```

然后可以使用变量替代该值。

```
PS C:\> get-wmiobject win32_computersystem -comp $var

Domain              : company.pri
Manufacturer        : VMware, Inc.
Model               : VMware Virtual Platform
Name                : SERVER-R2
PrimaryOwnerName    : Windows User
TotalPhysicalMemory : 3220758528
```

顺带说说，var 的确是我们常见的变量名称。我们认为使用"computername"是不错的选择，但是在一些特殊地方，将会重复使用$var 作为变量名称，所以这里还是保持使用 var。但不要因为这个例子使你放弃使用有意义的名字作为变量名称。

下面将从赋值给变量$var 开始，但我们可以在任意时刻修改该变量的值。

```
PS C:\> $var = 5
PS C:\> $var | gm


   TypeName: System.Int32
Name          MemberType Definition
----          ---------- ----------
CompareTo     Method     int CompareTo(System.Object value), int CompareT...
Equals        Method     bool Equals(System.Object obj), bool Equals(int ...
GetHashCode   Method     int GetHashCode()
GetType       Method     type GetType()
GetTypeCode   Method     System.TypeCode GetTypeCode()
ToString      Method     string ToString(), string ToString(string format...
```

在前面的例子中，我们把一个数值放入$var，然后把$var 与 Gm 用管道相连接。可以看到，Shell 把$var 的内容识别成 System.Int32，或一个 32 位数值。

## 18.3　使用变量：关于引号有趣的技巧

前面我们一直在讨论变量，是时候涵盖一个完整的 PowerShell 特性了。关于这一点，我们已经在书中建议过，使用单引号包住字符串。因为 PowerShell 会把所有包在单引号中的东西认为是一个文本字符串。如下面的例子。

```
PS C:\> $var = 'What does $var contain?'
PS C:\> $var
What does $var contain?
```

在前面的例子中可以看到，在单引号包含部分中的$var 被认为是一个文本字符。
但是在双引号中又是另外一番情景。看看下面的技巧。

```
PS C:\> $computername = 'SERVER-R2'
PS C:\> $phrase = "The computer name is $computername"
PS C:\> $phrase
The computer name is SERVER-R2
```

我们首先把"SERVER-R2"存入变量"$computername"。然后在变量$phrase 中存储""The computer name is $computername""，这里使用的是双引号。PowerShell 自动在双引号中搜索美元符，然后用变量的值替换所有被找到的变量。因为这里展示的是$phrase 的内容，所以$computername 变量被"SERVER-R2"替代。

这种替代操作仅发生在 Shell 初次解析字符串时。此时，$phrase 包含的是"The computer name is SERVER-R2"——它并没有包含"$computername"字符串。可以通过修改$computername 的内容检查$phrase 是否自己更新。

```
PS C:\> $computername = 'SERVER1'
PS C:\> $phrase
The computer name is SERVER-R2
```

可以看到，$phrase 变量依旧保存原有的值。

关于 PowerShell 双引号的另外一个窍门是转义字符。这个字符是重音符（`），在美式键盘左上角的部分，通常在 Esc 键的下方，与波浪符（~）在同一个键上。使用重音符的问题是，在某些字体中，很难区分单引号。实际上，我们常常使用 Consolas 字体，因为它与 Lucida Console 或 Raster 字体相比更容易区分重音符。

**动手实验**：单击 PowerShell 窗口左上角的控件，选择属性。在【字体】标签页，选择图 18.1 所示的 Consolas 字体，再单击【OK】按钮。然后输入一个单引号和重音符看是否能区分它们。图 18.1 显示了在我们系统中的样子。你能从中看出区别吗？我相信，使用足够大的字体时是可以的。区分起来有点困难，所以请你选择合适的字体和大小，以便你可以轻易地区分出它们。

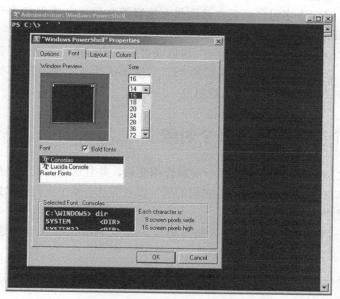

图 18.1　设置字体以便更容易区分单引号和重音符

下面来看看转义字符的作用。它消除了任何在转义符之后有特殊意义字符的含义，或在某些情况下增加了字符的特殊意义。下面示例展示消除特殊含义的用法。

```
PS C:\> $computername = 'SERVER-R2'
PS C:\> $phrase = "`$computername contains $computername"
PS C:\> $phrase
$computername contains SERVER-R2
```

当我们把字符串赋给 $phrase 时，我们使用了两次$computername。第一次，我们在美元符前使用了重音符。这样去除了美元符在变量中的特殊意义，并把它当作字符中的美元符。从前面的输出中可以看出，在最后一行，$computername 是存储在变量中的。在第二次时，没有使用重音符，所以$computername 被变量值替换掉。

下面来看一个第二种使用重音符的例子。

```
PS C:\> $phrase = "`$computername`ncontains`n$computername"
PS C:\> $phrase
$computername
contains
SERVER-R2
```

仔细检查，你会发现我们在语句中使用了两次`n——一个在第一个$computername 后，另外一个在 contains 后。在该示例中，重音符的存在用于添加特殊功能。一般来说，"n"是一个字母，但是在前面带有重音符之后，它就变成了一个回车与换行符（n 是 new line 的意思）。

运行"help about_escape"可以获得更多的信息，它包含了其他关于特殊转义符的列表。你可以尝试使用转义后的"t"实现 tab 功能，或者使用转义后的"a"使机器发出响声（a 是 alert，警报的意思）。

## 18.4   在一个变量中存储多个对象

在此之前，我们都是针对单一对象介绍变量，并且这些变量都是简单的值。我们都是直接操作这些对象本身而不是它们的属性或者方法。现在我们尝试把一堆对象放入一个单一变量中。

其中一种方式是使用逗号分隔符列表，因为 PowerShell 认为这些列表是对象的集合。

```
PS C:\> $computers = 'SERVER-R2','SERVER1','localhost'
PS C:\> $computers
SERVER-R2
SERVER1
Localhost
```

请留心观察上面的例子，逗号是放在单引号之外。如果把这些逗号放在单引号之内，会变成一个包含逗号和 3 个计算机名称的单一对象。通过我们的方法，可以得到 3 个独立对象，它们的类型均为字符串类型。正如你所看到的，当我们检查变量的内容时，PowerShell 会把每个对象分别以单行展示。

## 18.4.1　与多值单一变量的单一对象交互

你可以在某一时刻访问多值单一变量（一个变量存储多个值）的独立元素，只需在中括号中指定你要访问的对象的索引号即可。该编号从 0 开始，第二个值的索引号为 1，以此类推。你还可以使用-1 这个索引号来访问对象的最后一个值，-2 为倒数第二个值，等。比如：

```
PS C:\> $computers[0]
SERVER-R2
PS C:\> $computers[1]
SERVER1
PS C:\> $computers[-1]
localhost
PS C:\> $computers[-2]
SERVER1
```

变量本身有一个属性可以查看其中包含多少个对象。

```
PS C:\> $computers.count
3
```

你同样可以访问变量内部对象的属性和方法，就像变量自身的属性和方法一样。首先，针对只有单一对象的变量。

```
PS C:\> $computername.length
9
PS C:\> $computername.toupper()
SERVER-R2
PS C:\> $computername.tolower()
server-r2
PS C:\> $computername.replace('R2','2008')
SERVER-2008
PS C:\> $computername
SERVER-R2
```

在前面的例子中，我们使用了本章前面创建的变量$computername。你是否还记得该变量包含了一个类型为 System.String 的对象，并且在 18.2 节中已经通过与 Gm 进行管道传输后得到关于这个类型的属性和方法的完整列表。在这里，我们使用了 Length、ToUpper()、ToLower() 和 Replace() 方法。在每一个例子中，即使 ToUpper() 和 ToLower() 都不要求括号中出现任何值，但是我们也要在方法名称之后使用括号。同时可以看到这些方法都没有修改变量中的任何事物——你可以在示例的最后一行发现这一点。取而代之的是，每个方法都在原有基础上创建了一个新的字符串结果，看上去就好像方法对原始字符串进行了修改。

## 18.4.2　与多值单一变量的多个对象交互

当一个变量包含了多个对象，处理步骤变得稍微有点麻烦。即使变量中的每个对象都像前面例子中的$computers 变量那样具有相同的类型，PowerShell v2 也不允许你同时针对多个对象调用一个方法或者访问一个属性。如果你非要尝试，会收到报错信息。

```
PS C:\> $computers.toupper()
Method invocation failed because [System.Object[]] doesn't contain a metho
d named 'toupper'.
At line:1 char:19
+ $computers.toupper <<<< ()
    + CategoryInfo          : InvalidOperation: (toupper:String) [], Runt
   imeException
    + FullyQualifiedErrorId : MethodNotFound
```

替代方案是，你必须指定变量中你期望操作的那个对象，然后访问它的属性或执行一个方法。

```
PS C:\> $computers[0].tolower()
server-r2
PS C:\> $computers[1].replace('SERVER','CLIENT')
CLIENT1
```

再次提醒，这些方法会产生新的字符串结果，而不会更改变量中的原有值。用下面的方式可以测试。

```
PS C:\> $computers
SERVER-R2
SERVER1
Localhost
```

如果你希望修改变量中的内容，该怎么办呢？你必须为现有对象赋予新值。

```
PS C:\> $computers[1] = $computers[1].replace('SERVER','CLIENT')
PS C:\> $computers
SERVER-R2
CLIENT1
Localhost
```

从例子中可以看出已修改变量中的第二个对象，而不是产生一个新的字符串。我们在这里提出的这个例子仅在安装了 PowerShell v2 的电脑上才有效；而这种行为已经在 v3 中得到改变，我们将会在后面介绍。

### 18.4.3  与多个对象交互的其他方式

我们将会介绍在包含多个对象的单个变量中与它们的属性和方法交互的两种选项。在前面的例子中，仅仅执行了变量中单个对象的方法。如果你想要变量中的每个对象都执行 ToLower() 方法，并把结果存储回去，你可以像这样执行。

```
PS C:\> $computers = $computers | ForEach-Object { $_.ToLower() }
PS C:\> $computers
server-r2
client1
localhost
```

该示例稍微有些复杂，所以我们在图 18.2 中把它分解。首先，$computers =与管道相连，意味着管道的输出将会被存储在变量中。这些结果将会被覆盖以前变量的所有值。

图 18.2  使用 "ForEach-Object" 方法执行在变量中包含的每个对象上

管道从$computers 开始，并传输到 "ForEach-Object"。该 Cmdlet 会枚举管道中的所有对象（这里总共有 3 个计算机名并且是字符串对象），然后执行对应的代码块。在每个代码块中，$_占位符每次都包含一个被管道传进来的对象，然后针对每个对象执行 ToLower() 方法。最后由 ToLower() 产生的字符串对象会被放入管道——然后存入$computers 变量。

你可以使用 "Select-Object" 对属性做类似的事。该示例选择传输到该 cmdlet 每个对象的 length 属性。

```
PS C:\> $computers | select-object length

                                               Length
                                               ------
                                                    9
                                                    7
                                                    9
```

因为属性是数值型，所以 PowerShell 把输出以右对齐的方式展示。

### 18.4.4  在 PowerShell v3 中展现属性和方法

"当一个变量包含多个对象时，不能访问属性和方法" 被证明会让 PowerShell v1 和 v2 用户非常困惑。因此，对于 v3 和后续版本，微软做出重要改变，该变更称之为

"automatic unrolling"。它本质上意味着你现在可以访问一个包含多个对象的变量的属性和方法。

```
$services = Get-Service
$services.Name
```

底层实现中，PowerShell 会意识到你正在尝试访问一个属性。同样，它也知道在 $services 集合中没有一个关于名称的属性——但是集合中的独立对象拥有该属性。所以它隐式枚举，或展现对象，并获取每个对象的名称属性。上面代码等价于：

```
Get-Service | ForEach-Object { Write-Output $_.Name }
```

也等价于：

```
Get-Service | Select-Object -ExpandProperty Name
```

这两种方式是在 v1 和 v2 中不得不用的方式，其工作原理也等于：

```
$objects = Get-WmiObject -class Win32_Service -filter "name='BITS'"
$objects.ChangeStartMode('Disabled')
```

记住，这是在 PowerShell v3 和后续特性中独有的——不要期望这种方式能在旧版本中有效。

# 18.5　双引号的其他技巧

对于双引号，还有一个很酷的技术可用，这个技巧是对变量替换概念的延伸。假设你把一堆服务存入$service 变量。现在你只想把第一个服务名称放入一个字符串。

```
PS C:\> $services = get-service
PS C:\> $firstname = "$services[0].name"
PS C:\> $firstname
AeLookupSvc ALG AllUserInstallAgent AppIDSvc Appinfo AppMgmt AudioEndpoint
Builder Audiosrv AxInstSV BDESVC BFE BITS BrokerInfrastructure Browser bth
serv CertPropSvc COMSysApp CryptSvc CscService DcomLaunch defragsvc Device
AssociationService DeviceInstall Dhcp Dnscache dot3svc DPS DsmSvc Eaphost
EFS ehRecvr ehSched EventLog EventSystem Fax fdPHost FDResPub fhsvc FontCa
che gpsvc hidserv hkmsvc HomeGroupListener HomeGroupProvider IKEEXT iphlps
vc KeyIso KtmRm LanmanServer LanmanWorkstation lltdsvc lmhosts LSM Mcx2Svc
 MMCSS MpsSvc MSDTC MSiSCSI msiserver napagent NcaSvc NcdAutoSetup Netlogo
n Netman netprofm NetTcpPortSharing NlaSvc nsi p2pimsvc p2psvc Parallels C
oherence Service Parallels Tools Service PcaSvc PeerDistSvc PerfHost pla P
lugPlay PNRPAutoReg PNRPsvc PolicyAgent Power PrintNotify ProfSvc QWAVE Ra
sAuto RasMan RemoteAccess RemoteRegistry RpcEptMapper RpcLocator RpcSs Sam
Ss SCardSvr Schedule SCPolicySvc SDRSVC seclogon SENS SensrSvc SessionEnv
```

SharedAccess ShellHWDetection SNMPTRAP Spooler sppsvc SSDPSRV SstpSvc stis
vc StorSvc svsvc swprv SysMain SystemEventsBroker TabletInputService TapiS
rv TermService Themes THREADORDER TimeBroker TrkWks TrustedInstaller UI0De
tect UmRdpService upnphost VaultSvc vds vmicheartbeat vmickvpexchange vmic
rdv vmicshutdown vmictimesync vmicvss VSS W32Time wbengine WbioSrvc Wcmsvc
 wcncsvc WcsPlugInService WdiServiceHost WdiSystemHost WdNisSvc WebClient
Wecsvc wercplsupport WerSvc WiaRpc WinDefend WinHttpAutoProxySvc Winmgmt W
inRM WlanSvc wlidsvc wmiApSrv WMPNetworkSvc WPCSvc WPDBusEnum wscsvc WSear
ch WSService wuauserv wudfsvc WwanSvc[0].name

出错了。例子中紧跟$services 的 "[" 符号不是常规文本字符，会引发 PowerShell
尝试替换$services。同时因为这种阻塞，字符串中的[0].name 部分完全没有被替换。

解决方法是将上述命令放入一个表达式。

```
PS C:\> $services = get-service
PS C:\> $firstname = "The first name is $($services[0].name)"
PS C:\> $firstname
The first name is AeLookupSvc
```

在$()中的所有内容都会被当成普通的 PowerShell 命令，结果也被放入字符串中，
替代原有的所有内容。同样，该操作仅在双引号中有效。这种$()结构称为子表达式。

另外，在 PowerShell v3 及后续版本中还有一个很酷的功能。有时候，你需要把更
复杂的内容放入一个变量，然后在引号中显示变量的内容。在 PowerShell v3 及后续版
本中，Shell 能更智能地枚举集合中的所有对象。即使你仅引用一个属性或方法，作用域
集合中所有相同类型的对象中也没问题。比如，我们查询服务的清单并把它们放入
$service 变量中，然后使用双引号仅包含服务名称。

```
PS C:\> $services = get-service
PS C:\> $var = "Service names are $services.name"
PS C:\> $var
Service names are AeLookupSvc ALG AllUserInstallAgent AppIDSvc Appinfo App
Mgmt AudioEndpointBuilder Audiosrv AxInstSV BDESVC BFE BITS BrokerInfrastr
ucture Browser bthserv CertPropSvc COMSysApp CryptSvc CscService DcomLaunc
h defragsvc DeviceAssociationService DeviceInstall Dhcp Dnscache dot3svc D
PS DsmSvc Eaphost EFS ehRecvr ehSched EventLog EventSystem Fax fdPHost FDR
esPub fhsvc FontCache FontCache3.0.0.0 gpsvc hidserv hkmsvc HomeGroupListe
ner HomeGroupProvider IKEEXT iphlpsvc KeyIso KtmRm LanmanServer LanmanWork
station lltdsvc lmhosts LSM Mcx2Svc MMCSS MpsSvc MSDTC MSiSCSI msiserver M
SSQL$SQLEXPRESS napagent NcaSvc NcdAutoSetup Netlogon Netman netprofm NetT
cpPortSharing NlaSvc nsi p2pimsvc p2psvc Parallels Coherence Service Paral
lels Tools Service PcaSvc PeerDistSvc PerfHost pla PlugPlay PNRPAutoReg PN
RPsvc PolicyAgent Power PrintNotify ProfSvc QWAVE RasAuto RasMan RemoteAcc
ess RemoteRegistry RpcEptMapper RpcLocator RpcSs SamSs SCardSvr Schedule S
CPolicySvc SDRSVC seclogon SENS SensrSvc SessionEnv SharedAccess ShellHWDe
```

这里截断了一部分输出结果以便节省空间，但是我们希望你能理解这种思想。显然，这些可能并不是你希望查询的结果。但是从前面提到的子表达式和这里的例子中，你应该能得到一些启示。

## 18.6　声明变量类型

目前为止，我们仅仅把对象存入变量并让 PowerShell 指出我们正在使用对象的类型。这是由于 PowerShell 不在乎你放入变量中的对象是什么类型，但是我们在意。

比如，假设你有一个变量希望用于存储一个数值，准备用于一些算术运算，并期待用户输入一个数值。请看下面的例子，你可以直接在命令行中输入数值。

```
PS C:\> $number = Read-Host "Enter a number"
Enter a number: 100
PS C:\> $number = $number * 10
PS C:\> $number
100100100100100100100100100100
```

**动手实验**：目前为止，我们没有提到"Read-Host"——我们将把它放到下一章介绍——但是如果你跟着做实验，它所实现的功能显而易见。

见鬼，为什么 100 乘以 10 会得出 100100100100100100100100100100？这是什么数字？

如果你观察力敏锐，你可以发现，PowerShell 并没有把我们的输入当作数值，而是把它当作字符串。PowerShell 只是把 100 这个字符串重复了 10 次，而不是把 100 乘以 10。所以结果就是把字符串 100 在一行中列了 10 次。

我们可以用下面的方式验证。

```
PS C:\> $number = Read-Host "Enter a number"
Enter a number: 100
PS C:\> $number | gm


   TypeName: System.String

Name          MemberType          Definition
----          ----------          ----------
Clone         Method              System.Object Clone()
CompareTo     Method              int CompareTo(System.Object valu...
Contains      Method              bool Contains(string value)
```

通过把$number 用管道传输到 Gm 中，可以看出 Shell 把它视为 System.String，而不是 System.Int32。对于该问题有很多解决方法，我们将介绍其中最简单的一种。

首先，告诉 Shell 知道$number 变量应该存储一个整型，强制 Shell 把值转换成一个整型。如下面的例子，通过在变量首次使用前使用[]，明确定义一个数据类型"int"实现。

```
PS C:\> [int]$number = Read-Host "Enter a number"        ←  强制类型
Enter a number: 100
PS C:\> $number | gm                                     ❶ 转换成[int]


    TypeName: System.Int32                               ←  确认变量的
Name           MemberType Definition                     ❷ 数据类型是 Int32
----           ---------- ----------
CompareTo      Method     int CompareTo(System.Object value), int CompareT...
Equals         Method     bool Equals(System.Object obj), bool Equals(int ...
GetHashCode    Method     int GetHashCode()
GetType        Method     type GetType()
GetTypeCode    Method     System.TypeCode GetTypeCode()
ToString       Method     string ToString(), string ToString(string format...
PS C:\> $number = $number * 10    ❸ 确认变量的
PS C:\> $number                       数据类型是 Int32
1000                              ←
```

在前面的例子中，我们使用了**[int]**强制$number 仅包含整数❶。在你输入以后，我们把$number 用管道传输到 Gm，验证它的确已经是整型而不是字符串❷。最后我们可以看到，变量的值被认为是数值型并进行了实际乘法运算❸。

使用该技术的另外一个优势是，在 Shell 无法把数据的值转换成数字时，使得 Shell 可以抛出错误，因为$number 仅仅是存储数值的一个容器。

```
PS C:\> [int]$number = Read-Host "Enter a number"
Enter a number: Hello
Cannot convert value "Hello" to type "System.Int32". Error: "Input string
was not in a correct format."
At line:1 char:13
+ [int]$number <<<< = Read-Host "Enter a number"
    + CategoryInfo          : MetadataError: (:) [], ArgumentTransformati
  onMetadataException
    + FullyQualifiedErrorId : RuntimeException
```

这是一个防止后续问题的例子，因为你可以确保$number 能存储你希望的值。

除了**[int]**之外，还有很多其他的选择。下面是最常用的一些类型清单。

- **[int]**——整型数字。
- **[single]**和**[double]**——单精度和多精度浮点型数值（小数位部分的数值）。
- **[string]**——字符串。
- **[char]**——仅单个字符（如**[char]**$c='X'）。
- **[xml]**——一个 **XML** 文档。不管你如何解析里面的值，都要确保它包含有效的 **XML** 标记（比如**[xml]**$doc=Get-Content MyXML.xml）。

■　[adsi]——一个活动目录服务接口（ADSI）查询。Shell 会执行查询并把结果
对象存入变量（如[adsi]$user="WinNT:\\MYDOMAIN\Administrator,
user"）。

明确指定变量的对象类型，可以避免在复杂脚本中出现一些严重的逻辑错误。正如
下面的示例所示，一旦你指定了对象类型，PowerShell 会强制它使用该类型，直到重新
显式定义变量的类型。

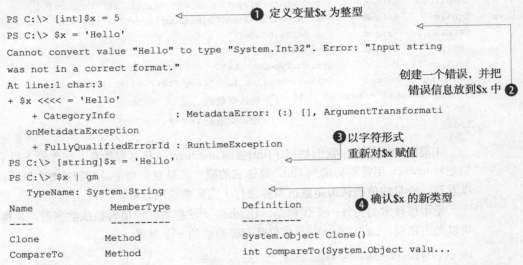

```
PS C:\> [int]$x = 5                           ❶ 定义变量$x 为整型
PS C:\> $x = 'Hello'
Cannot convert value "Hello" to type "System.Int32". Error: "Input string
was not in a correct format."
At line:1 char:3                              创建一个错误，并把
+ $x <<<< = 'Hello'                           错误信息放到$x 中 ❷
    + CategoryInfo          : MetadataError: (:) [], ArgumentTransformati
    onMetadataException
    + FullyQualifiedErrorId : RuntimeException     ❸ 以字符形式
PS C:\> [string]$x = 'Hello'                      重新对$x 赋值
PS C:\> $x | gm

    TypeName: System.String
                                                  确认$x 的新类型
Name          MemberType          Definition      ❹
----          ----------          ----------
Clone         Method              System.Object Clone()
CompareTo     Method              int CompareTo(System.Object valu...
```

在前面的例子中，可以看到，我们首先声明$x 变量为整型❶，并把一个整型值放入
变量。当我们准备把一个字符串放入变量时❷，PowerShell 抛出错误，因为它不能把字
符串转换成整型数值。在后续把变量类型重新声明为字符串后，就可以把字符串放入其
中❸。通过管道把变量传输到 Gm，可以查看变量的类型名称❹。

## 18.7　与变量相关的命令

我们虽然使用了变量，但是目前为止还没有正式地表明我们的意图。PowerShell 不
建议使用高级的变量声明，并且你不能强制声明。（试图去搜寻类似 Option Explicit 的
VBScript 使用者可能会感到沮丧，PowerShell 有类似的 Set-StrictMode，但是并不
完全一样。）但是 Shell 却包含了下面与变量有关的命令。

■　New-Variable

■　Set-Variable

■　Remove-Variable

■　Get-Variable

■　Clear-Variable

...

除了"Remove-Variable"之外，其他命令可能都用不上。该命令对需要删除的变量很有用（你也可以在变量中使用 Del 命令，使其删除该变量）。你可以使用其他功能——创建新的变量、读取变量和配置变量——如使用本章提到过的即席语法（ad hoc syntax）；在大部分情况下，使用这些 Cmdlets 并没有什么特殊的优点。

如果你真的决定使用这些 Cmdlets，需要把变量名称授予对应 Cmdlets 的-name 参数。这里仅需要变量名称——不需要包含美元符。通常只有在操作超出作用域（out-of-scope）变量时，才可能用到这些 Cmdlets。使用这种变量不是好习惯，所以本书不打算讲述该类变量，但是可以使用"help about_scope"来获取更详细的信息。

## 18.8   针对变量的最佳实践

虽然我们前面已经提到过绝大部分的最佳实践，但是还是有必要做一个快速回顾。

■   确保变量名称有意义，但也要简洁。比如$computername 是一个很好的变量名称，因为它清晰、简短，$c 就不是，因为它不具有什么实际意义。变量名称$computer_to_query_for_data 略微长了点儿。虽然它也有意义，但是你希望反反复复地输入它吗？

■   不要在变量中使用空格。虽然你可以这样做，但是这种语法相当不好。

■   如果变量仅包含一类对象，那么在你首次使用变量时，请定义对象类型。这样可以帮助你避免一些常见的逻辑错误，并且当你在商用脚本开发环境中工作时（PrimalScript 也许就是其中一个例子），编辑软件可以在你告诉它变量将包含的对象类型时提供一些提示功能。

## 18.9   常见误区

对于初学者来说，最常见的误区是变量名称。我希望在这一章中已经说得很清楚，但是请记住，美元符并不是变量名称的一部分。它只是让 Shell 知道你想访问变量的内容，而美元符后面的才是变量名称本身。

Shell 有两个用于获取变量名称的解析规则。

■   如果紧随美元符后的字符是一个字母、数字或下画线，则变量名称包含美元符到下一个空白的所有字符（可能是一个空格、Tab 或回车）。

■   如果紧随美元符后的是一个左大括号，则变量名称包含左大括号开始但不包含右大括号之间的所有内容。

## 18.10　动手实验

**注意**：对于本次动手实验来说，你需要运行 PowerShell v3 或更新版本 PowerShell 的计算机。

回到第 15 章，释放后台作业的内存，然后在命令行中执行下面的操作。

1．创建一个后台作业，从两台计算机中查询 Win32_BIOS 信息（如果你只有一台计算机做实验，可以使用两次"localhost"模拟）。

2．当作业运行完毕后，把作业的结果存入一个变量。

3．显示变量的内容。

4．把变量内容导出到一个 CliXML 文件中。

## 18.11　进一步学习

花点时间浏览一下本书的前面章节。设计变量的目的是存储一些你可能需要反复使用的数据。你可以在前面章节中找到变量的用处吗？

比如，在第 13 章中，你已经学到创建一个远程计算机的链接。你在本章中学到的是如何在一个步骤中创建、使用和关闭链接。它不正是在几个命令中创建连接，存入到变量中吗？那只是其中一个使用变量的例子（我们将在第 20 章介绍）。看看你能否找到更多的例子。

## 18.12　动手实验答案

1. PS C:\> invoke-command {get-wmiobject win32_bios} -computername
   localhost,$env:computername -asjob
2. PS C:\>$results=Receive-Job 4 -keep
3. PS C:\>$results
4. PS C:\>$results | export-clixml bios.xml

# 第 19 章　输入和输出

到现在为止，在本书中，我们主要依赖 PowerShell 原生的能力输出表格和列表。当你开始将多个命令整合成更复杂的脚本时，你可能想要更精确地控制展示的结果。你可能也希望能提示用户进行输入。在本章中，你将会学习到如何收集输入以及如何展示期望的输出结果。

但我们希望指出的是，本章的内容只有在与人进行交互时才有用。对于无人值守的脚本，本章内容介绍的技术并不合适，这是由于没有可以交互的人。

## 19.1　提示并显示信息

PowerShell 如何展示信息和进行对应的提示依赖于 PowerShell 运行的方式。你可以看到，PowerShell 作为一种底层的引擎被创建。

与你进行交互的对象称为宿主应用程序。当运行 PowerShell.exe 时，你看到的命令行控制台称为控制台主机。图形化的 PowerShell ISE 通常被称为 ISE 主机或者图形化主机。其他非微软的应用程序也可以调用 PowerShell 的引擎。你与宿主应用程序进行交互，之后宿主应用程序将执行的命令传递给该引擎。宿主应用程序会展现引擎产生的结果集。

图 19.1 说明了 PowerShell 引擎和多种宿主应用程序之间的关系。每个宿主应用程序负责图形化展现引擎产生的任何输出结果，同时负责通过界面收集引擎需要的任何输入信息。也就意味着，PowerShell 可以通过多种方式展现执行结果和收集输入信息。实际上，控制台主机和 ISE 使用不同的方法收集输入信息：控制台主机会在命令行中展现一个文本的提示框，但是 ISE 会弹出一个会话框，该会话框中包含文本区域一个"OK"按钮。

我们希望指出这些差异点，因为有些时候可能会使得初学者非常困惑。为什么一个命令在命令行中的行为与在 ISE 中的行为大相径庭？这是因为你与 Shell 交互的方式由宿主应用程序决定，并不是由 PowerShell 本身决定。我们即将展示给你的命令会显示使用不同的行为，这些行为主要依赖于你在哪里执行这些命令。

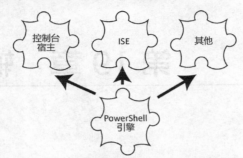

图 19.1　多种应用程序都可以使用 PowerShell 引擎

## 19.2　Read-Host 命令

PowerShell 的 Read-Host Cmdlet 的功能是展示一个文本提示框，然后收集来自用户的输入信息。因为在前一章中，你第一次看到我们使用这个 Cmdlet，所以你会觉得语法比较熟悉。

```
PS C:\> Read-Host "Enter a computer name"
Enter a computer name: SERVER-R2
SERVER-R2
```

该示例突出了 Cmdlet 的两个重要的事实。

- 提示信息的最后添加了一个冒号。
- 用户键入的任何信息都会作为该 Cmdlet 的返回结果（严格来说，键入的信息被放进了管道）。

你经常会将该输入信息传递给一个变量，类似下面这样。

```
PS C:\> $ComputerName=Read-Host "Enter a computer name"
Enter a computer name: SERVER-R2
```

**动手实验**：现在请开始跟着这些示例学习吧。此时，$ComputerName 变量中应该存在一个有效的计算机名称。除非使用的计算机名称是 Server-2，否则请不要使用 Server-2。

正如前面提到的，第 2 版的 PowerShell ISE 会展现一个对话框，而不是直接在命令行中进行提示，如图 19.2 所示。其他的宿主应用程序，比如 PowerGUI、PowerShell Plus 或者 PrimalScript 等脚本编辑器，均使用各自对应的方式执行 Read-Host。请记住，第 3 版的 PowerShell ISE 仅会展示更简单的两个窗格。不像第 2 版的 PowerShell ISE 那样，第 3 版的 PowerShell ISE 会像常规的控制台窗口一样展示一个命令行的提示窗口。

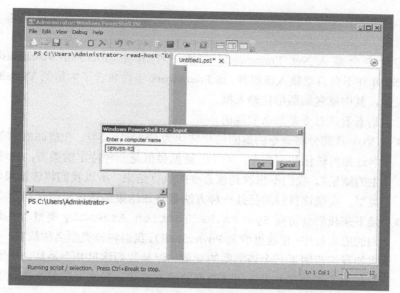

图 19.2 第 2 版的 ISE 会为 Read-Host 命令弹出一个对话框

关于 Read-Host 命令也没什么好再多谈的了：它是一个很有用的 Cmdlet，但是并不是一个让人很兴奋的 Cmdlet。实际上，在大多数课堂中讲解了 Read-Host 命令后，总有人会问我们："是否有其他方法可以始终展现一个图形化的输入框？"很多管理员会给用户部署一些 PowerShell 脚本，但是又不希望用户必须在命令行界面输入信息（毕竟，这并不是很 "Windows 风格"）。我们想说的是可以实现，但是稍微复杂。最终的结果如图 19.3 所示。

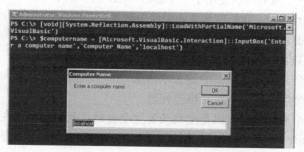

图 19.3 在 Windows PowerShell 中创建一个图形化输入框

为了创建一个图形界面的输入框，你必须借助于 .Net Framework 本身。使用下面的命令。

```
PS C:\> [void][System.Reflection.Assembly]::LoadWithPartialName('Microsoft.
➥VisualBasic')
```

你只需要在某个 PowerShell 会话中执行一次即可，但是即使执行多次，也不会有什么影响。

该命令会载入 .Net Framework 中的一个组件 Microsoft.VisualBasic，实际上 PowerShell 并不会自动载入该组件。该 Framework 组件包含了大量的 VisualBasic 核心的框架元素，其中就包括图形化输入框。

让我们看看该命令是怎么实现的。

- [Void] 部分将命令的返回结果转化为 [Void] 类型。在前面的章节中，你已经学过如何转化整型数据；Void 数据类型是一种特定的类型，意味着"抛弃产生的结果"。我们不想看到该命令的执行结果，所以我们将该结果转化为 Void 类型。实现该目标的另外一种方法是将该结果集通过管道传递给 Out-Null。
- 接下来我们会访问 System.Reflection.Assembly 类型，该类型代表了我们的应用程序（在这里就是 PowerShell）。我们将该类型名称放在一个方括号内，犹如我们申明了一个该类型的变量。但是我们这里并不是真正申明一个变量，而是用了两个冒号来访问该类型的静态方法。静态方法并不依赖于我们创建一个该类型的实例而存在。
- 我们这里使用的静态方法是 LoadWithPartialName()，该方法会接收我们希望添加的 Framework 组件名称。

如果你觉得很难理解，也没关系；你可以照搬该命令，不需要理解它们的原理。一旦该 Framework 组件被载入，你可以通过下面的命令来使用它。

```
PS C:\> $ComputerName = [Microsoft.VisualBasic.Interaction]::InputBox('Enter
➡ a computer name','Computer Name','localhost')
```

在该示例中，我们再次使用了一个静态方法，这一次是 Microsoft.VisualBasic. Inter Action 类型。我们使用前面的命令将其载入到内存中。再次说明，如果你对"静态方法"感到很难理解，也没关系——直接照搬命令即可。

这里你可以修改的地方是 InputBox() 方法的 3 个参数。

- 第一个参数是提示框中的文本信息。
- 第二个参数是提示对话框的标题。
- 第三个参数——可以是空白或者完全省略，是你想显示在输入框中的默认值。

使用 Read-Host 命令可能比前面示例的步骤稍微简单，但是如果你仍然坚持使用对话框，该示例就说明了如何创建该对话框。

## 19.3 Write-Host 命令

既然你可以收集输入信息，那么也会希望了解一些展示返回结果的方法。Write-Host 命令就是其中的一种方法。这并不总是最好的一种方法，但是你可以使用它，并且重要的是，你需要了解它的工作原理。

如图 19.4 所示，Write-Host 会和其他 Cmdlet 一样使用管道，但是它并不会放置任何数据到管道中。相反，它会直接写到宿主应用程序的界面。正因为可以这样做，所以我们可以使用命令行中的 -ForegroundColor 和 -BackgroundColor 参数来将前景和背景设置为其他颜色。

```
PS C:\> Write-Host "COLORFUL!" -Fore Yellow -Back Magenta
COLORFUL!
```

**动手实验**：你需要运行该命令来查看带有色彩的结果集。

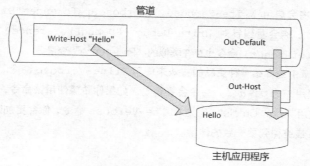

**图 19.4** Write-Host 会绕开管道，直接写到宿主应用程序的显示界面

**注意**：不是每个使用 PowerShell 的应用程序都支持其他颜色，也并不是每个应用程序都支持所有颜色。当你尝试在某个应用程序中设置颜色时，通常会忽略掉不喜欢或者不能显示的颜色。这也是我们需要避免依赖于特定颜色的一个原因。

当需要展示一个特定的信息，比如使用其他颜色来吸引人们的注意力时，你应该使用 Write-Host 命令。但是针对使用脚本或者命令来产生常规的输出结果而言，这并不是一个恰当的方法。还需要记住通过 -Host 命令输出到屏幕的任何东西都无法被捕捉。如果远程执行一个命令，或无人值守命令，-Host 命令可能并不会按照你的预期工作。正如我们在本章开头所写，-Host 命令仅仅用于与人进行直接交互——这部分功能仅仅是 PowerShell 功能中非常小的一个子集。

例如，你永远都不应该使用 Write-Host 命令手动格式化一个表格——你能找到更好的方法来产生输出结果，比如使用那些让 PowerShell 可以实现处理格式化功能的技巧。在本书中我们不会讲到这些技巧，因为它们更多属于较为复杂的脚本以及工具制作领域。但是，你可以通过 *Learn PowerShell Toolmaking in A Month of Lunches* (Manning, 2012) 来学习这些输出技巧的全部知识。针对产生错误信息、警告信息、调试信息等而言，Write-Host 命令也不是最好的方法——再次申明，你可以找到更合适的方法来实现这些功能。当然本书中也会讲到这些。如果你恰当地使用 PowerShell，那么你可能不会多次使用到 Write-Host 命令。

**注意：** 我们经常看到有人使用 Write-Host 命令来显示"温暖和模糊"的信息——比如 "nowconnec ting to Server-2""testing for folder"等。请不要这样做，有更恰当的方法来实现这些功能，就是 Write-Verbose。

---

**补充说明**

我们将在第 22 章中深入讲解 Write-Verbose 以及其他的一些 Write Cmdlet。但是如果你现在尝试使用 Write-Verbose 命令，你可能会很沮丧地发现该命令不会返回任何的结果，准确地说是默认情况下不会返回。

如果你计划使用 Write Cmdlet，诀窍就是首先打开它们。例如，设置$VerbosePreference= "Continue"将会启用 Write-Verbose，$VerbosePreference="SilentlyCon tinue" 会截断其输出。你会看到针对 Write-Debug（$DebugPreference）和 Write-Warning （$WarningPreference）命令也存在类似的 "Preference" 变量。

在第 22 章中会介绍一种更酷的方法来使用 Write-Verbose 命令。

看起来使用 Write-Host 命令会更容易，如果你希望使用该命令，那么也可以。但是请记住，如果使用其他的 Cmdlet，比如 Write-Verbose 命令，你会更加贴近 PowerShell 本身的使用方式，最终得到更一致的体验。

---

# 19.4　Write-Output 命令

与 Write-Host 命令不同，Write-Output 命令可以将对象发送给管道。因为它不会直接写到显示界面，所以不允许你指定其他任何的颜色。实际上从技术来说，Write-Output（或者它的别名 Write）根本不是被设计出来用于展示结果的。正如我们所讲，它将这些对象发送给管道——也就是最终展示这些对象的管道。图 19.5 展现了对应的工作原理。

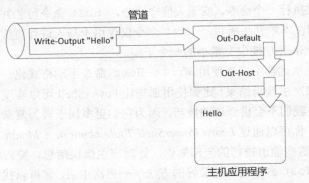

图 19.5　Write-Output 将对象放入管道，在某些情况下，
最终会导致对象被展示出来

快速复习一下第 10 章中的知识点：如何将对象从管道传递给显示界面。下面就是最基本的过程。

（1）Write-Output 命令将 String 类型的对象 Hello 放入到管道中。

（2）因为管道中不存在其他对象，Hello 会到达管道的末端，也就是 Out-Default 命令的位置。

（3）Out-Default 命令将对象传递给 Out-Host 命令。

（4）Out-Host 命令要求 PowerShell 的格式化系统格式化该对象。因为该示例中为简单的 String 对象，所以格式化系统会返回该 String 对象的文本信息。

（5）Out-Host 将格式化的结果集放在显示界面上。

执行的结果类似使用 Write-Host 命令的返回结果，但是该对象通过不同的路径到达最后阶段。该路径是非常重要的，因为在管道中可以包含其他的对象。例如，考虑下面的命令（欢迎你尝试执行该命令）。

```
PS C:\> Write-Output "Hello" | Where-Object { $_.Length -GT 10 }
Hello
```

你并没有看到该命令返回任何结果集，图 19.6 解释了其原因。"Hello" 字符被放进管道。但是在它到达 Out-Default 命令之前，它必须经由 Where-Object 命令，该命令会去除长度（Length）属性小于或者等于 10 的对象。在该示例中，字符对象是 "Hello"，所以此时该对象就会从管道中被筛选掉。由于在管道中不存在任何对象可以被传递给 Out-Default，因此最终也就没有对象传递给 Out-Host 命令，那么也就不会显示任何的信息。

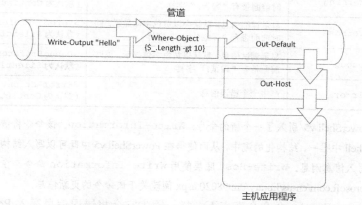

图 19.6　将对象放进管道，也就意味着它们在显示之前可以被过滤掉

将前一个命令与下面的命令进行对比。

```
PS C:\> Write-Host "Hello" | Where-Object { $_.Length -GT 10 }
Hello
```

这里所做的变更只是使用 `Write-Host` 替换了 `Write-Output` 命令。这时，"Hello" 字符会直接被传递给显示界面，而不会进入管道中。`Where-Object` 命令并没有任何传入数据，因此也就不会有任何信息经由 `Out-Default` 和 `Out-Host` 展现出来。但是由于 "Hello" 字符已经被直接传递给显示界面，所以我们仍然可以看到它。

`Write-Output` 命令看起来可能是新学习的命令，但是其实你一直都在使用它。它是 PowerShell 默认使用的一个 Cmdlet。当你通知 PowerShell 去完成某项功能（但是又不是使用命令）时，PowerShell 会在底层将你键入的任意信息传递给 `Write-Output` 命令。

## 19.5　其他输出方式

PowerShell 中也存在其他方法产生输出结果。这些方法都不会像 `Write-Output` 那样向管道写入某些信息，它们看起来更像是 `Write-Host` 命令，但是它们产生的输出可以被隐藏起来。

PowerShell 针对每种输出方法都有对应的内置配置变量。如果配置变量设置为 "Continue"，那么我们即将展示给你的命令就会真正产生输出结果。如果配置变量被设置为 "SilentlyContinue"，那么关联的输出命令就不会产生任何信息。表 19.1 包含了这些 Cmdlet 的列表。

表 19.1　可选的输出 Cmdlet

| Cmdlet | 作用 | 配置变量 |
|---|---|---|
| Write-Warning | 显示警告信息，默认会以黄色字体显示，同时前面带有 "警告:" 字样 | $WarningPreference（默认为 Continue） |
| Write-Verbose | 显示详细信息，默认会以黄色字体显示，同时前面带有 "详细信息:" 字样 | $VerbosePreference（默认为 SilentlyContinue） |
| Write-Debug | 显示调试信息，默认以黄色字体显示，同时前面带有 "调试:" 字样 | $DebugPreference（默认为 SilentlyContinue） |
| Write-Error | 产生一个错误信息 | $ErrorActionPreference（默认为 Continue） |

**注意**：PowerShell v5 引入了一个新的命令：`Write-Information`。该命令将信息写入一个在 Shell 中唯一、结构化的流中，从而使得在 PowerShell v5 中既可以写入结构化数据也可以写入信息消息。`Write-Host` 底层使用 `Write-Information` 命令。在 https://technet. icrosoft.com/en-us/library/dn998020.aspx 阅读关于该命令的更新信息。

`Write-Error` 命令会有点不一样，因为它会将错误信息写入 PowerShell 的错误流中。

另外，PowerShell 还存在一个 Cmdlet `Write-Progress`，该 Cmdlet 可以展示进度条，但是实现原理完全不一样。你可以阅读其帮助文档来获取更多的信息以及示例。本书中不会涉及该命令。

为了使用这些 Cmdlet，首先你需要确保关联的配置变量设置为 "Continue"。（如果上面列表中的两个 Cmdlet 的配置变量保留默认值 SilentlyContinue，你不会看到任何的输出结果。）之后，就可以使用该 Cmdlet 来输出一些信息。

**注意：** 部分 PowerShell 的宿主应用程序会在不同的位置展现这些 Cmdlet 的输出信息。比如在来自 SAPIEN 的 PowerShell Studio 中，调试信息会写入到另外一块输出窗格中，而不是脚本的主输出窗格，这样可以更容易将调试信息独立开来进行分析。在本书中，我们不会深入讲解调试相关的知识，但是如果你感兴趣，可以阅读 PowerShell 帮助文档中该 Cmdlet 对应的部分。

## 19.6 动手实验

**注意：** 对于本次动手实验环节，需要运行 3.0 版本或者之后版本的 PowerShell。

Write-Host 和 Write-Output 命令可能使用起来更为棘手。试试看，你可以完成下面列表中的几个任务。如果无法完成其中某些任务，那么可以参考本章末尾的示例答案。

1. 使用 Write-Output 命令返回 100 乘以 10 的结果。
2. 使用 Write-Host 命令返回 100 乘以 10 的结果。
3. 提示用户输入姓名，然后以黄色字体显示该姓名。
4. 提示用户输入姓名，并且仅当长度大于 5 时才显示该姓名。请使用单行命令完成——不要使用变量。

这就是本章动手实验环节的全部任务。因为这些 Cmdlet 都很简单，我们希望你能自行花更多的时间来测试它们。请保证一定要测试——在接下来的部分，我们会提供一些建议。

**动手实验：** 完成本章节的动手实验环节后，请尝试完成本书附录中的实验回顾 3。

## 19.7 进一步学习

请花费一定的时间来熟悉本章中所有的 Cmdlet。确保你可以通过这些 Cmdlet 显示详细信息，接收输入数据，甚至可以显示图形的输入框。从现在起，你将会使用本章中所讲的 Cmdlet，因此你应该阅读它们对应的帮助文档，甚至简单记下它们的简单语法提示，以便后续查找。

## 19.8 动手实验答案

1. write-output (100*10)

或仅仅输入公式：100*10

2. 下面任何方法都能够生效。

```
$a=100*10
Write-Host $a
Write-Host "The value of 100*10 is $a"
Write-Host (100*10)
```

3. `$name=Read-Host "Enter a name" Write-host $name -ForegroundColor Yellow`

4. `Read-Host "Enter a name" | where {$_.length -gt 5}`

# 第 20 章　轻松实现远程控制

在第 13 章中，我们介绍了 PowerShell 的远程控制功能。其中，你使用了两个用于远程控制的 Cmdlet——Invoke-Command 和 Enter-PSSession——分别用于实现一对一以及一对多的远程控制。这两个命令的工作原理是创建一个远程连接，完成你指定的工作，然后关闭连接。

上面的方式并无不妥，但每次不断指定计算机名称、凭据、备用端口号等是一件非常麻烦的事情。在本章中，我们将发现实现远程控制更加简单、更可重用的方式。你还可以学到使用远程控制的第三种方式。

## 20.1　使得 PowerShell 远程控制更加容易

每次使用 Invoke-Command 或 Enter-PSSession 命令连接远程计算机时，你至少需要指定计算机名称（如果你需要在多台计算机上调用命令，则为多个名称）。根据具体环境的不同，你可能还需要指定备用凭据，这意味着需要提示你输入密码。你或许还需要指定备用端口或身份验证机制，这取决于你的组织如何配置远程控制。

上面的选项并不难，但不断重复输入却让人感到乏味。幸运的是，我们知道一种更好的方法：可重用会话。

## 20.2　创建并使用可重用会话

会话是一个在你的 PowerShell 副本与远程 PowerShell 副本之间的持久化连接。当一个会话处于活动状态时，你的计算机与远程计算机都会划分出一小部分用于维护连接的内存和处理器时间，还有非常少一部分与连接相关的网络流量。PowerShell 维护一个所有已打开的会话列表，你可以使用这些会话调用命令或进入远程 Shell。

你可以通过 New-PSSesion 这个 Cmdlet 创建一个新的会话，指定一个或多个计算机名称。如果需要，还可以指定备用用户名称、端口以及身份验证机制等。结果是一个存在 PowerShell 内存中的会话对象。

```
PS C:\> new-pssession -computername server-r2,server17,dc5
```

通过 Get-PSSession 获取创建好的会话。

```
PS C:\> get-pssession
```

虽然上面的方法可以奏效，但我们更倾向于创建 Session 后立刻将其存入变量。例如，Don 有 3 个基于 IIS 的 Web 服务器，它需要定期通过 Invode-Command 命令配置这些服务器。为了让过程变得简单，它将这些会话存入特定变量。

```
PS C:\> $iis_servers = new-pssession -comp web1,web2,web3
➥ -credential WebAdmin
```

请永远不要忘记这些会话会消耗资源。如果关闭 Shell，那么这些会话也会随之关闭，但如果你不是频繁使用这些会话，那么即使你希望使用同一个 Shell 完成其他任务，手动关闭这些会话也是不错的主意。

使用 Remove-PSSession 这个 Cmdlet 关闭会话。比如说，只关闭连接到 IIS 的会话，可以使用下面的命令。

```
PS C:\> $iis_servers | remove-pssession
```

或者，如果希望关闭所有处于开启状态的会话，使用下面的命令。

```
PS C:\> get-pssession | remove-pssession
```

就是这么简单。

一旦成功建立会话后，你该如何使用这些会话？在接下来几小节中，我们假设你已经创建了一个名称为$sessions 的变量，并至少包含两个会话。我们使用 localhost 和 Server-R2（你应该指定为符合你具体环境的计算机名称）。使用 Localhost 并不是一个语法糖：PowerShell 会开启一个真正指向本机 PowerShell 副本的远程会话。请记住，只有在所有连接到的计算机上都启用了远程控制时，远程连接才会生效。如果还未启用远程控制，请返回第 13 章。

**动手实验**：跟随上面的步骤并运行这些命令，确保使用有效的计算机名称。如果你只有一台计算机，请使用计算机名称和 localhost。

**补充说明**

有一个语法允许你使用一个命令创建多个会话，并将每个会话赋值给对应的变量（而不是像之前的示例，将其全部塞入一个变量）。

```
$s_server1,$s_server2 = new-pssession -computer server-r2,dc01
```

　　　该语法将连接到 Server-R2 服务器的会话存入变量$s_server1,将连接到 DC01 服务器的会话存入$s_server2,这使得独立使用不同的会话变得简单。

　　　但是请小心使用:我们曾见过会话的顺序和计算机名称的顺序不完全一致,导致$s_server1 最终包含连接到 DC01 而不是 Server-R2 的会话。你可以将变量内容显示出来,从而查看会话连接到哪一台计算机。

　　下面的代码用于建立好会话并使其运行。

```
PS C:\> $sessions = New-PSSession -comp SERVER-R2,localhost
```

请记住,我们已经在这些计算机上启用了远程控制,并且这些计算机处于同一个域。如果你希望回忆起如何启用远程控制,请再次查看第 13 章。

## 20.3　利用 Enter-PSSession 命令使用会话

　　回忆第 13 章,Enter-PSSession 命令是用于进入远程计算机一对一的交互式 Shell 所用的命令。该命令的参数可以是一个会话对象,而不是具体的计算机名称。由于$session 变量中包含两个会话对象,我们必须通过索引指定使用其中哪一个会话对象(你在第 18 章中学到过)。

```
PS C:\> enter-pssession -session $sessions [0]
[server-r2]: PS C:\Users\Administrator\Documents>
```

　　可以看到命令提示符已经改变,表示我们已经在控制远程计算机。Exit-PSSession 命令用于帮助我们返回到本地提示符,但远程会话并不会中断,以便于后续使用。

```
[server-r2]: PS C:\Users\Administrator\Documents>exit-pssession
PS C:\>
```

　　或许你很难记起具体哪一个索引号对应哪一个计算机名称。如果是这种情况,你可以利用会话对象的属性进行区分。例如,当我们将$sessions 对象通过管道传递给 Gm 命令时,我们可以得到如下输出结果。

```
PS C:\> $sessions | gm

    TypeName: System.Management.Automation.Runspaces.PSSession
Name                    MemberType     Definition
------                  ------------   ----------
Equals                  Method         bool Equals(System.Object obj)
GetHashCode             Method         int GetHashCode()
GetType                 Method         type GetType()
ToString                Method         string ToString()
ApplicationPrivateData  Property       System.Management.Automation.PSPr...
Availability            Property       System.Management.Automation.Runs...
ComputerName            Property       System.String ComputerName {get;}
```

```
ConfigurationName      Property      System.String ConfigurationName {...
Id                     Property      System.Int32 Id {get;}
InstanceId             Property      System.Guid InstanceId {get;}
Name                   Property      System.String Name {get;set;}
Runspace               Property      System.Management.Automation.Runs...
State                  ScriptProperty System.Object State {get=$this.Ru...
```

在上面的输出结果中，你可以看到会话对象包含一个名为 ComputerName 的属性。这意味着你可以筛选出该会话。

```
PS C:\> enter-pssession -session ($sessions |
➥where { $_.computername -eq 'server-r2' })
[server-r2]: PS C:\Users\Administrator\Documents>
```

这个语法的处境比较尴尬，因为如果你需要使用变量中的一个会话，但记不住其中的会话索引号，或许你会更容易忘记使用变量。

即使你将会话对象存于变量中，这些会话依然被存于 PowerShell 的一个打开会话的主列表中。这意味着你可以通过 Get-PSSession 访问这些会话。

```
PS C:\> enter-pssession -session (get-pssession -computer server-r2)
```

Get-PSSession 将会获取名称为 Server-R2 的计算机，并将其传递给 Enter-PSSession 命令的-Session 参数。

当我们第一次发现这个技巧时，我们非常震惊，但这也让我们更进一步。我们找出 Enter-PSSession 的完整帮助并仔细阅读-Session 参数。下面是我们所看到的。

```
-Session <PSSession>
    Specifies a Windows PowerShell session (PSSession) to use for the
    interactive session. This parameter takes a session object. You can
    also use the Name, InstanceID, or ID parameters to specify a
    PSSession.
    Enter a variable that contains a session object or a command that
    creates or gets a session object, such as a New-PSSession or Get-
    PSSession command. You can also pipe a session object to Enter-
    PSSession. You can submit only one PSSession with this parameter. If
    you enter a variable that contains more than one PSSession, the
    command fails.
    When you use Exit-PSSession or the EXIT keyword, the interactive
    session ends, but the PSSession that you created remains open and a
    vailable for use.
    Required?                    false
    Position?                    1
    Default value
    Accept pipeline input?       true (ByValue, ByPropertyName)
    Accept wildcard characters?  True
```

如果你回想一下第 9 章的内容，你将会发现在帮助末尾的管道输入信息非常有趣。

该信息告诉我们，-Session 参数可以从管道接受一个 PSSession 对象。我们知道 Get-PSSession 命令会生成 PSSession 对象，所以下述语法也可以生效。

```
PS C:\> Get-PSSession -ComputerName SERVER-R2 | Enter-PSSession
[server-r2]: PS C:\Users\Administrator\Documents>
```

该命令的确可以生效。我们认为，就算你已经将所有会话存入一个对象中，使用该方式也是一种更加优雅的获取单个对象的方式。

**提示：** 为了方便，将将会话存入一个变量是可以的。但请记住，PowerShell 已经保存了所有已打开会话的列表；将这些会话存入变量，只有在你需要一次性引用多个会话时才有用，正如你将在下一小节所见的。

## 20.4 利用 Invoke-Command 命令使用会话

Invoke-Command 命令展示了 Session 对象的价值，你习惯于用该命令将一个命令（或一个完整的脚本）并行在多个远程计算机上执行。我们已经将所有的会话存储在 $Session 变量中，我们可以通过下面的命令轻松将多个计算机作为目标。

```
PS C:\> invoke-command -command { get-wmiobject -class win32_process }
➥ -session $sessions
```

注意，我们将一个 Get-WmiObject 命令发送到远程计算机。我们本可以选择使用 Get-WmiObject 命令自带的-computername 参数，但是由于下面 4 个原因，我们没有这么做。

- 远程控制通过一个预定义的端口进行传输，WMI 却不是。远程控制因此针对在防火墙后的计算机更加容易使用，这是由于更容易开启必要的防火墙例外。微软 Windows 防火墙包含必要的状态检测，为 WMI 随机端口选择提供特定的例外，从而使得 WMI 随机端口选择（也就是端点匹配）可以正常工作，但对于其他第三方防火墙产品来说却难以管理。通过远程控制就容易很多，因为只需要将一个端口设为例外。
- 将所有的进程传输到本地费时费力。使用 Invoke-Command 这个 Cmdlet，可以让每一台计算机完成各自的工作，并将结果返回。
- 远程控制并行执行，默认可以连接最多 32 台计算机。WMI 顺序执行，一次只能在一台计算机上执行。
- 我们无法通过 Get-WmiObject 使用我们预定义的会话对象，但可以通过 Invoke-Command 使用。

**注意：** 在 PowerShell v3 中，新的 CIM Cmdlet（比如说 Get-CimInstance）并不像 Get-WmiObject 那样有一个-computerName 参数。新的 Cmdlet 被设计的本意就是，如果希望在远程计算机上执行，请通过 Invoke-Command 将其发送过去。

Invoke-Command 的 -Session 参数也可以通过括号命令提供，正如我们在之前章节对计算机名称所做的那样。举例来说，下面的语句会将命令发送给计算机名称以"loc"开头的已连接会话。

```
PS C:\> invoke-command -command { get-wmiobject -class win32_process }
➥ -session (get-pssession -comp loc*)
```

你或许会期望 Invoke-Command 可以从管道中接收会话对象，就像 Enter-PSSession 命令那样。但通过查看 Invoke-Command 的完整帮助，会发现它并不支持这种使用管道的技巧。很不幸，但之前使用括号表达式的示例可以无需过于复杂的语法提供了同样的功能。

## 20.5　隐式远程控制：导入一个会话

隐式远程控制是对我们来说最酷、最有用的功能之一——可能是在任何操作系统的命令行界面中迄今为止最酷、最有用的功能。但不幸的是，该功能并未记入 PowerShell 文档。当然，那些必要的命令都有良好的文档，但这些必要命令共同汇集在一起形成的这个强大功能却没有在文档中被提及。所幸，我们在本文中对该功能进行了阐述。

让我们重新回顾一下场景：你已经知道微软针对 Windows 和其他产品发行越来越多的模块和插件，但由于各种各样的原因，你无法将这些模块安装在本地计算机上。在 Windows Server 2008 R2 上第一次发行的活动目录（ActiveDirectory）模块就是一个很好的示例：该模块只存在于 Windows Server 2008 R2 以及安装远程服务器管理工具（Remote Server Administration Tools，RSAT）的 Windows 7 上。如果计算机的操作系统是 Windows XP 或 Windows Vista 呢？是否就无法安装了？当然不是，你可以使用隐式远程控制。

让我们通过一个示例来查看完整的过程。

```
PS C:\> $session = new-pssession -comp server-r2      ←❶ 建立连接
PS C:\> invoke-command -command
➥{ import-module activedirectory }                    ←❷ 载入远程控制模块
➥-session $session
PS C:\> import-pssession -session $session
➥-module activedirectory                              ←❸ 导入远程控制命令
➥-prefix rem
ModuleType Name              ExportedCommands
---------- ----              ----------------           ❹ 查看临时本地模块
Script     tmp_2b9451dc-b973-495d... {Set-ADOrganizationalUnit, Get-ADD...
```

下面是本示例的解释。

①　首先，通过与一台装有活动目录模块的远程计算机建立一个会话。我们需要该计算机装有 PowerShell v2 或更新版本（在 Windows Server 2008 R2 以及更新版本的操作系统上），我们必须启用该计算机的远程控制。

② 我们告诉远程计算机导入其本地的活动目录模块。这只是一个示例。我们当然可以选择载入任意模块，甚至是在需要时添加一个 **PSSnapin**。由于会话处于打开状态，该模块将一直在远程计算机上处于被载入状态。

③ 我们接下来告诉我们的计算机从远程会话中导入命令。我们只需要在活动目录模块中的命令，并在每个命令的名词部分加入"rem"前缀。这使得我们可以更容易跟踪远程命令。这还意味着从远程会话导入的命令不会与已经在本地 Shell 中导入的命令冲突。

④ PowerShell 在本地计算机创建一个临时模块，用于代表远程命令。这些命令并不是被复制过来的；PowerShell 为其创建了指向远程计算机的快捷方式。

现在我们就可以运行活动目录模块的命令了，甚至是使用帮助命令。我们使用 `New-remADUser` 来代替 `New-ADUser`，这是由于我们在命令的名词部分添加了前缀"rem"。该命令在我们关闭 Shell 或关闭与远程连接的会话之前一直存在。当我们打开一个新的 Shell 时，我们必须重复上述过程来重新获得访问远程命令的权限。

当我们运行这些命令时，它们并不是在我们本地计算机上执行，而是隐式地在远程计算机上执行。在远程计算机上执行完成后，将结果发送给本地计算机。

我们可以想象出这样一个世界：我们永远不需要在本地计算机安装管理工具，这将避免多少麻烦。今天，你需要在本地操作系统上安装可运行的工具，并与你尝试管理的远程计算机进行通信——这使得几乎不可能匹配所有远程与本地的功能。而在未来，你无须再这么做。你将只需要使用隐式远程控制。服务器将通过 PowerShell 将其管理功能作为一个服务开放出来。

接下来到了坏消息时间：通过隐式远程连接获取到本地计算机的结果是反序列化的结果，这意味着对象的属性将会复制到一个 XML 文件中，以便通过网络进行传输。用这种方式收到的对象不会包含任何方法。在大多数情况下，这并不是一个问题。但你希望以编程的方式使用模块或插件时，这些模块或插件对隐式远程控制的支持就不会那么好了。我们希望该限制不会影响到你，这是由于对方法的依赖违反了一些 PowerShell 的设计实践。如果你用到了这些对象，则无法通过隐式远程控制的方式使用它们。

## 20.6 使用断开会话

PowerShell v3 对远程控制引入了两项提升。

首先，会话不再那么脆弱，意思是在网络闪断或其他传输中断的情况下，会话不会断开。即使在没有显式使用会话对象时，你也可以用到这项提升。即使你在使用类似 `Enter-PSSession` 和它的 -ComputerName 参数时，从技术角度，你也是在底层使用了会话。因此，你获得了更稳定的连接。

在第 3 版中，你必须显式使用的一项功能：断开会话。比如你正在以用户 Admin1（是 Domain Admins 组成员）的身份连接到名称为 Computer1 的计算机上，并创建一个连接到名称为 COMPUTER2 的连接。

```
PS C:\> New-PSSession -ComputerName COMPUTER2

Id Name              ComputerName   State
-- ----------------  -------------- -----
 4 Session4          COMPUTER2      Opened
```

然后你就可以关闭连接。该操作仍然是在 Computer1 上进行的。当你完成该操作后，它会将两台计算机之间的连接断开，但会在 Computer2 上保留一份 PowerShell 的副本。注意，你可以通过指定 Session 的 ID 号完成该操作，该 ID 号会在你第一次创建 Session 时显示。

```
PS C:\> Disconnect-PSSession -Id 4

Id Name              ComputerName   State
-- ----------------  -------------- -----
 4 Session4          COMPUTER2      Disconnected
```

上面的内容值得你深入考虑——你在 COMPUTER2 上保留一份 PowerShell 的副本处于运行状态。因此为其分配一个适用的超时时间就变得很重要。在 PowerShell 早期的版本中，断开连接的 Session 将会被丢弃，所以无须清理工作。在第 3 版中，未被回收的会话可能会导致一些问题，这意味着你必须负责起回收工作。

但最酷的地方在于，我们可以登录到另一台计算机，也就是 COMPUTER3 上，用同样的域账号 Admin1，并获取运行在 COMPUTER2 上的会话列表。

```
PS C:\> Get-PSSession -computerName COMPUTER2

Id Name              ComputerName   State
-- ----------------  -------------- -----
 4 Session4          COMPUTER2      Disconnected
```

非常简单明了，不是吗？如果你以其他用户的身份登录，就无法看到这些会话。即使该身份为管理员，你也只能看到在 COMPUTER2 上创建的会话。既然已经看到了，那么你就可以重新连接。

```
PS C:\> Get-PSSession -computerName COMPUTER2 | Connect-PSSession

Id Name              ComputerName   State
-- ----------------  -------------- -------
 4 Session4          COMPUTER2      Open
```

我们花一些时间讨论和管理这些会话。在 PowerShell 的 WSMAN：Drive，你可以发现大量帮助你管控已断开会话的设置。你还可以通过组策略对大多数配置进行中心化管理。需要寻找的关键设置如下。

在 **WSMan:\localhost\Shell** 下：

■ -IdleTimeout 指定当远程 Shell 中没有用户活动时，远程 Shell 将保持打开状态的最长时间。在指定的时间过后，远程 Shell 将被自动删除。默认值是 2 000 小时，或 84 天。

■ -MaxConcurrentUsers 指定可以在同一计算机上通过远程 Shell 同时执行远程操作的最大用户数。

■ -MaxShellRunTime 指定会话可以打开的最长时间。默认值为无限。请记住，**IdleTimeout** 参数可以覆盖该参数。

■ -MaxShellsPerUser 指定任何用户可以在同一系统上远程打开的并发 Shell 的最大数目。将该值与 MaxConcurrentUsers 相乘，可以得到计算机上所有用户最大会话数量的值。

在 **WSMan:\localhost\Service** 下：

■ -MaxConnections 设置连接到整个远程控制架构下的连接数上限。即使你设置了每个用户可运行的 Shell 数量或上限值的用户，MaxConnections 也会限制传入连接。

作为一个管理员，很明显你需要比普通用户有更高的责任心。你需要负责跟踪会话，尤其是你需要断开连接和重新连接。设置合理的超时时间，可以确保 Shell 的会话不会长时间闲置。

## 20.7 动手实验

**注意：** 对于本次动手实验来说，你需要运行 PowerShell v3 或更新版本 PowerShell 的计算机。如果你只有一个客户端版本的计算机（运行 Windows 7 或 Windows 8），你就无法完成本实验中的第 6～9 步。

为了完成本次动手实验，你需要两台计算机：一台作为远程控制的控制端，另一台作为远程控制的接收端。如果你只有一台计算机，使用计算机名称对其进行远程控制。这种方式的体验和真正的远程连接非常类似。

**提示：** 在第 1 章中，我们提到了一个在 CloudShare.com 中的多计算机虚拟环境。你可以找到其他类似的基于云计算的虚拟主机。通过使用 CloudShare（www.cloudshare.com），我们无须部署 Windows 操作系统，这是由于该服务已经提供了供我们使用的模板。你当然需要为此服务付费，且该服务并不是对所有的国家可用。但如果你可以使用该服务，在本地没有环境时，这是获得一个实验环境的极佳方式。

1．在 Shell 中关闭所有已打开的连接。

2．建立一个连接到远程计算机的会话，并将会话存入一个命名为 $session 的变量。

3．利用 $session 变量建立一个一对一到远程计算机的远程控制 Shell 会话。

4．将 Invoke-Command 命令与 $session 变量结合使用获取远程计算机上的服务列表。

5．利用 Invoke-command 与 Get-PSSession 命令从远程计算机上获取最近 20 条远程安全事件日志条目。

6．利用 Invoke-Command 与 $session 变量在远程计算机上载入 ServerManager 模块。

7．将 ServerManager 模块的命令由远程计算机导入到本地计算机，并使得"rem"成为命令名词部分的前缀。

8．运行刚刚导入的 Get-WindowsFeature 命令。

9．关闭储存在 $session 变量中的会话。

注意：多亏了 PowerShell v3 中的新功能，你还可以利用 Import-Module 命令一步完成步骤 6 和步骤 7。请随意查看该命令的帮助文档，看看你是否能想出如何从远程计算机导入一个模块。

## 20.8   进一步学习

快速盘点一下你的环境：包含哪些启用 PowerShell 的产品？Exchange Server? SharePoint Server? VMware vSphere? System Center Virtual Machine Manager?上述产品或其他产品都包括 PowerShell 模块或插件，其中大多数插件或模块都可以通过 PowerShell 远程控制进行访问。

## 20.9   动手实验答案

1. get-pssession | Remove-PSSession

2. $session=new-pssession -computername localhost

3. enter-pssession $session

   Get-Process

     Exit

4. invoke-command -ScriptBlock { get-service } -Session $session

5. Invoke-Command -ScriptBlock {get-eventlog -LogName System-Newest
   ➥20} -Session (Get-PSSession)

6. Invoke-Command -ScriptBlock {Import-Module ServerManager}
➡-Session $session

7. Import-PSSession -Session $session -Prefix rem-Module ServerManager

8. Get-RemWindowsFeature

9. Remove-PSSession -Session $session

# 第 21 章    你把这叫作脚本

目前为止，你已经可以通过 PowerShell 的命令行界面完成本书中的所有内容。但你仍然没有写过一行脚本。这对我们来说是很大的问题。这是因为我们见过很多管理员害怕写脚本，认为写脚本是一种编程方式并觉得学习写脚本得不偿失。所幸，你已经看到在无须成为程序员的前提下，使用 PowerShell 所能完成的工作。

但在此刻，你可能还会感觉不断重复输入同样的命令是一件非常枯燥的事情。你是对的，所以在本章我们将会深入 PowerShell 脚本——当然，你仍然无须成为程序员。脚本的作用仅仅是为了减少不必要的重复输入。

## 21.1    非编程，而更像是批处理文件

大多数 Windows 管理员曾经或是时不时地创建一个命令行批处理文件（通常以.BAT或.CMD 作为文件扩展名）。该文件本质上不过是一个简单的、可以用 Windows 记事本编辑的文本文件，该文件包含可执行命令列表，并按照特定顺序运行。从技术上讲，你把这些命令称为脚本，就像好莱坞电影的剧本那样用于告诉演员（你的计算机）该如何按照顺序说台词和表演。但批处理文件看上去并不像是编程语言，这部分是由于 cmd.exe Shell 语言本身过于简单，难以编写非常复杂的脚本。

PowerShell 脚本——如果你愿意或者也可以称之为批处理文件——以类似的原理工作。仅仅是将你希望运行的命令列出来，Shell 将会以指定的顺序执行这些命令。你可以通过将命令从宿主窗口中复制到文本文件中从而创建一个脚本。当然，记事本并不是一个好用的文本编辑器。我们希望你更倾向使用 PowerShell ISE，或者诸如 PowerGUI、PrimalScript 或 PowerShell Plus 之类的第三方编辑器。

ISE 实际上使用起来和使用交互式 Shell 并无不同。当使用 ISE 的脚本编辑器窗口时，只需输入命令或希望运行的命令，并单击在工具栏中的"运行"按钮执行这些命令。单

击"保存"按钮，你将可以在不复制粘贴任何命令的情况下创建一个脚本。

## 21.2 使得命令可重复执行

PowerShell 脚本背后的理念，首先是使得重复执行特定命令变得简单，而无须每次手动重复输入命令。既然如此，我们需要想出一个你能够一遍遍重复执行的命令，并使用该示例贯穿本章。我们希望该示例有合适的复杂度，所以我们从 WMI 开始，随后添加一些筛选条件、排序规则以及其他内容。

此时，我们需要开始使用 PowerShell ISE 而不再使用标准的控制台窗口。这是由于通过 ISE 将我们的命令转为一个脚本变得更加容易。坦白讲，由于可以使用全屏的编辑器而不是在控制台宿主上输入单行命令，ISE 使得输入复杂命令变得更加容易。

下面是我们的命令。

```
Get-WmiObject -class Win32_LogicalDisk -computername localhost
➥-filter "drivetype=3" |
➥Sort-Object -property DeviceID |
➥Format-Table -property DeviceID,
➥@{label='FreeSpace(MB)';expression={$_.FreeSpace / 1MB -as [int]}},
➥@{label='Size(GB)';expression={$_.Size / 1GB -as [int]}},
➥@{label='%Free';expression={$_.FreeSpace / $_.Size * 100 -as [int]}}
```

**提示**：请记住，你可以使用 name 而不是 label，这两个属性都可以简写为 n 或 l。但 L 的小写形式看上去非常像数字 1，所以请小心。

图 21.1 展示了我们如何在 ISE 中输入该命令。注意，我们通过在工具栏按钮距离左边很远的"在顶部显示脚本窗格"按钮选择了双窗格布局。另外注意，我们将命令格式化为每一个物理行以逗号或管道操作符结尾。这么做可以让 Shell 识别这个多行脚本是一个单个、单行的命令。你也可以在控制台宿主中这么做，但这种格式由于具有更好的可读性，因此在 ISE 中尤其有效。另外注意，我们使用的是完整 Cmdlet 名称和参数名称，没有使用位置参数，而是显式指定参数名称。上面我们所做的一切都是为了使脚本具有更好的可读性，以便其他人很快可以接手。此外，当我们未来忘了当初脚本的意图时，可以很快想起来。

我们通过单击在工具栏的绿色运行按钮（也可以按快捷键 F5）运行命令，对命令进行测试，输出结果显示命令正常工作。下面是在 ISE 中一个巧妙的技巧：你可以选中命令的一部分并按 F8 键，从而只运行选中部分的命令。由于我们已经格式化了命令，因此每一个物理行只有一个单独命令，这使得分步测试命令变得更加容易。我们可以选中并单独运行第一行命令。如果输出结果符合预期，我们就可以选中第一行和第二行命令并运行。如果这部分也能正常工作，那么我们就可以运行整个命令。

　　此时，我们就可以保存命令——现在就可以把保存后的命令称为脚本。我们可以将其另存为 Get-DiskInventory.ps1。我们以"动词-名词"这样的 Cmdlet 风格名称命名该脚本。你可以看到该脚本是如何开始像 Cmdlet 一样工作的，这也是使用 Cmdlet 风格名称的原因。

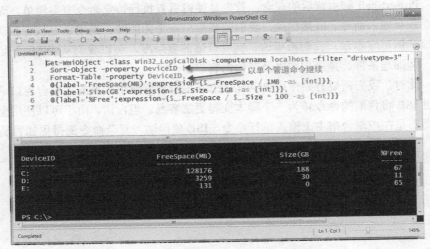

图 21.1　在 ISE 中输入并运行一个命令

　　**动手实验：** 我们假设你已经完成了第 14 章并设置了更加自由的执行策略。如果你还未设置，那么请返回第 17 章完成动手实验部分，这样该脚本就可以在你的 PowerShell 副本下运行。

## 21.3　参数化命令

　　当你考虑到一遍遍运行同一个命令时，你或许会意识到命令的某些部分在每次运行时都可能产生变化。例如，假设你将 Get-DiskInventory.ps1 脚本给了一个缺乏 PowerShell 使用经验的同事。该脚本是一个比较复杂且难以输入的命令，你的同事非常感激你将其封装为一个易于运行的脚本。但是，作为该脚本作者，你发现该脚本只能够在本地计算机上运行。你当然可以想象得出，你的一些同事或许希望从一台或多台远程计算机上获取磁盘信息。

　　一个可能的解决方案是让他们打开脚本，并修改-computer-name 参数值。但这个操作可能对他们来说有点难度，且修改脚本可能导致改错位置从而破坏脚本。因此为他们提供一个标准方法，使得他们可以传入不同的计算机名称（或名称集合）将是一种更好的方式。在此阶段，你需要识别出命令执行时可能需要变更的部分，并用变量替换这部分。

既然我们仍然处于测试脚本阶段，我们暂时将计算机名称变量设置为静态值。下面是修改后的脚本。

```
$computername = 'localhost'                    ←① 设置新的变量
Get-WmiObject -class Win32_LogicalDisk `
 -computername $computername `                 ② 使用反撇号
 -filter "drivetype=3" |                 ③ 使用变量
Sort-Object -property DeviceID |
Format-Table -property DeviceID,
    @{label='FreeSpace(MB)';expression={$_.FreeSpace / 1MB -as [int]}},
    @{label='Size(GB)';expression={$_.Size / 1GB -as [int]}},
    @{label='%Free';expression={$_.FreeSpace / $_.Size * 100 -as [int]}}
```

我们在此完成了三件事，其中两件关于功能，另一件是格式美化。

- 我们添加了一个变量$computername，将其值设置为 localhost①。我们注意到，大多数 PowerShell 命令使用名称为-computerName 的参数接受计算机名称。我们希望保留这种传统，这也是为什么我们将变量命名为$computername。
- 我们将-computerName 参数值替换为我们定义的变量③。当前，该脚本与之前的脚本功能完全一样（并且经过测试的确一样），这是由于我们已经将 localhost 值赋予$computername 变量。
- 我们在-computerName 参数和其值后面添加了反撇号②。这是转义符号，该符号用于告诉 PowerShell 下一个物理行是前面命令的一部分。当行以管道操作符或逗号结尾时无须使用转义符号，但需要按照本书的代码结构组织代码。这里我们需要在管道操作符之前分隔行，因此只能在行末尾使用反撇号。

我们再次仔细检查并运行脚本，从而确保脚本仍然可以正确工作。在每次对脚本进行任何变更时，我们总会这么做，以便确保没有引入新的误输入或其他错误。

## 21.4　创建一个带参数的脚本

既然我们已经识别出了脚本中每次执行可能变化的部分，那么我们就需要提供一种让其他人赋予这些元素新值的方式。换句话说，我们需要将被赋予常量的$computername 变量转变为一个输入参数。

PowerShell 中创建一个带参数的脚本非常简单。

```
param (
  $computername = 'localhost'              ←① 参数块
```

```
)
Get-WmiObject -class Win32_LogicalDisk -computername $computername `
 -filter "drivetype=3" |
 Sort-Object -property DeviceID |
 Format-Table -property DeviceID,
     @{label='FreeSpace(MB)';expression={$_.FreeSpace / 1MB -as [int]}},
     @{label='Size(GB)';expression={$_.Size / 1GB -as [int]}},
     @{label='%Free';expression={$_.FreeSpace / $_.Size * 100 -as [int]}}
```

　　我们只需要在变量声明代码附近添加一个 param() 块❶。这会将$computerName
定义为一个参数，并在未对该参数赋值时指定 localhost 作为默认值。你可以不提供
默认值，但我们能想到一个合适的值作为默认值时，我们更倾向这么做。

　　所有以这种方式定义的参数是命名参数，也是位置参数。这意味着我们可以用以下
任意一种方式调用该脚本。

```
PS C:\> .\Get-DiskInventory.ps1 server-r2
PS C:\> .\Get-DiskInventory.ps1 -computername server-r2
PS C:\> .\Get-DiskInventory.ps1 -comp server-r2
```

　　在第一个实例中，我们以位置参数的形式调用该脚本，只提供参数值而不指定参
数名称。在第 2、3 个实例中，我们指定参数名称，但在第 3 个实例中，我们将参数名
称简化为符合 PowerShell 的参数名称简化规则的形式。注意，在上面 3 个示例中，我
们都需要为脚本指定路径（.\，也就是当前目录），这是由于 Shell 并不会搜索当前目
录去找到脚本。

　　你可以通过逗号作为分隔符指定任意数量的参数。例如，假如我们还希望将过滤条
件设置为参数。当前脚本仅获取类型为 3 的驱动器，也就是硬盘。我们可以将该值变为
参数，如代码清单 21.3 所示。

**代码清单 21.3　Get-DiskInventory.ps1，包含一个额外参数**

```
param (                              ❶ 指定额外参数
  $computername = 'localhost',
  $drivetype = 3
)
Get-WmiObject -class Win32_LogicalDisk -computername $computername `
 -filter "drivetype=$drivetype" |
 Sort-Object -property DeviceID |     ❷ 使用参数
 Format-Table -property DeviceID,
     @{label='FreeSpace(MB)';expression={$_.FreeSpace / 1MB -as [int]}},
     @{label='Size(GB';expression={$_.Size / 1GB -as [int]}},
     @{label='%Free';expression={$_.FreeSpace / $_.Size * 100 -as [int]}}
```

　　注意，我们利用了 PowerShell 在双引号中的文本可以自动将变量替换为变量值的功
能（你已经在第 18 章中学到了这个技巧）。

我们可以以最开始的 3 种方式运行该脚本。当然，我们也可以通过忽略参数的方式使用参数的默认值。下面是一些该脚本的使用示例。

```
PS C:\> .\Get-DiskInventory.ps1 server-r2 3
PS C:\> .\Get-DiskInventory.ps1 -comp server-r2 -drive 3
PS C:\> .\Get-DiskInventory.ps1 server-r2
PS C:\> .\Get-DiskInventory.ps1 -drive 3
```

在第一个示例中，对于两个参数，我们都按照它们在 `param()` 代码块中声明的顺序作为位置参数使用。在第二个示例中，我们对两个参数名称都进行了简化。在第三个示例中，我们完全忽略了 `-drivetype` 参数，从而使用该参数的默认值 3。在最后一个实例中，我们忽略了 `-computerName`，使用该参数的默认值 `localhost`。

## 21.5  为脚本添加文档

只有真正吝啬的人才会创建一个有用的脚本，而不告诉任何人如何使用它。幸运的是，PowerShell 提供了简单的方式为脚本添加帮助，也就是通过注释。你当然可以为你的脚本添加典型编程风格的注释，但如果你已经在脚本中使用了完整的 Cmdlet 名称和参数名称，很多时候你的脚本的意图已经可以望文生义。通过使用特殊的注释语法，你可以提供模仿 PowerShell 本身帮助文件的帮助信息。

代码清单 21.4 展示了我们为脚本添加的内容。

**代码清单 21.4  为 Get-DiskInventory.ps1 添加帮助**

```
<#
.SYNOPSIS
Get-DiskInventory retrieves logical disk information from one or
more computers.
.DESCRIPTION
Get-DiskInventory uses WMI to retrieve the Win32_LogicalDisk
instances from one or more computers. It displays each disk's
drive letter, free space, total size, and percentage of free
space.
.PARAMETER computername
The computer name, or names, to query. Default: Localhost.
.PARAMETER drivetype
The drive type to query. See Win32_LogicalDisk documentation
for values. 3 is a fixed disk, and is the default.
.EXAMPLE
Get-DiskInventory -computername SERVER-R2 -drivetype 3
#>
```

```
param (
  $computername = 'localhost',
  $drivetype = 3
)
Get-WmiObject -class Win32_LogicalDisk -computername $computername `
 -filter "drivetype=$drivetype" |
 Sort-Object -property DeviceID |
 Format-Table -property DeviceID,
     @{label='FreeSpace(MB)';expression={$_.FreeSpace / 1MB -as [int]}},
     @{label='Size(GB';expression={$_.Size / 1GB -as [int]}},
     @{label='%Free';expression={$_.FreeSpace / $_.Size * 100 -as [int]}}
```

正常情况下，PowerShell 都会忽略以#开头的代码行，意味着#用于标识某一行是注释。而我们使用<# #>块注释语法，这是由于我们需要注释多行，而不希望在每一行开始都使用#。

现在我们可以使用标准的控制台宿主，并通过运行 Help.\Get-DiskInventory 命令获取帮助。（再一次，我们需要提供路径，这是由于该脚本并不是一个内置 Cmdlet。）图 21.2 显示了该命令的输出结果，证明了 PowerShell 读取并根据这些注释创建了标准的帮助显示界面。我们甚至还可以运行 help.\Get-DiskInventory -full 获取完整的帮助，其中包括了参数信息和示例。图 21.3 显示了该结果。

这些特殊的注释被称为基于注释的帮助，必须置于脚本文件的开始部分。除了我们使用的.DESCRIPTION 和.SYNOPSIS 关键字之外，还有一些关键字。在 PowerShell 中运行 help about_comment_based _help 查看完整的列表。

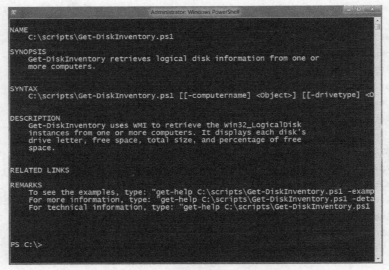

图 21.2   通过标准的帮助命令查看帮助

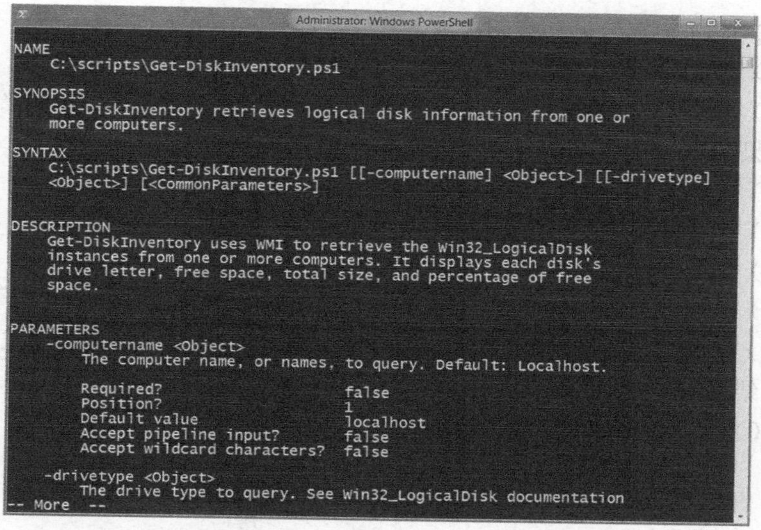

图 21.3　基于注释的帮助，支持诸如 -example、-detailed 以及 -full 的帮助选项

## 21.6　一个脚本，一个管道

我们通常会告诉人们脚本中包含的任何代码和手动输入 PowerShell 的代码，或是将脚本中的代码通过剪贴板粘贴到 Shell 中的代码，运行起来并无不同。

但这并不完全正确。

请考虑下面的简单脚本。

```
Get-Process
Get-Service
```

仅仅是两个命令，但如果我们将这两个命令手动复制到 Shell 中，在每个命令后按回车键执行会发生什么？

**动手实验**：你需要自己尝试运行这些命令查看结果；该命令的输出结果过长，以致难以将结果甚至结果截图放入书中。

当你分别运行命令时，你会为每一个命令创建一个新的管道。在每一个管道末尾，PowerShell 会查看哪一列需要被格式化并创建一个你可以看到的表格。这里的重点是"不同命令运行在不同管道中"。图 21.4 阐述了这一点：两个完全分开的命令，两个独立的管道，两个格式化进程，两个不同界面的结果集。

你或许会认为我们用了大量篇幅介绍显而易见的内容有些大题小做，但这很重要。下面是分别运行这两个命令经历的步骤。

（1）运行 Get-Process。

（2）该命令将 Process 对象放入管道。

（3）管道以 Out-Default 结束，该命令会接收对象。

（4）Out-Default 将对象传递给 Out-Host，该命令会调用格式化系统产生文本输出结果（你在第 10 章学到过这些）。

（5）文本输出结果显示在屏幕上。

（6）运行 Get-Service。

（7）该命令将 Service 对象放入管道。

（8）管道以 Out-Default 结束，该命令会接收对象。

（9）Out-Default 将对象传递给 Out-Host，该命令会调用格式化系统产生文本输出结果。

（10）文本输出结果显示在屏幕上。

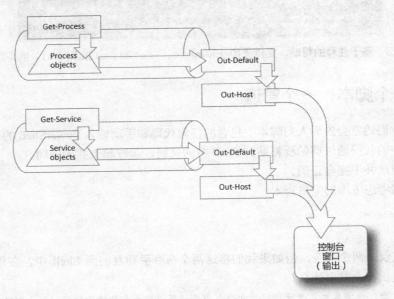

**图 21.4　两个命令、两个管道、在同一个控制台窗口中的两个输出结果集**

所以你现在看到屏幕包含了来自两个命令的结果。我们希望你将这两个命令放入脚本文件，并命名为 Test.ps1 或其他简单的名称。在运行脚本之前，将这两个命令复制到剪贴板，你可以选中这两行并按 Ctrl+C 组合键将其复制到剪贴板。

转到 PowerShell 控制台宿主并按下回车键。这会将剪贴板中的命令粘贴到 Shell 中。在 Shell 中执行的方式会和在 ISE 中完全一致，这是由于回车也会被粘贴进来。再一次，你在两个管道中运行不同的命令。

现在回到 ISE 中并运行脚本，结果不同，对吧？这是什么原因？

在 PowerShell 中，所有的命令都在一个管道中执行，在脚本中也是同样。在脚本中，任何产生管道输出结果的命令都会被写入同一个管道中：脚本自身运行的管道。请查看图 21.5。

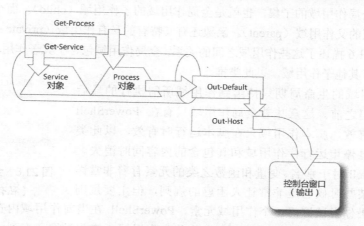

图 21.5　在一个脚本中，所有的命令都是在该脚本单独的管道中执行

我们尝试解释发生了什么。

（1）脚本运行 Get-Process。

（2）该命令将 Process 对象放入管道。

（3）脚本运行 Get-Service。

（4）该命令将 Service 对象放入管道。

（5）管道以 Out-Default 结束，该命令会接收上面两类对象。

（6）Out-Default 将对象传递给 Out-Host，该命令会调用格式化系统产生文本输出结果。

（7）由于 Process 对象首先被放入管道，Shell 的格式化系统会为 Process 对象选择合适的格式化方式。这也是为什么 Process 对象的输出结果看起来很正常。当 Shell 碰到 Service 对象后，它会生成一个全新的表，所以会最终生成一个列表。

（8）屏幕显示文本输出结果。

两种不同的输出是由于将两种类别的对象放入一个管道中。这是将命令存入脚本和手动执行之间的重要区别：在脚本中，只能够使用一个管道。正常来讲，你的脚本应该努力保持只输出一类对象，以便 PowerShell 能产生合理的文本输出格式。

## 21.7　作用域初探

我们最后需要讨论的一个主题是作用域（scope）。作用域是特定类型 PowerShell 元素的容器，这些元素主要是别名、变量和函数。

Shell 本身具有最高级的作用域，称为全局域（global scope）。当运行一个脚本时，会在脚本范围内创建一个新的作用域，也就是所谓的脚本作用域（script scope）。脚本作用域是全局作用域的子集，也就是全局作用域的子作用域（child）。而全局作用域是脚本作用域的父作用域（parent）。函数还有其特有的私有作用域（private scope）。

　　图 21.6 描述了这些作用域之间的关系，全局作用域包含了其子作用域，而其子作用域包含了其他子作用域，以此类推。

　　作用域的生命周期只持续到作用域所需执行的最后一行代码之前。这意味着全局作用域只有在 PowerShell 运行时有效，脚本作用域只在脚本运行时有效，以此类推。一旦停止运行，作用域和其包含的内容同时消失。PowerShell 对于别名、变量和函数之类的元素有着非常详细——某些时候也是非常让人困惑的规则，但主要规则

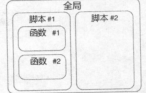

图 21.6　全局脚本及函数
（私有）作用域

是，如果你尝试访问一个作用域元素，PowerShell 在当前作用域内查找；如果不存在于当前作用域，PowerShell 会查找其父作用域，依此类推，直到找到树形关系的顶端——也就是全局作用域。

**动手实验**：为了获得正确的结果，请按照下面的指导小心操作，这非常重要。

　　让我们进行实战，遵循下面的步骤。

　　（1）关闭已经打开的 PowerShell 或 PowerShell ISE 窗口，这样你就可以从头开始。

　　（2）打开一个新的 PowerShell 或 PowerShell ISE 窗口。

　　（3）在 ISE 中，创建一个包含一行命令的脚本，该命令为 Write $x。

　　（4）将脚本保存到 c:\scope.ps1。

　　（5）在一个标准的 PowerShell 窗口，使用命令 C:\Scope 运行脚本。没有任何输出结果。当脚本运行时，会自动为其创建一个新的作用域。而 $x 变量在该作用域内并不存在，因此 PowerShell 转向其父作用域——也就是全局作用域检查变量 $x 是否存在。该变量在父作用域也不存在，因此 PowerShell 认为 $x 为空，并打印出空（也就是不输出任何结果）作为输出结果。

　　（6）在一个标准的 PowerShell 窗口，运行 $x=4，然后再次运行 C:\Scope。这次，你会看到输出结果为 4。虽然变量 $x 在脚本范围内未定义，但 PowerShell 可以在全局作用域内找到该变量。因此脚本可以使用全局作用域内的值。

　　（7）在 ISE 中，在脚本的开始添加 $x=10（也就是 write 命令之前），并保存脚本。

　　（8）在标准的 PowerShell 窗口中，再次运行 C:\Scope。这次，你会看到输出结果为 10。这是由于 $x 在脚本作用域内定义，因此 Shell 无须查看全局作用域。在 Shell 中运行 $x。你将看到输出结果为 4，这意味着在脚本作用域内的变量值不会影响全局作用域内的变量值。

在这里有一个重要的概念是，当在作用域内定义一个变量、别名或函数时，当前作用域就无法访问父作用域内的任何同名变量、别名或函数。PowerShell 总会使用局部定义的元素。例如，如果你将 `New-Alias Dir Get-Service` 命令放入一个脚本，那么在当前脚本中，别名 `Dir` 总是运行 `Get-Service` 而不是 `Get-ChildItem`（实际上，`Shell` 很可能不允许你这么做，这是由于其需要保护内置别名不会重新被定义）。通过在脚本作用域内定义别名，你可以防止 `Shell` 去父作用域查找标准和默认的 `Dir`。当然，对于 `Dir` 别名的重定义只能持续到脚本执行结束之前，而全局作用域默认的 `Dir` 将不受影响。

这些作用域相关的理念可能会让你感到困惑。你可以通过永远不依赖除了当前作用域内的其他作用域来避免这种混淆。因此在尝试在脚本中访问一个变量时，请确保你已经在同一个作用域内对其赋值。在 `Param()` 块内的参数可以实现这一点，还有很多其他方式可以将值或对象赋予一个变量。

## 21.8 动手实验

**注意**：对于本次动手实验来说，你需要运行 PowerShell v3 或更新版本 PowerShell 的计算机。

将下面的命令添加到一个脚本中。你首先需要识别出需要定义为参数的元素，比如说计算机名称。最终的脚本应该定义好参数，并且你还需要为脚本创建基于注释的帮助。运行脚本从而对脚本进行测试，并使用 **Help** 命令，从而确保基于注释的帮助可以正常工作。请不要忘记阅读本章提到的帮助文件以获取更多信息。

下面是命令。

```
Get-WmiObject Win32_LogicalDisk -comp $evn:computername -filter
    ➥"drivetype=3" |
➥Where {($_.FreeSpace / $_.Size) -lt .1 } |
➥Select -Property DeviceID,FreeSpace,Size
```

提示如下：你至少可以发现 2 处信息需要变为参数。该命令用于列出少于给定可用空间的驱动器。显而易见，你并不只想把 localhost（在本例中，我们以 PowerShell 的方式使用%computername%环境变量）作为目标，并且你不希望 10%（也就是 1）作为阈值。你还可以选择将驱动器类型作为参数（这里也就是 3），但是对于动手实验来说，保留其值为 3 即可。

## 21.9 动手实验答案

```
<#
.Synopsis
Get drives based on percentage free space
```

```
.Description
This command will get all local drives that have less than the specified
    percentage of free space available.
.Parameter Computername
The name of the computer to check. The default is localhost.
.Parameter MinimumPercentFree
The minimum percent free diskspace. This is the threshhold. The default value
    is 10. Enter a number between 1 and 100.
.Example
PS C:\> Get-Disk -minimum 20

Find all disks on the local computer with less than 20% free space.
.Example
PS C:\> Get-Disk -comp SERVER02 -minimum 25

Find all local disks on SERVER02 with less than 25% free space.
#>

Param (
$Computername='localhost',
$MinimumPercentFree=10
)

#Convert minimum percent free
$minpercent = $MinimumPercentFree/100

Get-WmiObject -class Win32_LogicalDisk -computername $computername -filter
    "drivetype=3" |
Where { $_.FreeSpace / $_.Size -lt $minpercent } |
Select -Property DeviceID,FreeSpace,Size
```

# 第 22 章 优化可传参脚本

在之前章节，我们给你留下了许多非常好的可传参的脚本。可传参脚本的思想是脚本的使用者无须关心或者干预脚本的内容。脚本的使用者只需通过设计好的界面提供输入——也就是参数，使用者能够修改的部分只有参数。在本章，我们将对该部分内容进一步探索。

## 22.1 起点

为了确保我们在同一起点，让我们使用代码清单 22.1 作为起点。该脚本以基于注释的帮助为特点，包括两个输入参数和一个使用输入参数的命令。我们基于之前章节做了小幅修改：我们将输出结果输出为被选择的对象，而不是格式化之后的表格。

**代码清单 22.1　起点：Get-DiskInventory.ps1**

```
<#
.SYNOPSIS
Get-DiskInventory retrieves logical disk information from one or
more computers.
.DESCRIPTION
Get-DiskInventory uses WMI to retrieve the Win32_LogicalDisk
instances from one or more computers. It displays each disk's
drive letter, free space, total size, and percentage of free
space.
.PARAMETER computername
The computer name, or names, to query. Default: Localhost.
.PARAMETER drivetype
The drive type to query. See Win32_LogicalDisk documentation
for values. 3 is a fixed disk, and is the default.
```

```
.EXAMPLE
Get-DiskInventory -computername SERVER-R2 -drivetype 3
#>
param (
  $computername = 'localhost',
  $drivetype = 3
)
Get-WmiObject -class Win32_LogicalDisk -computername $computername `
 -filter "drivetype=$drivetype" |
 Sort-Object -property DeviceID |
 Select-Object -property DeviceID,
     @{name='FreeSpace(MB)';expression={$_.FreeSpace / 1MB -as [int]}},
     @{name='Size(GB';expression={$_.Size / 1GB -as [int]}},
     @{name='%Free';expression={$_.FreeSpace / $_.Size * 100 -as [int]}}
```

为什么我们使用 Select-Object 而不是 Format-Table？因为我们通常感觉写
一个脚本所产生的结果是已格式化的并不是一个好主意。毕竟，如果某个用户需要 CSV
格式的文件，而脚本输出格式化后的表，该用户就无法完成工作。通过本次修改，我们
可以通过下述方式获得格式化后的表。

```
PS C:\> .\Get-DiskInventory | Format-Table
```

或者通过下述方式运行获取 CSV 文件。

```
PS C:\> .\Get-DiskInventory | Export-CSV disks.csv
```

关键点是输出对象（也就是 Select-Object 完成的工作），对照格式化的显示结
果，将会使得我们的脚本从长远角度来说更加灵活。

## 22.2　让 PowerShell 去做最难的工作

我们只需在上述脚本的基础上再多加一行脚本，就能展现 PowerShell 的奇妙。这使
得从技术上来说，把我们的脚本变为所谓的"高级脚本"，使得大量 PowerShell 能做的事
得以展现。代码清单 22.2 展现了修订后的脚本。

代码清单 22.2　将 Get-DiskInventory.ps1 变为高级脚本

```
<#
.SYNOPSIS
Get-DiskInventory retrieves logical disk information from one or
more computers.
.DESCRIPTION
Get-DiskInventory uses WMI to retrieve the Win32_LogicalDisk
instances from one or more computers. It displays each disk's
```

```
drive letter,  free space,  total size,  and percentage of free
space.
.PARAMETER computername
The computer name,  or names,  to query. Default: Localhost.
.PARAMETER drivetype
The drive type to query. See Win32_LogicalDisk documentation
for values. 3 is a fixed disk,  and is the default.
.EXAMPLE
Get-DiskInventory -computername SERVER-R2 -drivetype 3
#>
[CmdletBinding()]
param (
  $computername = 'localhost',
  $drivetype = 3
)
Get-WmiObject -class Win32_LogicalDisk -computername $computername `
 -filter "drivetype=$drivetype" |
 Sort-Object -property DeviceID |
 Select-Object -property DeviceID,
    @{name='FreeSpace(MB)';expression={$_.FreeSpace / 1MB -as [int]}},
    @{name='Size(GB';expression={$_.Size / 1GB -as [int]}},
    @{name='%Free';expression={$_.FreeSpace / $_.Size * 100 -as [int]}}
```

    在基于备注的帮助代码后面，将[CmdletBinding()]指示符置于脚本的第一行非常重要。PowerShell 只会在该位置查看该指示符。加上这个指示符之后，脚本还会正常运行。但我们已经启用了好几个功能，我们会在接下来进行探索。

## 22.3　将参数定义为强制化参数

    我们对现有的脚本并不满意，这是由于它提供了默认的-ComputerName 参数。我们并不确定是否真正需要该参数。我们更倾向于选择提示用户输入值。幸运的是，PowerShell中实现该功能很简单——同样，只需要添加一行代码就能完成，如代码清单 22.3 所示。

**代码清单 22.3　为 Get-DiskInventory.ps1 添加一个强制参数**

```
<#
.SYNOPSIS
Get-DiskInventory retrieves logical disk information from one or
more computers.
.DESCRIPTION
Get-DiskInventory uses WMI to retrieve the Win32_LogicalDisk
instances from one or more computers. It displays each disk's
drive letter,  free space,  total size,  and percentage of free
```

```
space.
.PARAMETER computername
The computer name, or names, to query. Default: Localhost.
.PARAMETER drivetype
The drive type to query. See Win32_LogicalDisk documentation
for values. 3 is a fixed disk, and is the default.
.EXAMPLE
Get-DiskInventory -computername SERVER-R2 -drivetype 3
#>
[CmdletBinding()]
param (
  [Parameter(Mandatory=$True)]
  [string]$computername,
  [int]$drivetype = 3
)
Get-WmiObject -class Win32_LogicalDisk -computername $computername `
 -filter "drivetype=$drivetype" |
 Sort-Object -property DeviceID |
 Select-Object -property DeviceID,
     @{name='FreeSpace(MB)';expression={$_.FreeSpace / 1MB -as [int]}},
     @{name='Size(GB';expression={$_.Size / 1GB -as [int]}},
     @{name='%Free';expression={$_.FreeSpace / $_.Size * 100 -as [int]}}
```

**补充说明**

　　当某个用户使用你写的脚本，却没有为强制参数提供值时，PowerShell 将会提示他输入参数值。有两种方式可以使得 PowerShell 给用户提供有意义的提示。

　　首先，使用有意义的参数名称。提示用户为名称为 "comp" 的参数赋值，远不如提示用户为名称为 "ComputerName" 的参数赋值有意义。所以请尝试使用具有自描述性的参数名称，并与其他 PowerShell 命令使用的参数名称保持一致。

　　你还可以添加一条帮助信息。

```
[Parameter(Mandatory=$True, HelpMessage="Enter a computer name to query")
```

　　某些 PowerShell 宿主程序会将帮助信息作为提示的一部分，使得用户获得更简洁的帮助信息。但并不是所有的宿主应用程序都会使用该标签，所以你测试的时候没有看到提示的帮助信息也不用沮丧。当我们写一些给他人使用的脚本时，我们喜欢在脚本中将帮助信息包含在内。这么做永远不会有任何坏处。但是为了简便起见，我们不会在本章的示例中添加帮助信息。

　　仅仅使用[Parameter(Mandatory=$True)]这样一个描述符，会使得当用户忘记提供计算机名称时，**PowerShell** 就会提示用户输入该参数。为了更进一步帮助 **PowerShell** 识别用户传入的参数，我们定义两个输入参数的数据类型：-computerName 定义为[string]类型，而-drivetype 定义为 INT（也就是整型）。

将这类标签添加到参数会让人困惑，因此让我们更进一步查看 Param() 代码块的语法，如图 22.1 所示。

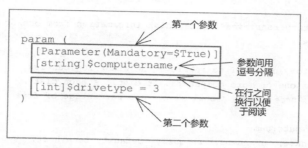

图 22.1　分解 Param() 代码段的语法

下面是需要注意的重点。

- 所有的参数都必须被包括在 Param() 代码段的括号内。
- 可以对一个参数添加多个修饰符，多个修饰符既可以是一行，也可以是图 22.1 中那样的多行。我们认为多行更易于阅读，但重点是即使是多行，它们也是一个整体。Mandatory 标签仅修饰 -computerName 参数——它对 -drivetype 参数并没有影响。
- 除了最后一个参数之外，所有的参数之间以逗号分隔。
- 为了更好的可读性，我们还喜欢在参数之间添加空格。我们认为空格会使得从视觉上分隔参数更加容易，从而减少 Param() 代码段导致的困惑。
- 我们在定义参数时，就好像参数是变量——$computername 和 $drivetype ——但使用该脚本的人会将其当作普通的 PowerShell 命令行参数，比如说 -computername 参数和 -drivetype 参数。

**动手实验**：将代码清单 22.3 中的脚本保存，并在 Shell 中运行。不要为 -computername 参数赋值，从而可以查看 PowerShell 以何种方式将这些信息提示给你。

## 22.4　添加参数别名

当你想到计算机名称时，"computername" 是否是你想到的第一个词？或许不是。我们使用 -computerName 作为参数名称，是因为该参数名称与其他 PowerShell 命令一致。查看 Get-Service、Get-WmiObject、Get-Process 以及其他命令，你可以发现这些命令都使用 -computerName 作为参数名称。所以我们也同样使用该名称作为参数名称。

但假如你认为 -hostname 更容易记忆的话，你可以将该名称作为备用名称添加，也就是参数别名。这只需要另外一个修饰符，如代码清单 22.4 所示。

```
<#
.SYNOPSIS
Get-DiskInventory retrieves logical disk information from one or
more computers.
.DESCRIPTION
Get-DiskInventory uses WMI to retrieve the Win32_LogicalDisk
instances from one or more computers. It displays each disk's
drive letter, free space, total size, and percentage of free
space.
.PARAMETER computername
The computer name, or names, to query. Default: Localhost.
.PARAMETER drivetype
The drive type to query. See Win32_LogicalDisk documentation
for values. 3 is a fixed disk, and is the default.
.EXAMPLE
Get-DiskInventory -computername SERVER-R2 -drivetype 3
#>
[CmdletBinding()]
param (
    [Parameter(Mandatory=$True)]
    [Alias('hostname')]
    [string]$computername,
    [int]$drivetype = 3
)
Get-WmiObject -class Win32_LogicalDisk -computername $computername `
 -filter "drivetype=$drivetype" |
 Sort-Object -property DeviceID |
 Select-Object -property DeviceID,
     @{name='FreeSpace(MB)';expression={$_.FreeSpace / 1MB -as [int]}},
     @{name='Size(GB)';expression={$_.Size / 1GB -as [int]}},
     @{name='%Free';expression={$_.FreeSpace / $_.Size * 100 -as [int]}}
```

完成小幅修改后，我们现在可以运行下述代码。

```
PS C:\> .\Get-DiskInventory -host SERVER2
```

**注意：**请记住，你只需输入足够让 PowerShell 分辨出是哪个参数的部分参数名即可。在本例中，-host 足以让 PowerShell 识别出指的是-hostname 参数。当然，我们也可以输入完整的参数名称。

再次声明，新增的标签是-computerName 参数的一部分，因此对-drivetype 参数不生效。现在-computerName 参数的定义占用了 3 行。当然，我们也能将三行连成一行。

```
[Parameter(Mandatory=$True)][Alias('hostname')][string]$computername,
```

我们只是认为这种方式更加难以阅读。

## 22.5  验证输入的参数

让我们和-drivetype 参数打打交道。根据 MSDN 中 WIN32_LogicalDisk 这个 WMI 类的文档（搜索类名称，在结果中，前几条记录中就有该文档），驱动器类型 3 是本地磁盘。类型 2 是可移动磁盘。可移动磁盘也会计算容量以及可用空间。驱动类型 1、4、5、6 更少被使用（还有人在继续使用类型 6 的 RAM 驱动器吗？），在某些情况下，有一些磁盘没有可用空间（比如类型为 5 的光盘）。所以我们希望阻止使用我们脚本的用户使用这些类型。

代码清单 22.5 展示了我们所需做的小幅修改。

**代码清单 22.5  为 Get-DiskInventory.ps1 添加参数验证**

```
<#
.SYNOPSIS
Get-DiskInventory retrieves logical disk information from one or
more computers.
.DESCRIPTION
Get-DiskInventory uses WMI to retrieve the Win32_LogicalDisk
instances from one or more computers. It displays each disk's
drive letter, free space, total size, and percentage of free
space.
.PARAMETER computername
The computer name, or names, to query. Default: Localhost.
.PARAMETER drivetype
The drive type to query. See Win32_LogicalDisk documentation
for values. 3 is a fixed disk, and is the default.
.EXAMPLE
Get-DiskInventory -computername SERVER-R2 -drivetype 3
#>
[CmdletBinding()]
param (
  [Parameter(Mandatory=$True)]
  [Alias('hostname')]
  [string]$computername,
  [ValidateSet(2, 3)]
  [int]$drivetype = 3
)
Get-WmiObject -class Win32_LogicalDisk -computername $computername `
 -filter "drivetype=$drivetype" |
 Sort-Object -property DeviceID |
 Select-Object -property DeviceID,
    @{name='FreeSpace(MB)';expression={$_.FreeSpace / 1MB -as [int]}},
    @{name='Size(GB)';expression={$_.Size / 1GB -as [int]}},
    @{name='%Free';expression={$_.FreeSpace / $_.Size * 100 -as [int]}}
```

新的标签告诉 PowerShell，对于参数 -drivetype，只允许传入 2 和 3 这两个值，并且 3 是默认值。

还有一系列其他可以添加到参数的验证技术。如果这样做有意义，可以将多个修饰符添加到同一个参数上。运行 help about_functions_advanced_parameters 可以获得完整列表——目前为止，我们只使用 ValidateSet。Jeffery 还写了一个关于其他可能用上的"验证"标签的系列博客——你可以在网站 http://jdhitsolutions.com/blog/ 上查看到该系列博客（搜索 "validate"）。

**动手实验**：将这段代码保存并再次运行——尝试指定 -drivetype 参数为 5，看看 PowerShell 是如何响应的。

## 22.6　通过添加详细输出获得易用性体验

在第 19 章中，我们提到，很多脚本使用者喜欢看到脚本输出执行的进度，我们倾向于使用 Write-Verbose 而不是 Write-Host 产生这些信息。下面让我们来看一个实际例子。

我们在代码清单 22.6 中添加一些详细输出。

**代码清单 22.6　为 Get-DiskInventory.ps1 添加详细输出**

```
<#
.SYNOPSIS
Get-DiskInventory retrieves logical disk information from one or
more computers.
.DESCRIPTION
Get-DiskInventory uses WMI to retrieve the Win32_LogicalDisk
instances from one or more computers. It displays each disk's
drive letter, free space, total size, and percentage of free
space.
.PARAMETER computername
The computer name, or names, to query. Default: Localhost.
.PARAMETER drivetype
The drive type to query. See Win32_LogicalDisk documentation
for values. 3 is a fixed disk, and is the default.
.EXAMPLE
Get-DiskInventory -computername SERVER-R2 -drivetype 3
#>
[CmdletBinding()]
param (
    [Parameter(Mandatory=$True)]
    [Alias('hostname')]
    [string]$computername,
    [ValidateSet(2, 3)]
```

```
    [int]$drivetype = 3
)
Write-Verbose "Connecting to $computername"
Write-Verbose "Looking for drive type $drivetype"
Get-WmiObject -class Win32_LogicalDisk -computername $computername `
 -filter "drivetype=$drivetype" |
 Sort-Object -property DeviceID |
 Select-Object -property DeviceID,
    @{name='FreeSpace(MB)';expression={$_.FreeSpace / 1MB -as [int]}},
    @{name='Size(GB)';expression={$_.Size / 1GB -as [int]}},
    @{name='%Free';expression={$_.FreeSpace / $_.Size * 100 -as [int]}}
Write-Verbose "Finished running command"
```

下面尝试以两种方式运行该脚本。第一次尝试不会显示任何详细输出。

```
PS C:\> .\Get-DiskInventory -computername localhost
```

下面是第二次尝试，也就是我们希望显示详细输出。

```
PS C:\> .\Get-DiskInventory -computername localhost -verbose
```

动手实验：当你自己动手尝试时就会发现脚本很棒——尝试运行我们展示的脚本，并查看两次
　　　　运行的差别。

太酷了，不是吗？当你想要详细输出时，就能获得详细输出——并且完全无须编写
-Verbose 参数的任何实现代码。当添加 [CmdletBinding()] 时，就可以无成本拥有
详细输出。最妙的部分是，该标签还会激活脚本中所包含命令的详细输出！所以你使用
的任何被设计可以产生详细输出结果的命令都会自动输出详细结果。该技术使得启用或
禁用详细输出变得非常容易，相比 Write-Host 更加灵活。而且你无须通过操作
$VerbosePreference 变量就能将输出结果显示在屏幕上。

同时，注意在详细输出中我们如何使用 PowerShell 的双引号技巧：通过将变量
($computername) 包含在双引号中，输出内容就可以包含变量的内容，所以我们可以
看到 PowerShell 输出该变量的内容。

# 22.7　动手实验

**注意**：对于本次动手实验来说，你需要运行 PowerShell v3 或更新版本 PowerShell 的计算机。

本次动手实验需要你回忆起在第 12 章所学的内容，因为你需要将下述命令参
数化，并将其存入脚本——正如你在第 21 章所做的那样。但这次我们还需要你将
-ComputerName 参数变为强制参数，并给它一个名称为 hostname 的别名。并且使
得你的脚本可以在运行命令之前和之后显示详细输出。请记住，你必须将计算机名称
参数化——这也是在本次案例中你唯一需要参数化的参数。

请在修改之前运行下述命令，从而确保下述命令可以在你的系统上运行。

```
get-wmiobject win32_networkadapter -computername localhost |
 where { $_.PhysicalAdapter } |
 select MACAddress,AdapterType,DeviceID,Name,Speed
```

重申一下，这里是你需要完成的任务列表。

■ 确保该命令在修改之前可以正常运行。

■ 将计算机名称参数化。

■ 将-ComputerName 参数变为强制参数。

■ 给予计算机名称参数一个别名 hostname。

■ 至少一个基于注释的帮助，帮助内容是如何使用本脚本。

■ 在命令运行之前和之后添加详细输出结果。

■ 将脚本保存为 Get-PhysicalAdapters.ps1。

# 22.8　动手实验答案

```
#Get-PhysicalAdapters.ps1

<#
.Synopsis
Get physical network adapters
.Description
Display all physical adapters from the Win32_NetworkAdapter class.
.Parameter Computername
The name of the computer to check.
.Example
PS C:\> c:\scripts\Get-PhysicalAdapters -computer SERVER01
#>
[cmdletbinding()]
Param (
[Parameter(Mandatory=$True,HelpMessage="Enter a computername to query")]
[alias('hostname')]
[string]$Computername
)

Write-Verbose "Getting physical network adapters from $computername"

Get-Wmiobject -class win32_networkadapter -computername $computername |
 where { $_.PhysicalAdapter } |
 select MACAddress,AdapterType,DeviceID,Name,Speed

Write-Verbose "Script finished."
```

# 第 23 章　高级远程控制配置

在第 13 章中，我们尽最大努力为你介绍 PowerShell 的远程控制技术。我们故意留下一些硬骨头，从而使得我们可以专注于远程控制背后的核心技术。但是在本章，我们希望重返该主题，并阐述一些更加高级和不常用的功能与场景。我们必须提前承认并不是本章所有的内容都能够派上用场——但是我们认为每个人都应该了解这些选项，以防以后对这些选项有需求。

同时，我们提醒你，本书主要内容是关于 PowerShell v3 以及之后版本，新版本关于远程控制的功能与之前版本的远程控制并无不同，关于找出当前运行的版本的办法，请重新查看第 1 章。本书涵盖的大部分内容无法在早期版本中运行。

## 23.1　使用其他端点

正如在第 13 章中所学，一台计算机可以包含多个端点。在 PowerShell 中，端点也被称为会话配置（session configurations）。举例来说，在 64 位机器上启用远程控制会同时为 32 位 PowerShell 和 64 位 PowerShell 各启用一个端点，其中 64 位 PowerShell 的端点是默认端点。

如果你拥有管理员权限，你可以在任何计算机上运行下述命令，获得可用的会话配置列表。

```
PS C:\> Get-PSSessionConfiguration

Name          : microsoft.powerShell
PSVersion     : 3.0
StartupScript :
RunAsUser     :
Permission    : NT AUTHORITY\NETWORK AccessDenied, BUILTIN\Administrators
```

```
                   AccessAllowed
Name             : microsoft.powerShell.workflow
PSVersion        : 3.0
StartupScript    :
RunAsUser        :
Permission       : NT AUTHORITY\NETWORK AccessDenied, BUILTIN\Administrators
                   AccessAllowed
Name             : microsoft.powerShell32
PSVersion        : 3.0
StartupScript    :
RunAsUser        :
Permission       : NT AUTHORITY\NETWORK AccessDenied, BUILTIN\Administrators
                   AccessAllowed
```

每一个端点有一个名称；诸如 New-PSSession、Enter-PSSession、Invoke-Command 等远程控制命令默认使用其中一个名称为"Microsoft.PowerShell"的端点。在 64 位系统中，端点是 64 位的 Shell；在 32 位系统中，"Microsoft.PowerShell"是 32 位的 Shell。

你可以注意到，我们的 64 位系统有一个运行 32 位 Shell 的备用端点："Microsoft.PowerShell32"用于兼容性目的。如果希望连接到备用端点，只需要在远程控制命令的 -ConfigurationName 参数中指定端点名称。

```
PS C:\> Enter-PSSession -ComputerName DONJONES1D96 -ConfigurationName
➥'Microsoft.PowerShell32'

[DONJONES1D96]: PS C:\Users\donjones\Documents>
```

什么时候会使用备用端点？需要显式通过 32 位的端点连接到 64 位的机器的可能原因之一是当需要运行的命令依赖于 32 位的 PowerShell 插件时。另外一种可能是存在自定义端点。当需要执行一些特定任务时，你或许需要连接到这些端点上。

## 23.2    创建自定义端点

创建一个自定义端点可以分为以下两步。

（1）通过 New-PSSessionConfigurationFile 命令创建一个新的会话配置文件，该文件的扩展名为 .PSSC。该文件用于定义端点的特征。特征主要指的是该端点允许运行的命令和功能。

（2）通过 Register-PSSessionConfiguration 命令载入.PSSC 文件，并在 WinRm 服务中创建新的端点。在注册过程中，可以设置多个可选参数，比如说谁可以连接到端点。也可以在必要时通过 Set-PSSessionConfiguration 命令改变设置。

我们将会带领你经历一个使用自定义端点进行授权管理的示例,这或许是 PowerShell 最酷的功能之一。我们可以创建一个只有域中 HelpDesk 组的成员可以访问的端点。在端点内,我们启用与网络适配器相关的命令——并且只允许这些命令。我们并不打算给 HelpDesk 组运行命令的权限,仅仅是让他们可以查看命令。我们还配置端点从而可以在我们提供的备用凭据下运行命令,因此可以使得 HelpDesk 组可以在自身无须拥有执行命令的权限时执行命令。

## 23.2.1 创建会话配置

下面是我们运行的命令(我们将该命令格式化以便于阅读,但实际上,我们输入后只有一行)。

```
PS C:\> New-PSSessionConfigurationFile
➥-Path C:\HelpDeskEndpoint.pssc
➥ -ModulesToImport NetAdapter
➥ -SessionType RestrictedRemoteServer
➥ -CompanyName "Our Company"
➥ -Author "Don Jones"
➥ -Description "Net adapter commands for use by help desk"
➥ -PowerShellVersion '3.0'
```

这里有一些关键参数,我们已经用粗体重点标注。我们将会解释为什么我们赋了这些值。我们将阅读帮助找出这些参数其他选项的任务留给你。

- -Path 参数是必需的,并且你提供的文件名称必须以.pssc 结尾。
- -ModulesToImport 列出组件(在本例中,只有一个名称为 NetAdapter 的组件),我们只希望对于本端点只有该组件可用。
- -SessionType RestrictedRemoteServer 除了一些必需的命令,移除所有 PowerShell 的核心命令。该列表会很小,仅包括 Select-Object、Measure-Object、Get-Command、Get-Help、Exit-PSSession 等。
- -PowerShellVersion 默认为 3.0。在本例中,我们将该参数包含在内,只是为了完整性。

还有一些以-Visible 开头的参数,比如说-VisibleCmdlets。正常情况下,当你使用-ModulesToImport 导入一个组件时,所有该组件中的命令都会对于使用最终端点的人可见。通过只列出你希望人们看到的 Cmdlet、别名、函数、提供程序,非常有效地隐藏了其他内容。这是限制人们通过该端口所能做的操作的好办法。请小心使用 visibility 参数,这是因为该参数有一点让人迷惑。举例来说,如果你导入由 Cmdlet 和函数组成的组件,使用 VisibleCmdlets 仅仅限制能够显示的 Cmdlets——却不影响是否显示函数,这意味着这些函数在默认情况下都可见。

注意，没有任何方法可以对命令可用的参数进行限制：PowerShell 支持参数级别的限制，但需要在 Visual Studio 中进行大量编码。这超出了本书的内容。还有你可以使用的其他高级技巧，比如说创建用于隐藏参数的代理函数。但这超出本书的篇幅，因为本书的目标读者是初学者。

## 23.2.2  会话注册

创建完会话配置文件之后，可以通过下述命令使配置文件生效。我们再一次将代码格式化以便于阅读，但实际上只有很长的一行。

```
PS C:\> Register-PSSessionConfiguration
➥  -Path .\HelpDeskEndpoint.pssc
➥  -RunAsCredential COMPANY\HelpDeskProxyAdmin
➥  -ShowSecurityDescriptorUI
➥  -Name HelpDesk
```

这就创建了名称为 HelpDesk 的新端点。如图 23.1 所示，提示我们输入 COMPANY\ HelpDeskProxyAdmin 账户的密码；该端点运行的所有命令都通过该账户的身份运行，我们需要确保该账户拥有运行网络适配器相关命令的权限。

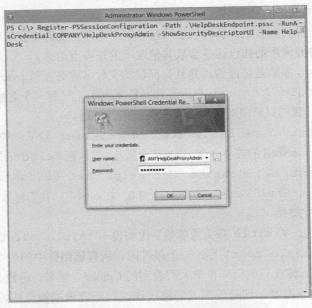

图 23.1   提示输入以凭据运行的密码

我们完成几个"是否继续运行"的提示，建议你仔细阅读提示。该命令会停止并启动 WinRM 服务，这会导致中断其他管理员管理本地机器，所以请小心。

如图 23.2 所示，该命令还为我们提供了图形化对话窗口指定哪个用户可以连接到端点。之所以会显示对话框，是由于我们使用了-ShowSecurityDescriptorUI 参数，而不是使用复杂的安全描述符定义语言（SDDL）设置权限。坦白讲，这也是我们不熟悉的语言。这同时是相对于 Shell 使用 GUI 方式更好的例子——我们将 HelpDesk 用户组添加在内，并确保该组拥有执行和读权限。执行是所需的最小权限，执行权限将我们计划给该账号的权限赋予端点；读权限是另一个我们需要的权限。

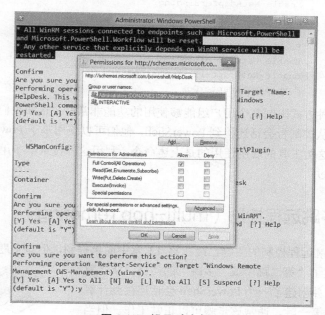

**图 23.2 设置端点权限**

基于我们完成的内容，可以看到下述输出结果（截断后的），使用新端点的用户只能使用非常有限的命令。

```
PS C:\> Enter-PSSession -ComputerName DONJONES1D96 -ConfigurationName
➥HelpDesk
[DONJONES1D96]: PS>Get-Command


Capability      Name                                               ModuleN
                                                                   ame
----------      ----                                               -------
CIM             Disable-NetAdapter                                 NetA...
CIM             Disable-NetAdapterBinding                          NetA...
CIM             Disable-NetAdapterChecksumOffload                  NetA...
CIM             Disable-NetAdapterEncapsulatedPacketTaskOffload    NetA...
CIM             Disable-NetAdapterIPsecOffload                     NetA...
CIM             Disable-NetAdapterLso                              NetA...
```

```
CIM              Disable-NetAdapterPowerManagement              NetA...
CIM              Disable-NetAdapterQos                          NetA...
CIM              Disable-NetAdapterRdma                         NetA...
CIM              Disable-NetAdapterRsc                          NetA...
CIM              Disable-NetAdapterRss                          NetA...
CIM              Disable-NetAdapterSriov                        NetA...
CIM              Disable-NetAdapterVmq                          NetA...
CIM              Enable-NetAdapter                              NetA...
CIM              Enable-NetAdapterBinding                       NetA...
CIM              Enable-NetAdapterChecksumOffload               NetA...
CIM              Enable-NetAdapterEncapsulatedPacketTaskOffload NetA...
CIM              Enable-NetAdapterIPsecOffload                  NetA...
CIM              Enable-NetAdapterLso                           NetA...
CIM              Enable-NetAdapterPowerManagement               NetA...
CIM              Enable-NetAdapterQos                           NetA...
```

通过这种方式限制某个用户组能够使用的功能非常好。正如我们做的测试那样，他们甚至不必从控制台会话连接到 PowerShell，他们可以使用基于 PowerShell 远程控制的 GUI 工具。这类工具的底层使用的是上述命令，利用这种技术给予用户使用某些功能的权限再好不过。

## 23.3    启用多跳远程控制（multi-hop remoting）

启用多跳远程控制的主题已经在第 13 章中简单提到，但该主题值得进一步深入。

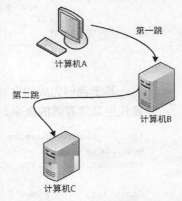

图 23.3 描述了"第二跳"或"多跳"的问题：从计算机 A 开始，并创建了一个 PowerShell 会话连接到计算机 B。这是第一跳，通常该步骤可以正常工作。但当请求由计算机 B 再次创建第二跳，或者连接到计算机 C 时，操作失败。

问题是由于 PowerShell 将凭据由计算机 A 委托到计算机 B 时出现的。所谓委托，是使得计算机 B 以你的身份运行任务的过程，因此确保你可以在计算机 B 上做任何有权限做的事，但无法做权限之外的事。默认情况下，委托只能传输一跳；计算机并没有权限将你的凭据委托给第三台计算机，也就是计算机 C。

图 23.3    在 Windows PowerShell 中的多跳远程控制

在 Windows Vista 以及之后版本，你可以启用多跳委托。该过程需要两步。

（1）在你的计算机（比如计算机 A）上，运行 `Enable-WSManCredSSP -Role Client -Delegate Computer x`。可以将"x"替换为希望将身份委托到的计算机名称。你可以指定具体的计算机名称，当然也可以使用通配符。我们不推荐使用*，这会导致一些安全问题，但是可以对整个域进行授权，比如 `*.company.com`。

（2）在第一跳连接到的计算机（比如计算机 B）上，运行 `Enable-WSManCredSSP -Role Server`。

通过上述命令所做的变更，将会应用到计算机的本地安全策略；你也可以通过组策略对象手动进行变更，在较大的域环境中可能需要这么做。通过组策略管理这些超过了本章篇幅，但你可以通过 `Enable-WSManCredSSP` 的帮助信息获得更多信息。Don 还写过一本书——*Secrets of PowerShell Remoting Guide*，在该书中对策略相关的元素进行了更详细的阐述。

## 23.4　深入远程控制身份验证

我们发现，很多人都会认为身份验证是一个单向的过程：当你访问远程控制计算机时，你必须在登录该计算机之前提供你的凭据。但 PowerShell 远程控制采用了双向身份验证，这意味着远程控制计算机必须向你证明它的身份。换句话说，当你执行 `Enter-PSSession -computerName DC01` 时，名称为 DC01 的计算机必须在连接建立完成之前证明它就是 DC01。

为什么？正常情况下，你的计算机将会通过域名系统（Domain Name System，DNS）将计算机名称（比如说 DC01）解析为 IP 地址。但 DNS 可能会受到电子欺骗的攻击，因此不难想象，攻击者会攻入并将 DC01 的入口指向另一个 IP 地址——一个受攻击者控制的 IP 地址。你可能在不知情的情况下连接到 DC01，实际上是一台冒名顶替的计算机，然后将你的凭据委托给这台冒名顶替的计算机——该倒霉了！双向身份验证会防止这类事发生：如果你连接到的计算机无法证明它就是那台你希望连接到的计算机，远程控制连接将会失败，这是好事——因此你不会希望在没有周密计划和考虑的情况下将这种保护关掉。

### 23.4.1　双向身份验证默认设置

微软期望更多是在域环境下使用 PowerShell。因此可以通过活动目录列出的实际计算机名称连接到计算机，域会为你处理双向身份验证。在访问其他可信任的计算机时也可以由域处理双向身份验证。该技巧需要你为 PowerShell 提供的计算机名称满足以下两点要求。

- 名称可以被解析为 IP 地址。
- 名称必须与活动目录中的计算机名称匹配。

提供你所在域的计算机名称，而对于可信域则需要提供完全限定名（也就是计算机和域名称，比如 DC01.COMPANY.LOC），这样远程控制通常就会生效。但如果你提供的是 IP 地址，或者需要提供与 DNS 中不同的名称（比如说 CNAME 别名），那么默认的双向身份验证将无法正常工作。因此你只有如下两种选择：SSL 或是"受信任的主机"。

## 23.4.2　通过 SSL 实现双向身份验证

要想通过 SSL 实现双向身份验证，你必须获得目标计算机的 SSL 数字证书。证书颁发给的计算机名称必须与你输入访问的计算机名称相同。也就是说，如果你运行 `Enter-PSSession -computerName DC01.COMPANY.LOC -UseSSL -credential COMPANY\Administrator`，那么安装在 DC01 上的证书必须颁发给"dc01.company.loc"，否则整个过程就会失败。注意，`-credential` 参数在该场景中是强制参数。

在获取到证书之后，还需要将其安装到当前用户下的个人证书存储目录——通过微软管理控制台（Microsoft Management Console，MMC）界面是导入证书的最佳方式。仅仅是双击证书，通常情况下也能够将证书导入到账户的个人目录之下，但不通过 MMC 导入证书对 SSL 连接不会生效。

在完成证书安装之后，你需要在计算机上创建一个 HTTP 侦听器，并告诉侦听器使用刚刚安装的证书。而详细的指导教程会很长。由于这并不是大部分人会去配置的工作，我们在此不会将该部分内容包含在内。查看 Don 的 *Secrets of PowerShell Remoting Guide*（免费），你可以在此书中找到包含截图的详细教程。

## 23.4.3　通过受信任的主机实现双向身份验证

该技术比使用 SSL 证书略微简单，需要的配置步骤也会少很多。但该方式更加危险，这是由于该技术主要是对于选定的主机关闭双向身份验证。在开始之前，你需要能够自信地声明"不会有任何人会冒充这几台主机中的任何一台，或者入侵 DNS 记录"。对于在内部局域网的计算机来说，你或许可以确保这一点。

然后你仅需一种方式去识别哪些计算机不需要双向验证。在一个域中，这或许是类似 "*.COMPANY.COM" 这样在 Company.com 域中的所有主机。

这是你需要配置整个域设置的一个实例，所以我们给你一个操作组策略的指南。该指南对于单机中的本地安全策略同样有效。

在任意 GPO 或本地计算机策略编辑器中，执行这些步骤。

（1）展开计算机配置。

（2）展开管理模板。

（3）展开 Windows 组件。

（4）展开 Windows 远程控制管理。

（5）展开 WinRM 客户端。

（6）双击受信任的主机。

（7）启用策略并添加信任的主机列表，多个条目可以通过逗号分隔，比如 "*.company.com,*.sales.company.com."。

**注意：** 老版本的 Windows 版本可能没有在本地计算机策略中显示上述设置所需的模板，旧的域控制器的组策略对象中或许没有这些设置。对于这种情况，你可以在 PowerShell 中修改受信任的主机。在 Shell 中运行 `help about_remote_troubleshooting` 获取帮助。

　　现在你就可以在没有双向身份验证拦截的情况下连接到这些计算机。所有用于连接到这些计算机的远程控制命令中必须提供 `-Credential` 参数——如果不这么做，可能会导致连接失败。

# 23.5　动手实验

**注意：** 对于本次动手实验来说，你需要 Windows8 或 Windows Server 2012 或更新版本的操作系统，从而运行 PowerShell v3 或更新版本。

　　在本地计算机创建一个名称为 TestPoint 的端点。将端点配置为仅自动载入 SmbShare 组件，但该组件只有 `Get-SmbShare` 命令可见。同时要确保类似 `Exit-PSSession` 的关键 Cmdlet 可见，但不允许使用其他核心 PowerShell Cmdlet。

　　通过 `Enter-PSSession`（指定 localhost 作为计算机名称，TestPoint 作为配置名称）连接到该端口，对该端口进行测试。当连接成功后，运行 `Get-Command`，从而确保只有少数配置为可见的命令可以被发现。

　　注意，本次动手实验可能只在 Windows 8、Windows Server 2012 以及更新版本的 Windows 上可做——SmbShare 组件并没有与更老版本的 Windows 一起发行。

# 23.6　动手实验答案

```
#create the session configuration file in the current location
#this is one long line
New-PSSessionConfigurationFile -Path .\SMBShareEndpoint.pssc
    -ModulesToImport SMBShare -SessionType RestrictedRemoteServer
    -CompanyName "My Company" -Author "Jane Admin"
    -Description "restricted SMBShare endpoint" -PowerShellVersion '4.0'

#register the configuration
Register-PSSessionConfiguration -Path .\SMBShareEndpoint.pssc -Name TestPoint

#enter the restricted endpoint
Enter-PSSession -ComputerName localhost -ConfigurationName TestPoint
get-command
exit-pssession
```

# 第24章 使用正则表达式解析文本文件

正则表达式是令人尴尬的主题之一。经常有学生让我们解释这个概念——在解释的过程中才发现他们完全不需要使用正则表达式。正则表达式（regular expression，或 regex）能够非常有效地进行文本解析，你经常会在 UNIX 或 Linux 操作系统中用到。在 Power Shell 中，你会倾向于尽量少用文本解析——我们也发现你很少需要用到正则表达式。也就是说，我们当然知道某些时候在 PowerShell 中，你需要解析一些类似 IIS 日志的文本内容。这也是我们在本文阐述正则表达式的使用方式——用于解析文本文件。

不要错误地理解我们的意思：你可以用正则表达式做更多的事情，我们将在本章结束之前阐述其中一部分。为了确保你有一个正确的期望，我们事先声明，我们在本书中将不会从宽度和深度方面尝试覆盖正则表达式的方方面面。正则表达式可以非常复杂，其自身就是一个完整的技术体系。我们将会把知识以直接应用到实践的方式传授给你，从而帮助你起步。在此之后，我们会阐述一个大方向，帮助你进一步自学。这就足够了。

本章的目标是以最简单的方式介绍正则表达式的语法，并且展示 PowerShell 如何使用正则表达式，如果你希望探索更加复杂的表达式，当然更好。这里我们将教会你如何在 Shell 中使用正则表达式。

## 24.1 正则表达式的目标

正则表达式需要以特定语言编写，其目标是为了定义文本模型。比如说，IPv4 地址以 1~3 位的数字为一组，一共 4 组。通过正则表达式可以定义该模式。虽然定义后还是会有 211.193.299.299 这样的非法地址，但这属于识别文本模式与数据有效范围的区别。

正则表达式最大的使用场景之一，也就是我们本章涵盖的内容——在一个类似日志这样大的文本文件中检测特定的文本模式。举例来说，通过正则表达式在一个 Web 服务器日志文件中找到代表 HTTP 500 的特定文本，或是在一个 SMTP 服务器日志文件中寻找电子邮件地址。除了检测文本模式之外，还可以使用正则表达式捕捉匹配的文本，从而在日志文件中提取出邮件地址。

## 24.2 正则表达式入门

最简单的正则表达式就是你所期望匹配的文本字符串。比如"Don"，从技术角度来说，这就是一个正则表达式，在 PowerShell 中能够匹配"DON""don""Don""DoN"等——PowerShell 默认的匹配规则不区分大小写。

某些特定的字符在正则表达式有特殊的含义，这些特定字符可以允许你检测文本变量中的文本模式。下面是一些示例。

- \w 用于匹配"文本字符"，也就是字母、数字以及下划线，但不包含标点符号和空格。正则表达式\won 可以匹配"Don""Ron"以及"ton"，\w 可以代表任意字母、数字或下划线。
- \W 与 \w 相反（这也是 PowerShell 会区分大小写的一个示例），意思是它将会匹配空格与标点符号——也就是"非字母"。
- \d 用于匹配包括 0 到 9 的任意数字。
- \D 用于匹配任意非数字。
- \s 用于匹配任意空格字符，比如 Tab、空格或者回车符。
- \S 用于匹配任意非空格字符。
- .（句号）代表任意单个字符。
- [abcde]用于匹配在该集合中的任意字符。正则表达式 d[aeiou]n 可以匹配"Don""Dan"，但不会匹配"Doun"或"Deen"。
- [a-z]匹配在此范围内的一个或多个字符，可以使用逗号分隔列表指定多个范围，比如说[a-f,m-z]。
- [^abcde] 用于匹配不在该集合中的一个或多个字符，意味着正则表达式 d[^aeiou]可以与"dns"匹配，但无法与"don"匹配。
- 将?置于另一个字母或特殊符号之后，可以用于匹配该字符的一个实例。所以正则表达式 do?n 可以与"don"匹配，但不会与"doon"匹配。该正则表达式还可以与"dn"匹配，这是由于? 还可以代表空实例。
- * 用于匹配该符号之前任意数量的实例。正则表达式 do*n 将会与"doon"和"don"匹配。该正则表达式还可以与"dn"匹配，这是由于*还可以代表空实例。

- `+` 用于匹配该符号之前任意数量的实例。你会经常见到该字符和括号一起使用，从而创建了一种子表达式。举例来说，正则表达式（dn）+o 可以与"dndndndno"匹配，这是由于该正则表达式可以重复匹配子表达式"dn"。
- `\`（反斜杠）是正则表达式转义字符。将该字符置于在正则表达式中有特殊意义的字符之前，从而使得该字符变为该字符的字面意思。比如，正则表达式`\.`仅仅匹配一个句号，而不是像正常情况那样用于代表任意单个字符。如果希望匹配反斜杠，那么在反斜杠之前再加一个反斜杠：`\\`。
- `{2}`用于匹配该符号之前特定数量的实例。比如，`\d{1}`用于匹配 1 个数字。使用`{2,}`匹配 2 或多个数字，使用`{1,3}`匹配至少 1 个但不超过 3 个实例。
- `^`用于匹配字符串开始部分。比如，正则表达式`d.n`既可以匹配"don"，又可以匹配"pteranodon"。而正则表达式`^d.n`只能匹配"don"，而无法匹配"pteranodon"。这是由于`^`使得匹配只能从字符串开始部分匹配，而`^`与`[]`共同使用时表达取匹配的反义。
- `$`用于匹配字符串结尾部分。比如，正则表达式`.icks`既可以与"hicks"匹配，又可以与"sticks"（本例中该匹配其实匹配的是"ticks"）匹配，还能够与"Dickson"匹配。但正则表达式`.icks$`无法与"Dickson"匹配，这是因为`$`表示字符"s"应该是该字符串的最后一个字符。

总之，你快速查看了一遍正则表达式的语法。正如我们在开始所写的那样，正则表达式还有大量内容，但这些内容足够你完成基本工作。让我们来看一些正则表达式的例子。

- `\d{1,3}\.\d{1,3}\.\d{1,3}\.\d{1,3}`可以匹配 IPv4 地址的模式，但该表达式可以接受"432.567.875.000"这样的非法地址，也可以接受"192.169.15.12"这样的合法地址。
- `\\\\\w+(\\\w+)+`可以匹配通用命名惯例（UNC）路径。大量的反斜杠使得该正则表达式难以阅读，这也是为什么在将正则表达式部署到生产环境之前对正则表达式进行调试和调整。
- `\w{1}\.\w+@company\.com` 可以匹配特定类型的电子邮件地址：首先是一个字母，然后是句号，最后是"@company.com"。比如 d.jones@company.com 可以与该正则表达式进行匹配，"donald.jones@company.com.org"也能够匹配。我们将正则表达式能够匹配的部分进行加粗——正则表达式允许在匹配文本的开始或结尾存在额外的字符。在这种情况下就可以考虑使用`^`或`$`。

**注意：** 你可以通过在 PowerShell 运行 help about_regular_expressions，发现更多关于正则表达式的基本语法。在本章末尾，我们将为你更进一步学习提供一些额外的资源。

## 24.3  通过 -Match 使用正则表达式

PowerShell 包含一个比较运算符-Match，以及一个区分大小写的版本-Cmatch。通过这两个运算符与正则表达式进行比较。下面是一些示例。

```
PS C:\> "don" -match "d[aeiou]n"
True
PS C:\> "dooon" -match "d[aeiou]n"
False
PS C:\> "dooon" -match "d[aeiou]+n"
True
PS C:\> "djinn" -match "d[aeiou]+n"
False
PS C:\> "dean" -match "d[aeiou]n"
False
```

虽然使用正则表达式的方法很多，但我们主要依靠-Match 测试正则表达式并确保正则表达式能够正确生效。如你所见，左边是你希望测试的字符串，右边是正则表达式。如果两端匹配，那么输出 True；如果两端不匹配，那么输出 False。

**动手实验**：是时候停止阅读并尝试使用-Match 运算符了。运行一些之前我们在语法小节给你的示例，并确保你能够在 Shell 中将-Match 运算符运用得得心应手。

## 24.4  通过 Select-String 使用正则表达式

现在我们终于到了本章的精华之处。我们使用一些 IIS 日志文件作为示例，这是由于 IIS 日志是纯文本，而这正是正则表达式的用武之地。如果能将这些日志以更面向对象的风格读取到 PowerShell 中，那再好不过。可惜不能……所以只能使用正则表达式。

让我们先在日志文件中查找 40x 错误。这类错误主要是"找不到文件"以及其他错误，我们希望为 Web 开发人员生成一个缺失文件的报表。日志文件中，每一个 HTTP 请求为一行，每行又被分为以空格分割的域。我们还有一些文件名称中包含"401"等，比如"error401.html"，我们不希望这部分结果出现在我们的结果中。我们将会指定一个类似\s40[0-9]\s 的正则表达式，因为通过在 40x 错误之前和之后匹配空格，该表达式将能够匹配从 400 到 499 的错误。下面是我们使用的命令。

```
PS C:\logfiles> get-childitem -filter *.log -recurse | select-string -pattern
    "\s40[0-9]\s" | format-table Filename,LineNumber,Line -wrap
```

　　注意，我们将当前目录变更为 C:\logfiles，开始运行命令。我们通过寻找所有以.log 结尾的文件，并递归查找子目录。这可以确保所有的日志文件都可以被包含在输出结果之内。接下来我们使用 Select-String，提供正则表达式作为参数。该命令的结果是一个类型为 **MatchInfo** 的对象；这里使用 Format-Table 命令，使得显示结果包含文件名称、行号以及包含匹配结果的文本。这使得找到缺失文件非常容易。然后我们将报表给予 Web 开发人员。

　　接下来，我们希望扫描所有基于 Gecko 浏览器访问过的文件。开发人员告诉我们，使用该类浏览器访问我们的网站的用户会遇到一些问题，他们希望找到具体被访问的文件。他们还希望将问题范围缩减为使用 Windows NT6.2 操作系统运行浏览器的用户，这意味着我们需要在 user-agnet 中寻找类似下面的字符串。

```
(Windows+NT+6.2;+WOW64;+rv:11.0)+Gecko
```

　　开发人员强调是否为 64 位操作系统无关紧要，因此我们不希望 User-agent 中仅是包含"WOW64"的结果。最终我们得到这个正则表达式：6\.2;[\w\W]+\+Gecko——让我们对其进行分解。

- 6\.2;——这就是"6.2"；我们使用转义字符将句号变为字面意思上的句号，而不是作为单字符的通配符。
- [\w\W]+ ——一个或多个字符或非字符——换句话说是任何内容。
- \+Gecko ——也就是字面意义上的加号，然后是"Gecko"。

下面是从日志文件返回匹配行的命令，还包含前几行的返回结果。

```
PS C:\logfiles> get-childitem -filter *.log -recurse |
➥select-string -pattern "6\.2;[\w\W]+\+Gecko"

W3SVC1\u_ex120420.log:14:2012-04-20 21:45:04 10.211.55.30 GET
     /MyApp1/Testpage.asp - 80 - 10.211.55.29
     Mozilla/5.0+(Windows+NT+6.2;+WOW64;+rv:11.0)+Gecko/20100101+Firefox/11.0
     200 0 0 1125
W3SVC1\u_ex120420.log:15:2012-04-20 21:45:04 10.211.55.30 GET /TestPage.asp-
     80 - 10.211.55.29
     Mozilla/5.0+(Windows+NT+6.2;+WOW64;+rv:11.0)+Gecko/20100101+Firefox/11.0
     200 0 0 1 109
```

　　这次我们保持输出结果为默认格式，而不是将结果发送给用于格式化的 Cmdlet。

　　在最后一个例子中，将 IIS 日志文件变为 Windows 安全日志。事件日志实体中包含 Message 属性，该属性中包含关于事件信息的细节。遗憾的是，该信息并没有良好的格式化以便于人们阅读，也不易于计算机解析。我们希望查找所有事件 ID 为 4624 的事件，该事件代表账户登录事件（该 ID 代表的含义可能根据 Windows 版本的不同而有所不同；我们的示例是在 Windows Server 2008 R2 上）。但我们只希望查看账户名称以 "WIN"开头的登录信息，这些账户都与在域中的计算机账户关联。另外，我们还要求

账户结尾必须是从 `TM20$`到 `TM40$`的字符，这些是我们感兴趣的特定计算机。我们需要的正则表达式大概如下：`WIN[\W\w]+TM[234][0-9]\$` ——注意我们需要使用转义符号将末尾的$进行转义，因此该符号不会被解释成字符串结尾标记。我们需要包含 `[\W\w]`（非字符和字符），这是由于我们的账户名称中可能包含连字符，该连字符无法与\w 字符类匹配。因此最终下面是我们的命令。

```
PS C:\> get-eventlog -LogName security | where { $_.eventid -eq 4624 } |
➥select -ExpandProperty message | select-string -pattern
➥"WIN[\W\w]+TM[234][0-9]\$"
```

在开始部分，我们使用 `Where-Object`，从而仅使得 ID 为 4624 的事件被筛选出来。然后我们将 `Message` 属性的内容存入纯字符串，并通过管道将其传输给 `Select-String`。注意，这将会输出匹配的信息文本；如果我们的目标是输出所有匹配的事件，我们需要使用另一种方式。

```
PS C:\> get-eventlog -LogName security | where { $_.eventid -eq 4624 -and
➥$_.message -match "WIN[\W\w]+TM[234][0-9]\$" }
```

这里，我们不是输出 `Message` 属性的内容，而是查找 `Message` 属性匹配正则表达式的记录——接下来输出整个 Event 对象。接下来所使用的命令取决于结果希望输出的形式。

# 24.5　动手实验

**注意：** 对于本次动手实验来说，你需要 Windows8 或 Windows Server 2012 或更新版本的操作系统，从而运行 PowerShell v3 或更新版本。

请不要会错意，正则表达式的复杂程度可以让你头痛，所以请不要开始就尝试创建复杂的正则表达式——从简单开始。下面一些练习可以帮助你入门。使用正则表达式和运算符完成下列任务。

1. 获取活动目录中所有名称包含两位数字的文件。

2. 获得计算机中所有来自微软的进程，并显示进程 ID、名称以及公司名称。提示：通过管道将 `Get-Process` 传递给 `Get-Member`，从而显示属性名称。

3. 在 Windows Update 日志中，该日志通常位于 C:\Windows，你只希望显示代理开始安装文件的日志行。你或许需要在记事本中打开日志文件，从而找出你需要选择的字符串。

4. 使用 `Get-DNSClientCache` 这个 **cmdlet** 显示列表，该列表仅显示 `Data` 属性为 IPV4 地址的条目。

# 24.6　进一步学习

你将会在 PowerShell 的其他地方发现使用正则表达式，其中很多地方包含本书未提到的 Shell 元素。下面是一些示例。

- ■ Switch 脚本构造器中包含一个参数，使得其值可以与一个或多个正则表达式进行比较。
- ■ 高级脚本和函数（脚本 Cmdlets）可以使用一个基于正则表达式的输入验证工具防止无效的参数值。
- ■ -Match 运算符（在本章简单介绍）将字符串与正则表达式进行对比。还有一部分未做介绍——抓取匹配的字符串存入一个自动的 $matches 集合。

PowerShell 使用业界标准的正则表达式。如果你希望更深入地学习，我们推荐你阅读 Jeffrey E.F. Friedl 的著作 *Mastering Regular Expressions* (O'Reilly 出版社，2006)。市场上还有大量关于正则表达式的书籍，其中一部分只面向 Windows 和.NET（也就面向 PowerShell），其中一部分书籍专注针对具体场景构建正则表达式，等等。请浏览你喜欢的在线书店，从而查找是否存在吸引你或满足你特定需求的书籍。

我们也使用免费的在线正则表达式资源：http://RegExLib.com。该网站包含用于不同目的的大量正则表达式示例（电话号码、邮件地址、IP 地址等）。我们还使用 http://RegExTester.com 这个网站测试我们的正则表达式，从而确保正则表达式能够满足我们的需求。

## 24.7　动手实验答案

1. dir c:\windows | where {$_.name -match "\d{2}"}
2. get-process | where {$_.company -match "^Microsoft"} |
   Select Name,ID,Company
3. get-content C:\Windows\WindowsUpdate.log |
   Select-string "Start[\w+\W+]+Agent: Installing Updates"
4. 你可以通过匹配以 1~3 位数字后跟着一个句号为开头的模式获得结果，如下：
   get-dnsclientcache | where { $_.data -match "^\d{1,3}\." }
   或者你可以匹配整个 IPv4 地址字符串：
   get-dnsclientcache | where
   { $_.data -match "^\d{1,3}\.\d{1,3}\.\d{1,3}\.\d{1,3}" }

# 第 25 章　额外的提示，技巧以及技术

到目前为止，一个月的"午饭学习时间"已经接近尾声。因此我们想给你分享一些额外的提示与技巧完成这次学习之旅。

## 25.1　Profile、提示以及颜色：自定义 Shell 界面

每一个 PowerShell 进程开启时都是一样的：一样的别名，一样的 PSDrives，一样的色彩等。为什么不使用自定义的 Shell 界面呢？

### 25.1.1　PowerShell Profile 脚本

在前文中，我们阐述了 PowerShell 托管应用程序和 PowerShell 引擎本身的区别。PowerShell 的托管应用程序，比如 PowerShell ISE 的控制台，是指将命令发送至 PowerShell 引擎的一种方式。首先 PowerShell 引擎会执行命令，然后托管应用程序再显示执行结果。托管应用程序的另一个功能是当新开一个 Shell 窗口时，载入和运行 Profile 脚本。

这些 Profile 脚本可被用作自定义 PowerShell 的运行环境——能够自定义的包括：载入 SnapIn 管理单元或模块，切换到另外的根路径，定义需要使用的功能等。例如，下面是 Don 在计算机上使用的一个 Profile 脚本。

```
Import-Module ActiveDirectory
Add-PSSnapIn SqlServerCmdletSnapIn100
Cd C:\
```

该 Profile 载入了 Don 最常用的两个 Shell 的扩展程序，并修改根路径为 C 盘——C 盘也是 Don 喜欢使用的根路径。当然，你可以将你喜欢的任意命令放入 Profile 脚本中。

**注意：** 你可能认为没有必要载入 ActiveDirectory 模块，因为当用户尝试使用包含在该模块中的任一命令时，该模块会被隐式载入。该模块也会映射到一个 AD:PSDrive，Don 希望当新开一个 Shell 窗口时，该 AD:PSDrive 就处于可用状态。

在 PowerShell 中，并没有默认的 Profile 脚本存在，你创建的 Profile 脚本会依赖于你期望该脚本的工作方式。如果你需要查看详细信息，那么请执行 Help About_Profiles。当然，你最需要考虑的是，是否会用到多种 PowerShell 的托管应用程序。比如，我们倾向于在常规控制台和 PowerShell ISE 中来回切换，我们希望这两种托管应用程序都会运行相同的 Profile 脚本，所以需要确保在正确的路径下创建正确的 Profile 脚本。同时，我们也必须验证 Profile 脚本中的命令，因为该 Profile 脚本都会应用到控制台以及 ISE 托管应用程序——比如一些调整色彩等控制台设置的命令在 ISE 中可能会运行失败。

下面是控制台宿主尝试载入的一些文件，以及尝试载入这些文件的顺序。

（1）$PsHome/Profile.PS1——不管使用何种托管应用程序，计算机上的所有用户都会执行该脚本（请记住，PowerShell 已经预定义了 $PSHome，该变量包含 PowerShell 的安装文件夹的路径）。

（2）$PsHome/Microsoft.PowerShell_Profile.PS1——如果该计算机上的用户使用了控制台宿主，那么就会执行该脚本。如果他们使用的是 PowerShell 的 ISE，那么会执行 $PsHome/Microsoft.PowerShellISE_Profile.ps1 脚本。

（3）$Home/Documents/WindowsPowerShell/Profile.PS1——无论用户使用的是何种托管应用程序，只有当前用户会执行该脚本（因为该脚本存在于用户的根目录下）。

（4）$Home/Documents/WindowsPowerShell/Microsoft.PowerShell_Profile.PS1——只有当前使用 PowerShell 控制台的用户才会执行该脚本。如果用户使用的是 PowerShell ISE，那么会执行 $Home/Documents/WindowsPowerShell/Microsoft.PowerShellISE_Profile.PS1。

如果上面脚本中某一个或者几个不存在，那么也没关系。托管应用程序会跳过不存在的脚本，继续寻找下一个可用的脚本。

在 64 位操作系统上，由于存在独立的 32 位与 64 位的 PowerShell 程序，所以脚本也会包括 32 位与 64 位的版本。请不要期望相同的脚本在 32 位与 64 位 PowerShell 中都能正常运行。这意味着，某些模块或者扩展程序仅在某一个架构中才可用，所以请不要尝试使用一个 32 位的 Profile 脚本将某个 64 位的模块载入 32 位的 PowerShell 中，因为这根本不可能成功。

请注意，About_Profiles 的帮助文档与我们上面罗列的有一点不同。但是我们的经验可以证明，上面的列表是正确的。下面是针对该列表的其他一些知识点。

- $PsHome 是包含 PowerShell 安装路径信息的内置变量；在大部分操作系统中，该变量的值是 C:\Windows\System32\WindowsPowerShell\V1.0（针对 64 位操作系统上 64 位版本的 PowerShell）。

- $Home 是另一个内置的变量，该变量指向当前用户的配置文件夹（比如 C:\Users\Administrator）。
- 在前面的列表中，我们使用"Documents"表示文档文件夹，但是在某些版本的 Windows 系统中可能是"My Documents"。
- 在前面的列表中写的"不管用户使用何种托管应用程序"，从技术上讲并不恰当。准确地说，针对微软发布的托管应用程序（控制台或者 ISE），该命题正确；但是针对非微软发布的托管应用程序，根本无法使用该规则。

因为期望将相同的 Shell 扩展程序载入到 PowerShell，而不管使用控制台还是 ISE，所以我们选择自定义 $Home\Documents\WindowsPowerShell\Profile1.PS1——因为该 Profile 脚本在微软提供的两种托管应用程序中都可以运行。

动手实验：为什么你自己不尝试创建一个或者多个 Profile 脚本呢？即使在这些脚本中仅打印出一些简单的信息，比如"It Worked"，这是查看不同脚本执行的一个好办法。但是请记住，你必须选择使用 Shell（或者 ISE），并且需要重新打开该 Shell（或者 ISE）去检查 Profile 脚本是否运行。

请记住，Profile 脚本也仅是脚本而已，它会依赖于 PowerShell 的当前执行策略。如果设置的执行策略是 Restricted，那么 Profile 脚本就无法运行；如果设置的执行策略是 AllSigned，那么 Profile 脚本必须经过签名才能运行。在第 17 章中讲到了执行策略以及脚本签名部分。如果你忘记了该知识点，请回到第 17 章重新学习。

## 25.1.2 自定义提示

PowerShell 提示——也就是你在本书中看到的 PS C:\>这类字符，是由一个名为提示（Prompt）的内置函数产生的。如果你希望自定义该提示，很简单，只需要替换该函数即可。可以在 Profile 脚本中定义一个新的提示函数，这样在你每次打开 Shell 界面的时候都可以采用新的提示函数。

下面是默认的提示函数。

```
Function Prompt
{
    $(IF (Test-Path Variable:/PSDebugContext) { '[DBG]: ' }
    ELSE { '' }) + 'PS ' + $(Get-Location) `
    + $(IF ($NestedPromptLevel -Ge 1) { '>>' }) + '> '
}
```

该函数首先会检测$DebugContext 变量是否被预定义在 PowerShell 的 Variable:Drive 中。如果有，那么该函数就会将[DBG]:添加到提示启动阶段。否则，该提示会被定义为 PS 再加上由 Get-Location Cmdlet 返回的当前路径（比如 PS D:\Test>）。如果该 Shell 处于嵌套提示中——由内置函数$NestedPromptLevel 返回，那么提示中会添加"＞＞"字样。

下面是自定义的一个提示函数。你可以直接将该函数加入到任意 Profile 脚本中，这样可以保证后续新开启的 Shell 进程都会将该提示作为一个标准提示函数使用。

```
Function Prompt {
$Time = (Get-Date).ToShortTimeString()
"$Time [$ENV:COMPUTERNAME]:> "
}
```

该自定义函数会返回当前时间，后面接着当前计算机名称（计算机名称包含在中括号内）。

```
6:07 PM [CLIENT01]:>
```

在这里，通过双引号改变了 PowerShell 特定的行为——PowerShell 会使用双引号中的内容来替换变量（比如$Time）的值。

### 25.1.3 调整颜色

在前面的章节中，我们看到，当 Shell 界面报出很多错误时，我们觉得多么刺眼。

当 Don 还是一个小孩的时候，他在英语课堂上总是很痛苦——因为他总是能看到汉森女士批改之后的文章（使用红笔标出的红色文字的提醒）。但是幸运的是，在 PowerShell 中，你可以修改 PowerShell 所使用默认颜色的选项。

默认的文本前景色与后景色都可以通过单击 PowerShell 命令窗口左上角的边框来修改。选择"属性"，之后切换到"颜色"标签页，如图 25.1 所示。

修改错误、警告以及其他信息的颜色略微有点复杂，需要通过运行命令才能实现。但是你可以将这部分命令放到 Profile 脚本中，这样每次进入 PowerShell 时，都会执行这些命令。比如下面的命令可以将错误消息的前景色修改为绿色，这样你可以觉得稍微舒缓一点。

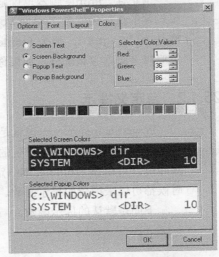

图 25.1　配置默认 Shell 界面颜色

```
(Get-Host).PrivateData.ErrorForegroundColor= "Green"
```

我们可以通过命令修改下列设置的颜色。

- ErrorForegroundColor
- ErrorBackgroundColor
- WarningForegroundColor

- WarningBackgroundColor
- DebugForegroundColor
- DebugBackgroundColor
- VerboseForegroundColor
- VerboseBackgroundColor
- ProgressForegroundColor
- ProgressBackgroundColor

下面是可以选择的几种颜色。

- Red
- Yellow
- Black
- White
- Green
- Cyan
- Magenta
- Blue

同时，也存在这些颜色的对应深色颜色：DarkRed，DarkYellow，DarkGreen，DarkCyan，DarkBlue 等。

# 25.2  运算符:-AS、-IS、-Replace、-Join、-Split、-IN、-Contains

这些额外的运算符在多种情形下都非常有用，可以通过它们来处理数据类型、集合与字符串。

## 25.2.1  –AS 和–IS

-AS 运算符会将一种已存在的对象转换为新的对象类型，从而产生一个新的对象。例如，如果存在一个包含小数的数字（可能来自一个除法计算），可以通过 Converting 或者 Casting 将该数字转化为一个整数。

```
1000 / 3 -AS [INT]
```

语句的结构：首先是一个将被转换的对象，然后是-AS 运算符，最后是一个中括号，中括号中包含转化之后的类型。这些类型可以是[String]、[XML]、[INT]、[Single]、[Double]、[Datetime]等，罗列的这些类型应该是你经常使用到的类型。从技术上讲，在该示例中，将数值转化为整数是指将小数部分通过四舍五入方式转为整数，而并不是简单地将小数部分去掉。

　　-IS 运算符通过类似方式实现。该运算符主要用于判断某个对象是否为特定类型，如果是，则返回 True，否则为 False。比如下面的这些示例。

```
123.45 -IS [INT]
"SERVER-R2" -IS [String]
$True -IS [Bool]
(Get-Date) -IS [DateTime]
```

**动手实验**：请执行上面每一条命令，然后确认其返回结果。

## 25.2.2　–Replace

　　-Replace 运算符主要用于在某个字符串中寻找特定字符（串），最后将该字符（串）替换为新的字符（串）。

```
PS C:\> "192.168.34.12" -Replace "34","15"
192.168.15.12
```

　　命令的结构：首先是源字符串，之后为-Replace 运算符。然后需要提供在源字符串中寻找的字符（串），最后跟上一个逗号外加最新的字符（串）。在上面的示例中，我们将字符串中的"34"替换为"15"。

## 25.2.3　–Join 和-Split

　　-Join 和-Split 运算符主要用作将数组转化为分隔列表和将分隔列表转化为数组。例如，存在包含 5 个元素的数组。

```
PS C:\> $Array = "one","two","three","four","five"
PS C:\> $Array
one
two
three
four
five
```

　　因为 PowerShell 会自动将使用逗号隔开的列表识别一个数组，所以上面的命令可以执行成功。假如现在需要将这个数组里的值转换为以管道符隔开的字符串，可以通过-Join 来实现。

```
PS C:\> $Array -Join "|"
one|two|three|four|five
```

　　可以将该执行结果存入一个变量，这样可以直接重用，或者将其导出为一个文件。

```
PS C:\> $String = $Array -Join "|"
```

```
PS C:\> $String
one|two|three|four|five
PS C:\> $String | Out-File Data.DAT
```

同时，我们可以使用-Split 运算符实现相反的效果：它会从一个分隔的字符串中产生一个数组。例如，假如存在仅包含一行四列数据的一个文件，在该文件中以制表符对列进行隔离。将该文件的内容显示出来，类似下面这样。

```
PS C:\>Gc Computers.tdf
Server1 Windows East  Managed
```

请记住，这里的 Gc 是 Get-Content 的别名。

你可以通过-Split 运算符将该内容拆成 4 个独立的数组元素。

```
PS C:\> $Array = (Gc Computers.tdf) -Split "`t"
PS C:\> $Array
Server1
Windows
East
Managed
```

请注意，这里我们使用转义字符、一个重音符以及一个"t"(`t)表示制表符。这些字符必须包含在一个双引号中，这样 PowerShell 才能识别该转义字符。

产生的数组中包含 4 个元素，可以通过它的索引编号单独查询对应元素。

```
PS C:\> $Array[0]
Server1
```

## 25.2.4　–Contains 和–In

-Contains 运算符对 PowerShell 初学者而言可能会比较容易混淆。他们可能会尝试下面的脚本。

```
PS C:\> 'this' -Contains '*his*'
False
```

实际上，他们是期望运行-like 运算符。

```
. PS C:\> 'this' -Like '*his*'
True
```

-Like 运算符用于进行通配符比较运算。-Contains 运算符主要用作在一个集合中查找是否存在特定对象。比如，创建包含多个字符串对象的一组集合，然后检查特定对象是否包含在该集合中。

```
PS C:\> $Collection = 'abc','def','ghi','jkl'
PS C:\> $Collection -Contains 'abc'
True
PS C:\> $Collection -Contains 'xyz'
False
```

-In 运算符实现相同的功能，但是它会颠倒运算对象的顺序。也就是说，集合在右边，而需要检查的对象在左边。

```
PS C:\> $Collection = 'abc','def','ghi','jkl'
PS C:\> 'abc' -IN $Collection
True
PS C:\> 'xyz' -IN $Collection
False
```

## 25.3　字符串处理

假如存在一个字符串，你需要将该字符串全部转化为大写，或者你可能需要取得该字符串的最后 3 个字符。那么应该如何实现？

在 PowerShell 中，字符串是对象，所以就会存在多种方法（**Method**）。方法是通知对象去做某项工作的方式，通常是针对对象本身。可以将该对象通过管道发送给 Gm 查看该对象可用的方法。

```
PS C:\> "Hello" | Gm
```

```
   TypeName: System.String

Name            MemberType       Definition
--------        -------------    ----------------
Clone           Method           System.Object Clone()
CompareTo       Method           int CompareTo(System.Object value...
Contains        Method           bool Contains(string value)
CopyTo          Method           System.Void CopyTo(int sourceInde...
EndsWith        Method           bool EndsWith(string value), bool...
Equals          Method           bool Equals(System.Object obj), b...
GetEnumerator   Method           System.CharEnumerator GetEnumerat...
GetHashCode     Method           int GetHashCode()
GetType         Method           type GetType()
GetTypeCode     Method           System.TypeCode GetTypeCode()
IndexOf         Method           int IndexOf(char value), int Inde...
IndexOfAny      Method           int IndexOfAny(char[] anyOf), int...
Insert          Method           string Insert(int startIndex, str...
IsNormalized    Method           bool IsNormalized(), bool IsNorma...
LastIndexOf     Method           int LastIndexOf(char value), int ...
```

| LastIndexOfAny | Method | int LastIndexOfAny(char[] anyOf),... |
| Normalize | Method | string Normalize(), string Normal... |
| PadLeft | Method | string PadLeft(int totalWidth), s... |
| PadRight | Method | string PadRight(int totalWidth), ... |
| Remove | Method | string Remove(int startIndex, int... |
| Replace | Method | string Replace(char oldChar, char... |
| Split | Method | string[] Split(Params char[] sepa... |
| StartsWith | Method | bool StartsWith(string value), bo... |
| Substring | Method | string Substring(int startIndex),... |
| ToCharArray | Method | char[] ToCharArray(), char[] ToCh... |
| ToLower | Method | string ToLower(), string ToLower(... |
| ToLowerInvariant | Method | string ToLowerInvariant() |
| ToString | Method | string ToString(), string ToStrin... |
| ToUpper | Method | string ToUpper(), string ToUpper(... |
| ToUpperInvariant | Method | string ToUpperInvariant() |
| Trim | Method | string Trim(Params char[] trimCha... |
| TrimEnd | Method | string TrimEnd(Params char[] trim... |
| TrimStart | Method | string TrimStart(Params char[] tr... |
| Chars | ParameterizedProperty | char Chars(int index) {get;} |
| Length | Property | System.Int32 Length {get;} |

下面是一些比较有用的 String 方法。

- IndexOf() 会返回特定字符在字符串中的位置。

```
PS C:\> "SERVER-R2".IndexOf("-")
6
```

- Split()，Join() 和 Replace() 类似于上面讲到的 -Split，-Join 和 -Replace。但是我们更加倾向于使用 PowerShell 的运算符而不是 String 的方法。

- ToLower() 和 ToUpper() 可以将字符串转化为小写或大写。

```
PS C:\> $ComputerName = "SERVER17"
PS C:\> $ComputerName.tolower()
server17
```

- Trim() 会将一个字符串的前后空格去掉；TrimStart() 和 TrimEnd() 会将一个字符串的前面或者后面的空格去掉。

```
PS C:\> $UserName = " Don"
PS C:\> $UserName.Trim()
Don
```

　　上面这些方法都是处理或者修改 String 对象比较方便的方法。请记住，所有这些方法既可以运用于包含字符串的变量（比如前面的 ToLower() 和 Trim() 示例），也可以用在一个静态的字符串上（比如前面的 IndexOf() 示例）。

## 25.4  日期处理

和 String 类型对象一样，Date（如果你喜欢，也可以是 DateTime）对象也包含多个方法。通过这些方法，可以对日期和时间进行处理和计算。

```
PS C:\>Get-Date | Gm


   TypeName: System.DateTime

Name                   MemberType     Definition
----                   ----------     ----------
Add                    Method         System.DateTime Add(System.TimeSpan ...
AddDays                Method         System.DateTime AddDays(double value)
AddHours               Method         System.DateTime AddHours(double value)
AddMilliseconds        Method         System.DateTime AddMilliseconds(doub...
AddMinutes             Method         System.DateTime AddMinutes(double va...
AddMonths              Method         System.DateTime AddMonths(int months)
AddSeconds             Method         System.DateTime AddSeconds(double va...
AddTicks               Method         System.DateTime AddTicks(long value)
AddYears               Method         System.DateTime AddYears(int value)
CompareTo              Method         int CompareTo(System.Object value), ...
Equals                 Method         bool Equals(System.Object value), bo...
GetDateTimeFormats     Method         string[] GetDateTimeFormats(), strin...
GetHashCode            Method         int GetHashCode()
GetType                Method         type GetType()
GetTypeCode            Method         System.TypeCode GetTypeCode()
IsDaylightSavingTime   Method         bool IsDaylightSavingTime()
Subtract               Method         System.TimeSpan Subtract(System.Date...
ToBinary               Method         long ToBinary()
ToFileTime             Method         long ToFileTime()
ToFileTimeUtc          Method         long ToFileTimeUtc()
ToLocalTime            Method         System.DateTime ToLocalTime()
ToLongDateString       Method         string ToLongDateString()
ToLongTimeString       Method         string ToLongTimeString()
ToOADate               Method         double ToOADate()
ToShortDateString      Method         string ToShortDateString()
ToShortTimeString      Method         string ToShortTimeString()
ToString               Method         string ToString(), string ToString(s...
ToUniversalTime        Method         System.DateTime ToUniversalTime()
DisplayHint            NoteProperty   Microsoft.PowerShell.Commands.Displa...
Date                   Property       System.DateTime Date {get;}
Day                    Property       System.Int32 Day {get;}
DayOfWeek              Property       System.DayOfWeek DayOfWeek {get;}
```

```
DayOfYear          Property       System.Int32 DayOfYear {get;}
Hour               Property       System.Int32 Hour {get;}
Kind               Property       System.DateTimeKind Kind {get;}
Millisecond        Property       System.Int32 Millisecond {get;}
Minute             Property       System.Int32 Minute {get;}
Month              Property       System.Int32 Month {get;}
Second             Property       System.Int32 Second {get;}
Ticks              Property       System.Int64 Ticks {get;}
TimeOfDay          Property       System.TimeSpan TimeOfDay {get;}
Year               Property       System.Int32 Year {get;}
DateTime           ScriptProperty System.Object DateTime {get=if ((& {...
```

请记住，通过上面列表中的属性可以访问一个 DateTime 的部分数据，比如日期、年或者月。

```
PS C:\> (Get-Date).Month
10
```

上面列表中的方法可以实现两个功能：计算或者将 DateTime 转化为其他格式。例如，假如需要获取 90 天之前的日期，使用 AddDays() 方法和一个负数参数实现。

```
PS C:\> $Today = Get-Date
PS C:\> $90DaysAgo = $Today.AddDays(-90)
PS C:\> $90DaysAgo
```

2014 年 12 月 19 日 9:36:47

名称中以"To"开头的方法可以实现将日期以及时间转化为某种特定格式，比如短日期类型。

```
PS C:\> $90DaysAgo.ToShortDateString()
2014/12/19
```

另外需要注意的是，这些方法都是依赖于当前计算机本地的区域设定——区域设定决定了日期和时间格式。

## 25.5  处理 WMI 日期

在 WMI 中存储的日期和时间格式都难以直接利用。例如，Win32_Operating System 类主要用来记录计算机上一次启动的时间，其日期和时间格式如下。

```
PS C:\> Get-WMIObject Win32_OperatingSystem | Select LastBootUpTime

LastBootUpTime
--------------
20150317090459.125599+480
```

PowerShell 的设计者知道直接使用这些信息会比较困难，所以他们对每一个 WMI 对象添加了一组转换方法。将 WMI 对象通过管道发送给 Gm，请注意观察最后两个方法。

```
PS C:\> Get-WMIObject Win32_OperatingSystem | Gm
   TypeName: System.Management.ManagementObject#root\cimv2\Win32_OperatingS
ystem
Name                                MemberType    Definition
------                              ----------    ----------
Reboot                              Method        System.Management...
SetDateTime                         Method        System.Management...
Shutdown                            Method        System.Management...
Win32Shutdown                       Method        System.Management...
Win32ShutdownTracker                Method        System.Management...
BootDevice                          Property      System.String Boo...
...
PSStatus                            PropertySet   PSStatus {Status,...
ConvertFromDateTime                 ScriptMethod  System.Object Con...
ConvertToDateTime                   ScriptMethod  System.Object Con...
```

将输出结果集中间的大部分信息去除，这样你能很轻易地发现后面的 `ConvertFrom DateTime()` 和 `ConvertToDateTime()` 方法。在该示例中，获取到的是 WMI 的日期和时间。假如需要转化为正常的日期和时间格式，请参照下面的命令。

```
PS C:\> $OS = Get-WMIObject Win32_OperatingSystem
PS C:\> $OS.ConvertToDateTime($OS.LastBootUpTime)
```

2015年3月17日 9:04:59

如果你期望将正常的日期和时间信息放入到一个正常表中，你可以通过 `Select-Object` 或者 `Format-Table` 命令创建自定义计算列以及属性。

```
PS C:\> Get-WMIObject Win32_OperatingSystem |Select BuildNumber,_Server,
@{l='LastBootTime';E={$_.ConvertToDateTime($_.LastBootUpTime)}}

BuildNumber          __Server          LastBootTime
-----------          --------          ------------
7601                 SERVER-R2         2015/3/17 9:04:59
```

## 25.6　设置参数默认值

大多数 PowerShell 命令至少都有几个参数包含默认值。例如，运行 `Dir` 命令，默认会指向当前路径，而并不需要指定 `-Path` 参数。在 PowerShell 第 3 版之后（包含第 3 版），可以对任意命令的任意参数——甚至是针对多个命令，指定自定义的默认值。当运行不带有指定参数的命令时，才会采用设定的默认值；但是当运行命令时手动指定了参数以及对应值，之前设定的默认值会被覆盖。

　　默认值保存在名为$PSDefaultParameterValues 的特殊内置变量中。当每次新开一个 **PowerShell** 窗口时，该变量均置空，之后使用一个哈希表填充该变量（可以通过 **Profile** 脚本使得默认值始终有效）。

　　例如，假如你希望创建一个包含用户名以及密码的凭据对象，然后将该对象设置为所有命令中-Credential 参数的默认值。

```
PS C:\> $Credential = Get-Credential -UserName Administrator
➥-Message "Enter Admin Credential"
PS C:\> $PSDefaultParameterValues.Add('*:Credential',$Credential)
```

　　或者，如果仅希望 **Invoke-Command** Cmdlet 每次运行时都提示需要凭据，此时请不要直接分配一个默认值，而是分配一段执行 **Get-Credential** 命令的脚本块。

```
PS C:\> $PSDefaultParameterValues.Add('Invoke-Command:Credential',
➥{Get-Credential -Message 'Enter Administrator Credential'
➥-UserName Administrator})
```

　　可以看到该 Add()方法的基本格式：第一个参数为<Cmdlet>:<Parameter>，该<Cmdlet>可以接受*等通配符。Add()方法的第二个参数或者是直接给出的默认值，或者是执行其他（一个或多个）命令的脚本块。

　　可以执行下面的命令，查看$PSDefaultParameterValues 包含的内容。

```
PS C:\>$PSDefaultParameterValues
```

```
Name                              Value
-------                           -------
*:Credential                      System.Management.Automation.PSCredenti
Invoke-Command:Credential         Get-Credential -Message 'Enter administ
```

**补充说明**

　　PowerShell 的变量由作用域（Scope）控制。我们在第 21 章中简单介绍了作用域，同时作用域也会影响参数的默认值。

　　如果在命令行中设置了$PSDefaultParameterValues，那么该参数会针对本 Shell 会话中的所有脚本以及命令起作用。但是如果仅在一段脚本中设置了$PSDefaultParameter Values，那么同样，也只会在该脚本作用域中有用。该技术非常有用，因为这意味着你可以在一段脚本中设置多个参数的默认值，但是并不影响其他脚本或者 Shell 会话的运行。

　　作用域的核心思想是"无论脚本发生了什么，仅会影响该脚本"。如果你想深入研究作用域，请查阅 About_Scope 帮助文档中的详细内容。

　　可以通过 **PowerShell** 中的 About_Parameters_Default_Values 帮助文档查看该特性更多的知识点。

## 25.7　学习脚本块

脚本块是 PowerShell 的一个关键知识点。之前你可能已经能简单地使用脚本块了。

- Where-Object 命令的 -FilterScript 参数会使用脚本块。
- ForEach-Object 命令的 -Process 参数会使用脚本块。
- 使用 Select-Object 创建自定义属性的哈希表或者使用 Format-Table 创建自定义列的哈希表，都会需要一个脚本块作为 E 或者 Expression 的键值。
- 正如本章前面所讲，参数的默认值也可以是一个脚本块。
- 针对一些远程处理以及 Job 相关的命令，比如 Invoke-Command 和 Start-Job 命令，也需要一个脚本块作为 -ScriptBlock 参数的值。

那么，什么是脚本块呢？简单来讲，脚本块是指包含在大括号中的全部命令——哈希表除外（哈希表在大括号之前会带有@符号）。你可以在命令行中输入一个脚本块，然后将该脚本块赋值给一个变量，再使用&该调用运算符来执行该脚本块。

可以使用脚本块完成更多的工作。如果希望进一步学习脚本块，请参阅 PowerShell 中的 About_Script_Block 帮助文档。

```
PS C:\> $Block = {
➡ Get-Process | Sort -Property Vm -Descending | Select -First 10 }
PS C:\>&$Block


Handles  NPM(K)    PM(K)      WS(K)    VM(M)   CPU(s)     Id ProcessName
-------  -----    -----      -----    -----   ------     -- -----------
    680      42    14772      13576     1387     3.84    404 svchost
    454      26    68368      75116      626     1.28   1912 powerShell
    396      37   179136      99252      623     8.45   2700 powerShell
    497      29    15104       6048      615     0.41   2500 SearchIndexer
    260      20     4088       8328      356     0.08   3044 taskhost
    550      47    16716      13180      344     1.25   1128 svchost
   1091      55    19712      35036      311     1.81   3056 explorer
    454      31    56660      15216      182    45.94   1596 MsMpEng
    163      17    62808      27132      162     0.94   2692 dwm
    584      29     7752       8832      159     1.27    892 svchost
```

## 25.8　更多的提示、技巧及技术

正如本章开始所说，本章只是展示一些需要让你知晓的知识点，但是这些知识点并未出现在之前的章节中。当然，在逐渐学习 PowerShell 的过程中，你会遇到更多的提示以及技巧，也会获得更多的经验。

你也可以订阅我们的 Twitter：@jeffhicks 和@concentrateddon。我们会定期在 Twitter 上分享一些有用的提示以及小技巧。PowerShell.Org 网站上也提供邮件列表定期推送一些小技巧，别忘了还有 PowerShell.Org 的论坛。有些时候，通过点滴的学习，你可以更容易在某技术领域成为专家，所以请将这些提示、技巧以及技术，包括以后会遇到的其他资源作为不断提高 PowerShell 水平的一种沉淀吧！

# 第 26 章 使用他人的脚本

尽管我们希望你能从头开始编写一些自己的 PowerShell 命令脚本，但是我们也意识到，在编写过程中你会严重依赖于互联网上的一些示例。无论是直接利用别人博客中的示例还是修改在线脚本代码库——比如 PowerShell 代码库（http://PoshCode.org）中发现的脚本，其实能利用、借鉴别人的 PowerShell 脚本也算一项重要的核心技能。在本章中，我们会带领你学会通过该过程理解别人的脚本，并最终将脚本修改以适合我们的需要。

**特别感谢**：感谢提供本章脚本的 Christoph Tohermes 和 Kaia Taylor。我们特意让他们提供一些
带有瑕疵的脚本，这些脚本与我们通常见到最佳实践中那些完美的脚本不一样。
在某些情况下，我们甚至会故意将他们提供的脚本进行破坏，使得本章中的场景
更能够反应真实世界。我们非常感激他们对该学习活动所做的贡献。

请注意，我们选择这些脚本主要是因为在这些脚本中，他们使用了一些在本书中并未涉及的高阶 PowerShell 功能。另外，我们需要说明，这就是真实的世界：你总是会碰到陌生的东西。本练习的目的是让你在并未学习过某个脚本用到所有技术的前提下，也能尽快知道该脚本的功能。

## 26.1 脚本

代码清单 26.1 展示了名为 New-WebProject.ps1 的完整脚本。该脚本主要用于调用微软 IIS Cmdlet——该 Cmdlet 存在于已安装 Web 服务角色的 Windows Server 2008 R2 以及之后版本的操作系统上。

**代码清单 26.1　New-WebObject.ps1**

```
param(
  [parameter(Mandatory = $true)]
  [string] $Path,
```

```
  [parameter(Mandatory = $true)]
  [string] $Name
  )
$System = [Environment]::GetFolderPath("System")
$script:hostsPath = ([System.IO.Path]::Combine($System, "drivers\etc\"))
➥+"hosts"
function New-localWebsite([string] $sitePath, [string] $siteName)
{
 try
 {
  Import-Module WebAdministration
 }
 catch
 {
  Write-Host "IIS PowerShell module is not installed. Please install it
➥ first, by adding the feature"
 }
 Write-Host "AppPool is created with name: " $siteName
 New-WebAppPool -Name $siteName
 Set-ItemProperty IIS:\AppPools\$Name managedRuntimeVersion v4.0
 Write-Host
 if(-not (Test-Path $sitePath))
 {
  New-Item -ItemType Directory $sitePath
 }
 $header = "www."+$siteName+".local"
 $value = "127.0.0.1 " + $header
 New-Website -ApplicationPool $siteName -Name $siteName -Port 80
➥ -PhysicalPath $sitePath -HostHeader ($header)
 Start-Website -Name $siteName
 if(-not (HostsFileContainsEntry($header)))
 {
  AddEntryToHosts -hostEntry $value
 }
}
function AddEntryToHosts ([string] $hostEntry)
{
 try
 {
  $writer = New-Object System.IO.StreamWriter($hostsPath, $true)
  $writer.Write([Environment]::NewLine)
  $writer.Write($hostEntry)
  $writer.Dispose()
 }
 catch [System.Exception]
```

```
{
 Write-Error "An Error occured while writing the hosts file"
 }
}
function HostsFileContainsEntry ([string] $entry)
{
 try
 {
  $reader = New-Object System.IO.StreamReader($hostsPath + "hosts")
  while(-not($reader.EndOfStream))
  {
   $line = $reader.Readline()
   if($line.Contains($entry))
   {
    return $true
   }
  }
  return $false
 }
 catch [System.Exception]
 {
  Write-Error "An Error occured while reading the host file"
 }
}
```

第一部分是一个参数块，你已经在第 21 章中学过。

```
param(
  [parameter(Mandatory = $true)]
  [string] $Path,
  [parameter(Mandatory = $true)]
  [string]  $Name
  )
```

该参数块看起来有点不同，它定义了一个-Path 和一个-Name 参数，并且这两个参数均为强制参数。当运行该命令时，需要提供这些信息。

下一组的命令行看起来更加神秘。

```
$System = [Environment]::GetFolderPath ("System")
$script:hostsPath = ([System.IO.Path]::Combine($System, "drivers\etc\"))
➡+"hosts"
```

它看起来并不像有潜在风险的代码——类似 GetFolderPath 语句并不会导致任何报警。要想知道该代码所实现的功能，需要将该代码在 Shell 中执行。

```
PS C:\> $system = [Environment]::GetFolderPath('System')
```

```
PS C:\> $system
C:\Windows\system32
PS C:\> $script:hostsPath = ([System.IO.Path]::Combine ($system,"drivers\etc
➥\"))+"hosts"
PS C:\> $hostsPath
C:\Windows\system32\drivers\etc\hosts
PS C:\>
```

$script:hostsPath 代码创建了一个新的变量。这样除了$system 变量之外，又有了一个新的变量。这几行命令定义了一个文件夹路径以及文件路径。请记下这几个变量的值，在学习该脚本过程中可以随时参照。

该脚本的余下部分包含了 3 个函数：New-LocalWebsite, AddEntryToHosts 和 HostsFile ContainsEntry。一个函数类似于一个脚本中的某部分脚本：每个函数都代表已打包的脚本块，该脚本可以被调用。可以看到，尽管在上面的 Param() 块中并未看到参数，但每个脚本可以定义一个或多个参数。它们采用的方式是仅在函数中才合法的参数定义方法：在函数名称后面的括号中将参数罗列出来（和 Param() 块一样）。其实，这也可算作一种快捷方式。

如果查看该脚本，并不会看到上面定义的任一脚本被调用，因此如果照搬这些脚本，那么脚本根本无法运行。但是在函数 New-LocateWebSite 中，你可以看到调用了函数 HostsFileContainsEntry。

```
if(-not (HostsFileContainsEntry ($header)))
  {
  AddEntryToHosts -hostEntry $value
  }
```

同时，你也可以看到，该代码调用了函数 AddEntryToHosts。该函数被嵌套在 IF 语句中。可以在 **PowerShell** 中执行 Help *IF*获取更多的帮助信息。

```
PS C:\> help *IF*
```

| Name | Category | Module |
| ---- | -------- | ------ |
| diff | Alias | |
| New-ModuleManifest | Cmdlet | Microsoft.PowerShell.Core |
| Test-ModuleManifest | Cmdlet | Microsoft.PowerShell.Core |
| Get-AppxPackageManifest | Function | Appx |
| Get-PfxCertificate | Cmdlet | Microsoft.PowerShell.S... |
| Export-Certificate | Cmdlet | PKI |
| Export-PfxCertificate | Cmdlet | PKI |
| Get-Certificate | Cmdlet | PKI |
| Get-CertificateNotificationTask | Cmdlet | PKI |
| Import-Certificate | Cmdlet | PKI |

```
Import-PfxCertificate              Cmdlet    PKI
New-CertificateNotificationTask    Cmdlet    PKI
New-SelfSignedCertificate          Cmdlet    PKI
Remove-CertificateNotification...  Cmdlet    PKI
Switch-Certificate                 Cmdlet    PKI
Test-Certificate                   Cmdlet    PKI
about_If                           HelpFile
```

　　HelpFile 通常排在最后，比如这里的 about_If。通过阅读该命令对应的结果集，你就可以看到 IF 语句的工作原理。在上面示例的上下文中，该语句会检查函数 HostsFile ContainsEntry 的返回值是 True 还是 False；如果返回 False，就会调用函数 AddEntryToHosts。该语句暗示 New-LocalWebSite 函数才是脚本中“最主要”的函数，或者称之为期望被运行并触发某些变更的函数。HostsFileContainsEntry 和 AddEntryToHosts 函数看起来就像是函数 New-LocalWebSite 的功能函数——在需要时才会被调用。所以，此时我们需要关注 New-LocalWebSite 函数。

```
function New-localWebsite([string] $sitePath, [string] $siteName)
{
 try
 {
  Import-Module WebAdministration
 }
 catch
 {
  Write-Host "IIS PowerShell module is not installed. Please install it
➡ first, by adding the feature"
 }
 Write-Host "AppPool is created with name: " $siteName
 New-WebAppPool -Name $siteName
 Set-ItemProperty IIS:\AppPools\$Name managedRuntimeVersion v4.0
 Write-Host
 if(-not (Test-Path $sitePath))
 {
  New-Item -ItemType Directory $sitePath
 }
 $header = "www."+$siteName+".local"
 $value = "127.0.0.1 " + $header
 New-Website -ApplicationPool $siteName -Name $siteName -Port 80
➡ -PhysicalPath $sitePath -HostHeader ($header)
 Start-Website -Name $siteName
 if(-not (HostsFileContainsEntry($header)))
 {
  AddEntryToHosts -hostEntry $value
 }

}
```

　　你可能不太理解 Try 块。快速查找对应的帮助文档（Help *Try*）会显示 About_ Try_Cacth_Finally 帮助文档，其中阐述道：Try 部分中的任何命令都有可能产生一个错误信息。如果确实产生了错误信息，那么就会执行 Catch 部分的命令。所以上面的命令可以解释为：该函数会尝试载入 WebAdministration 模块，如果载入失败，那么会显示一个错误信息。坦白讲，我们认为在发生错误时，应该完全退出该函数，但是在这里并非如此。所以当 WebAdministration 模块未成功载入时，可以想象，这里会看到更多的错误信息。所以在执行该脚本之前，必须保证 WebAdministration 模块可用！

　　Write-Host 块主要用作帮助追踪脚本运行进度。下一个命令是 New-WebAppPool。查看帮助文档，发现该命令包含在 WebAdministration 模块中，该命令的帮助文档阐述了其作用。接下来，Set-ItemProperty 命令看起来像是对刚建立的 AppPool 对象设置某些选项。

　　这里看起来简单的 Write-Host 命令，仅是为了在屏幕上放置一个空行。确实如此。如果你查看 Test-Path，你会发现它会检查一个给定的路径是否存在，在这个脚本中是指一个文件夹。如果不存在，那么脚本就会使用 New-Item 命令创建该文件夹。

　　变量 $Header 在创建后被用作将 $SiteName 转化为一个类似"www.sitename. local"的网址，同时 $Value 变量用作添加一个 IP 地址。之后传入多个参数调用 New-WebSite 命令；你可以通过阅读该命令对应的帮助文档来查看各个参数的作用。

　　最后执行 Start-WebSite 命令。在帮助文档中有说明，该命令会使得对应的网站上线并运行。然后调用 HostsFileContainsEntry 和 AddEntryToHosts 命令。它们会确保 $Value 变量中的值对应的站点信息会以"IP 地址-名称"的格式被添加到本地 Hosts 文件中。

## 26.2　逐行检查

　　在前面的小节中，我们采用的是逐行分析该脚本，这也是我建议你采用的方式。当你逐行查阅每一行时，完成下述工作。

- 识别其中的变量，并找出其对应的值，之后将它们写在一张纸上。因为大部分情况下，变量都会被传递给某些命令，所以记下每个变量可能的值会帮助你预测每个命令的作用。
- 当你遇到一些新的命令时，请阅读对应的帮助文档，这样可以理解这些命令的功能。针对 Get-类型的命令，尝试运行它们——将脚本中变量的值传递给命令的参数——来查看这些命令的输出结果。
- 当你遇到不熟悉的部分时，比如[Environment]，请考虑在虚拟机中执行简短的代码片段来查看该片段的功能（使用虚拟机有助于保护你的生产环境）。可以通过在帮助文档中搜寻（使用通配符）这些关键字来查阅更多的信息。

　　最重要的是，请不要跳过脚本中的任意一行。请不要抱有这种想法："好吧，我不知道这一行命令的功能是什么，那么我就可以跳过它，继续看后面的命令。"请一定先停下来，找出每一行命令的作用或者你认为它们可以实现的功能。这样才能保证你知道需要修改脚本的哪些部分从而满足特定的需求。

# 26.3　动手实验

**注意：** 对于本次动手实验来说，你需要 Windows8 或 Windows Server 2012 或更新版本的操作系统，从而运行 PowerShell v3 或更新版本。

　　代码清单 26.2 呈现了一个完整的脚本。看看你是否能明白该脚本所实现的功能，以及实现的原理。你是否能找到该脚本中可能会出现的错误？需要如何修改该脚本才可以在你的环境中运行？

　　请注意，你应该照搬该脚本，但是如果在你的系统中无法执行，你是否能够跟踪到问题所在？请记住，你应该见过该脚本里面的大部分命令，如果遇到没见过的命令，请查看 PowerShell 的帮助文档。帮助文档中的示例部分包含本脚本中用到的所有技术。

**代码清单 26.2　Get-LastOn.ps1**

```
function get-LastOn {
<#
.DESCRIPTION
Tell me the most recent event log entries for logon or logoff.
.BUGS
Blank 'computer' column

.EXAMPLE
get-LastOn -computername server1 | Sort-Object time -Descending |
Sort-Object id -unique | format-table -AutoSize -Wrap
ID               Domain        Computer Time
--               ------        -------- ----
LOCAL SERVICE    NT AUTHORITY           4/3/2012 11:16:39 AM
NETWORK SERVICE  NT AUTHORITY           4/3/2012 11:16:39 AM
SYSTEM           NT AUTHORITY           4/3/2012 11:16:02 AM


Sorting -unique will ensure only one line per user ID, the most recent.
Needs more testing

.EXAMPLE
PS C:\Users\administrator> get-LastOn -computername server1 -newest 10000
-maxIDs 10000 | Sort-Object time -Descending |

Sort-Object id -unique | format-table -AutoSize -Wrap
```

```
ID                  Domain       Computer Time
--                  ------       -------- ----
Administrator       USS                   4/11/2012 10:44:57 PM
ANONYMOUS LOGON     NT AUTHORITY          4/3/2012 8:19:07 AM
LOCAL SERVICE       NT AUTHORITY          10/19/2011 10:17:22 AM
NETWORK SERVICE     NT AUTHORITY          4/4/2012 8:24:09 AM
Student             WIN7                  4/11/2012 4:16:55 PM
SYSTEM              NT AUTHORITY          10/18/2011 7:53:56 PM
USSDC$              USS                   4/11/2012 9:38:05 AM
WIN7$               USS                   10/19/2011 3:25:30 AM
PS C:\Users\administrator>
.EXAMPLE
get-LastOn -newest 1000 -maxIDs 20
Only examines the last 1000 lines of the event log
.EXAMPLE
get-LastOn -computername server1| Sort-Object time -Descending |
Sort-Object id -unique | format-table -AutoSize -Wrap
#>
param (
        [string]$ComputerName = 'localhost',
        [int]$Newest = 5000,
        [int]$maxIDs = 5,
        [int]$logonEventNum = 4624,
        [int]$logoffEventNum = 4647
    )
    $eventsAndIDs = Get-EventLog -LogName security -Newest $Newest |
    Where-Object {$_.instanceid -eq $logonEventNum -or
➥$_.instanceid -eq $logoffEventNum} |
    Select-Object -Last $maxIDs
➥-Property TimeGenerated,Message,ComputerName
    foreach ($event in $eventsAndIDs) {
        $id = ($event |
        parseEventLogMessage |
        where-Object {$_.fieldName -eq "Account Name"} |
        Select-Object -last 1).fieldValue
        $domain = ($event |
        parseEventLogMessage |
        where-Object {$_.fieldName -eq "Account Domain"} |
        Select-Object -last 1).fieldValue
        $props = @{'Time'=$event.TimeGenerated;
            'Computer'=$ComputerName;
            'ID'=$id
            'Domain'=$domain}
        $output_obj = New-Object -TypeName PSObject -Property $props
        write-output $output_obj
    }
```

```
}

function parseEventLogMessage()
{
    [CmdletBinding()]
    param (
        [parameter(ValueFromPipeline=$True,Mandatory=$True)]
        [string]$Message
    )
    $eachLineArray = $Message -split "`n"
    foreach ($oneLine in $eachLineArray) {
        write-verbose "line:_$oneLine_"
        $fieldName,$fieldValue = $oneLine -split ":", 2
            try {
                $fieldName = $fieldName.trim()
                $fieldValue = $fieldValue.trim()
            }
            catch {
                $fieldName = ""
            }
            if ($fieldName -ne "" -and $fieldValue -ne "" )
            {
            $props = @{'fieldName'="$fieldName";
                    'fieldValue'=$fieldValue}
            $output_obj = New-Object -TypeName PSObject -Property $props
            Write-Output $output_obj
            }
    }
}
Get-LastOn
```

## 26.4　动手实验答案

　　该脚本似乎定义了两个在调用之前不做任何工作的函数。在脚本末尾是一个命令：
Get-LastOn，该命令与定义的一个函数名称相同，所以我们可以认定此时执行了该函
数。查看 Get-LastOn 函数，可以发现该函数有大量默认参数，因此无需参数就可以
调用 Get-LastOn 函数。基于命令的帮助也解释了函数所完成的功能。函数的第一部
分使用了 Get-Eventlog。

```
$eventsAndIDs = Get-EventLog -LogName security -Newest $Newest |
Where-Object {$_.instanceid -eq $logonEventNum -or $_.instanceid -eq
    $logoffEventNum} | Select-Object -Last $maxIDs -Property
TimeGenerated,Message,ComputerName
```

如果这是一个新的 cmdlet，我们需要查看帮助和示例。该表达式似乎是获取最新的安全事件日志。$Newest 变量来自函数参数，默认值是"5000"。这些事件日志使用 Where-Object 过滤并找到两条时间日志，过滤条件中的变量同样来自函数参数。

接下来，看上去好像在 foreach 循环中完成某些工作。这里就是问题所在：如果事件日志没有匹配到任何错误，除非有一些良好的错误处理机制，在循环中的代码很可能报错。

在 foreach 循环中，看上去其他变量被赋值。第一个变量是将事件对象通过管道传递给名称为 parseEventmessage 的东西。这个名字并不像是一个 cmdlet 名称，但是我们看到它是一个函数的名称，跳转到该函数定义，可以发现该函数接受一个消息作为参数，将该消息转换为一个数组。我们或许需要学习一下-Split 操作符。

另一个 foreach 循环处理数组中的每一行。看上去每行被再次拆分，有一个 try/catch 代码段处理错误。同样，我们或许需要再次仔细研究该段代码的工作机制。最后有一个 if 语句，看上去像是如果被拆分的字符串不为空，则创建一个名称为 $props 的变量，类型为哈希表，也可以称为组合数组。如果作者在函数内包含一些注释，则理解起来会更加容易。解析函数的末尾调用了 New-Object，还需要再仔细研究一下这个 cmdlet。

这个函数的输出结果传递给调用它的函数。看上去同样的过程重复执行，最后赋值给$domain 变量。

还有另一个哈希表和 New-Object，但是现在我们应该能够理解该函数所完成的工作。这也是该函数与本段脚本的最终输出结果。

27

你基本上完成了对本书的学习，但是请不要停止对 PowerShell 的进一步学习。其实，在 PowerShell 中还有更多值得学习的东西。基于我们在本书中学到的知识，你在以后可以进行更多的自学。本章是一个小章节，但是本章会给你指出一些正确的学习方向。

## 27.1　进一步学习的思想

本书真正聚焦于希望成为高效的 PowerShell 用户所需掌握的技能与技术。换句话说，无论你的需求是关于 Windows、Exchange、SharePoint 还是其他产品，你都应该能使用 PowerShell 数以千计的命令完成这些任务。

下一步需要完成的步骤是将多个命令结合在一起构成一个包含多个步骤的自动化流程，例如针对第三方用户打包一个只读且随时可用的工具。我们称之为工具制作（ToolMaking）。如果要详细描述该过程，需要我们自己一整本书的篇幅来介绍（*Learn PowerShell Toolmaking in A Month of Lunches*(Manning,2010)）。即使本书中所学的知识也足够你编写参数化的脚本，在这个脚本中你可以包含任意个命令完成所需任务——其实，这也就是工具制作的初级阶段。

如果需要完成工具制作，需要包含哪些东西呢？

- PowerShell 的简化编程语言。
- 作用域。
- 功能，以及将多个工具整合到单个脚本文件的能力。
- 错误处理。
- 帮助文档的编写。
- 调试。
- 自定义显示格式。

- 自定义类型扩展。
- 脚本与清单模块。
- 使用数据库。
- 工作流。
- 管道排错。
- 复杂的对象层次结构。
- 全局对象与本地对象。
- 代理功能。
- 受限的远程处理与委托管理。
- .Net 的使用。

其实还有更多。如果你有兴趣并且掌握适当的技能，你甚至可以成为 PowerShell 生态圈的一部分——也就是软件开发者。有一整套围绕开发 PowerShell 的工具以及在开发过程中使用 PowerShell 的技巧和技术。这是一个伟大的产品！

## 27.2 既然已经阅读了本书，那么我要从哪里开始呢

现在最应该做的就是选择一个任务。选取真实环境中一些重复性的工作，然后利用 PowerShell 工具使得该部分工作自动化。你肯定会遇到一些不知该如何实现的功能，这就是开始学习的最好的切入点。

下面是我们看到的其他管理员遇到的一些事情。

- 编写一段脚本修改某服务登录账号的密码，并且将该脚本发送到运行该服务的多台计算机上（可以使用单行命令实现）。
- 编写一段脚本，用来实现新用户配置的自动化处理，包含新建用户账号、用户邮箱以及根目录等。通过 PowerShell 配置 NTFS 权限会稍微麻烦点，所以请考虑使用基于 PowerShell 脚本开发的 Cacls.exe 或者 Xcacls.exe，而不要使用 PowerShell 的 Get-ACL 以及 Set-ACL 命令（这两个命令使用起来都比较复杂）。
- 编写管理 Exchange 邮箱的脚本——比如获取占据空间最多邮箱的报表或者针对邮箱大小创建一个报表。
- 通过包含在 Windows Server 2008 R2 以及之后操作系统中的 WebAdministration 模块实现 IIS 中自动化发布新站点（如果是 Windows Server 2008 中采用 IIS7，也可实现）。

记住，最重要的一点是"不要考虑太多"。Don 曾经遇到一个管理员，该管理员花费好几个星期编写了一段 PowerShell 脚本实现了强大的文件拷贝功能，这样他就可以通过 Web Server 进行发布。Don 问道："为什么不直接使用 XCopy 或者 RoboCopy 呢？"该管理员盯着 Don 看了一会儿，然后笑了。其实，该管理员陷入了一个误区："仅使用 PowerShell 实现。"他忘记了"PowerShell 可以直接调用那些强大的现有组件"。

## 27.3  你会喜欢的其他资源

我们花费了大量的时间使用 PowerShell，编写 PowerShell 方面的书籍以及进行 PowerShell 相关的教学工作。不信可以询问我们的家人——有时甚至我们只有在吃饭的时候才不谈论 PowerShell。这就意味着，我们积累了很多的在线资源——包含日常工作中使用的，以及给学生建议的。希望这些资源也能给你提供一个很好的学习出发点。

- ■ http://PowerShell.org——这应该是你的第一站，你将会发现包含 Q&A 论坛、免费的电子书、免费的在线视频以及直播等。该网站是 PowerShell 资源汇集的中心地点，还包含了已经持续数年的 podcast。
- ■ http://youtube.com/powershellorg 以及 http://youtube.com/powershelldon——分别是 powershell.org 的 YouTube 频道以及 Don 的 Youtube 频道，这里有大量的免费 PowerShell 视频，包括在 PowerShell + DevOps 全球峰会的录像。
- ■ http://jdhitsolutions.com——这是 Jeff 的发布通用脚本以及 PowerShell 相关文章的博客站点。
- ■ http://donjones.com——这是 Don 的个人博客，包含 PowerShell 相关的内容。
- ■ http://devopscollective.org——这是 PowerShell.org 的父组织，专注于以 DevOps 方式实现 IT 管理的大局。

很多学生经常问：是否还有其他一些推荐的书籍？有两本，分别为 *Learn PowerShell Toolmaking in A Month of Lunches* 以及 *PowerShell in Depth*（这两本书都是 Manning 出版），我们是这两本书的作者或合著者，如果你喜欢本书，那上面两本也会同样适用于你。我们还推荐 *PowerShell Deep Dives*（Manning,2013），该书是 PowerShell MVP 撰写的深入技术文章的集合（本书的获利会捐赠给儿童慈善机构，所以请多买几本吧）。最后，如果你喜欢视频教学，我们两个在 http://Pluralsight.com 都有视频教学，该网站还包含了数以千计 IT 相关的视频。

# 第 28 章  PowerShell 备忘清单

现在是时候将遇到的一些小问题进行整理了。当你遇到什么问题时，请记住首先翻到本章进行查找。

## 28.1  标点符号

毫无疑问，PowerShell 命令中包含了大量的标点符号，并且大部分的标点符号在帮助文档和 PowerShell 中具有不同的含义。下面是这些标点符号在 PowerShell 中的含义。

- \`（重音符）是 PowerShell 中的转义字符。它会移除紧跟在重音符之后字符串中包含的特殊含义。例如，通常情况下，空格符是一个分隔符，这也就是在 PowerShell 中 cd C:\Program Files 会执行失败的原因。将该空格符转义，cd Program\` Files，会将该空格的作用去除，仅将该符号作为文字中的一部分。这样这个命令就可以正常执行了。
- ~（波浪符）作为路径的一部分时，该字符表示当前用户的根目录，也就是在系统变量 UserProfile 中定义的值。
- ()（括号）有两种使用场景：
  - （1）和在数学中一样，括号定义了执行的顺序。PowerShell 会优先执行括号中的命令。如果存在多重括号，则会从最里层括号向外执行。通过这种方式，可以很轻易实现：先执行一个命令，之后将该命令的输出结果传递给另外一个命令的某个参数，比如 Get-Service -ComputerName (Get-Content C:\ComputerNames.txt)。
  - （2）括号也可以被用作包含一个方法的参数。即使该方法不要求使用任何参数，也必须带有括号，比如 Change-Start-Mode('Audomatic') 以及 Delete()。
- [ ]（中括号）在 PowerShell 中有两种使用方式。

（1）需要访问一个数组或者集合中某个单独的对象时，可以使用中括号来指定对应的索引号：$Services[2]表示从$Services 中获取第三个对象（请记住索引编号是从 0 开始计数的）。

（2）当需要将某个数据转化为特定的类型时，需要将类型包含在中括号中。例如，$My Result/3 as [INT]会将除法运算的结果转化为整数；再比如，命令[XML]$Data=Get-Content Data.XML 会读取 Data.XML 中的内容，并且尝试将该内容解析为合法的 XML 文件。

- {}（花括号）也被称为大括号，有 3 种用途。

（1）花括号可用作包含可执行代码或者命令块，我们称之为脚本段（Script Blocks）。该脚本段经常被作为值传递给那些可接受脚本段或者筛选块的参数：Get-Service | Where-Object{$_.Status -eq 'Running'}。

（2）花括号可用作包含构成哈希表的键-值对。左大括号前面总是一个 "@" 符号。在下面的示例中，我们使用花括号来包含哈希表的键-值对（在示例中，有两组键-值）。第二个花括号包含一段表达式的脚本段，该脚本段作为第二个键的值：$HashTable= @{l='Label';e={expression}}。

（3）当变量的名称中包含空格或者其他非法字符时，必须使用花括号来包含这部分信息：${My Variable}。

- ' '（单引号）可用作包含字符串（String）。PowerShell 并不会对包含在单引号中的字符串查找转义字符或者变量。

- " "（双引号）也可用作包含字符串，但与单引号不同的是，PowerShell 会针对双引号中的字符串数据进行查找转义字符以及$字符。其中会进行针对转义字符的处理，同时$符号后面带有的字符（到下一个空格为止）会被识别为一个变量名字，并且其值会被替换掉。例如，如果变量$One 的值为 "World"，同时定义$Two="Hello $One `n"，那么$Two 的值就会是 "Hello World" 之后再加一个回车（`n 代表一个回车键）。

- $（美元符号）告诉 PowerShell $后面的字符（截止到下一个空格处）为一个变量的名称。但是当在使用管理变量的 Cmdlet 时，可能容易造成误解。假如$One 变量的值为 Two，然后执行 New-Variable -Name $One -Value 'Hello'命令，会创建一个名称为 Two 的变量，并且其值为 "Hello"——有些人感到很奇怪，为什么变量的名称会是 Two。这是因为$符号告诉 PowerShell 使用$One 的值作为新变量的名称。相对应地，New-Variable -Name One -Value 'Hello'，该命令会创建一个名为 One 的变量。

- %（百分号）是 ForEach-Object Cmdlet 的别名，同时它也是模运算符，返回除法运算后的余数。

- ?（问号）是 Where-Object Cmdlet 的别名。

- ■ >（右尖括号）类似 Out-File Cmdlet 的一个别名。但是严格来讲，它并不是一个真正的别名，但却提供了 Cmd.exe 风格式的文件重定向功能：Dir>Files.Txt。

- ■ +、-、*、/、% 这些数学运算符是作为标准算术运算符使用。请注意，+也可以用作拼接字符串。

- ■ -（破折号或者叫连字符）可以用作连接参数名称或者其他运算符，如-ComputerName 或者-Eq。同时破折号也可以用作分离 Cmdlet 名称中的动词与名词，比如 Get-Content。另外，破折号也作为算术中的减法运算符使用。

- ■ @（at 符号）在 PowerShell 中有四种用途。

  （1）可用在哈希表的左花括号之前（请参阅上面的介绍花括号部分）。

  （2）当用在括号之前时，其后会紧跟一串以逗号分隔的值，这些值组成一个数组：$Array= @(1,2,3,4)。其中的@字符与括号是可选的，这是由于 PowerShell 默认会将以逗号分隔的列表识别为数组。

  （3）可以表示一个 Here-String。Here-String 是指包含在单引号或者双引号中的字符串。一个 Here-String 以"@"字符作为开始和结束的标志，结束的"@"必须位于另起一行的起始位置。如果想获取更多的信息或者示例，请执行 Help About_Quoting_Rules。另外需要说明的是，Here-String 也可通过单引号进行定义。

  （4）@也是 PowerShell 中的传递符（Splat Operator）。如果构建了一个哈希表，在哈希表中，键名称能匹配参数名称，并且键的值为参数的值，那么你就可以将该哈希表传递给一个 Cmdlet。Don 曾经为 TechNet Magazine 写过一篇关于传递（Splating）的文章（https://technet.microsoft.com/en-us/magazine/gg675931.aspx）。

- ■ &（与符号）是 PowerShell 中的一个调用运算符，使得 PowerShell 可以将某些字符识别为命令，并运行这些命令。例如，$a="Dir"命令将"Dir"赋给了变量$a，然后&$a 就会执行 Dir 命令。

- ■ ;（分号）一般用作分隔 PowerShell 中同一行的两个命令：Dir ; Get-Process。这个命令会先执行 Dir 命令，之后执行 Get-Process 命令。它们的执行结果会发送给一个管道，但是 Dir 命令的执行结果并不会通过管道发送给 Get-Process 命令。

- ■ #（井号）为注释符号。跟在#之后的文字，到下一个回车之前，均会被 PowerShell 忽略掉。<>可以被用作定义一个注释块的标签，"<#"作为起始，"#>"作为结束。包含在该注释块中的所有命令均会被 PowerShell 忽略掉。

- ■ =（等号）是 PowerShell 中的赋值运算符，用来给一个变量赋值：$One=1。但是它不能用作相等性比较，相等性比较需要使用-Eq。另外需要记住，该运算符可以与数学运算符结合使用：$Var +=5。该命令会对$Var 变量的值增加 5。

- ｜（管道符）主要用于将一个 Cmdlet 的输出结果传递给另外一个 Cmdlet。第二个 Cmdlet（接收输出结果的 Cmdlet）采用管道参数绑定方法来确定哪个参数或者哪些参数来负责接收传入的管道对象。第 9 章中对该过程进行了讲解。
- ＼（反斜杠）或者 /（正斜杠）可以作为数学表示中的除法运算符；反斜杠和正斜杠也可以作为文件路径中的分隔符：C:\Windows 和 C:/Windows 路径一致。反斜杠在 WMI 筛选场景以及正则表达式中也可作为转义字符。
- ．（句号）有三种用途：
  （1）句号可以被用作表示希望访问某个成员，比如一个属性或方法；再或者一个对象：$_.Status 表示访问 $_ 占位符中对象的 Status 属性。
  （2）它可以通过 "." 引用源码从而执行一段脚本，意味着该脚本运行在当前作用域下，并且该脚本定义的任何对象在脚本运行完毕之后均存在，比如 . C:\myscript.ps1。
  （3）两个 "."（..）会形成一个范围运算符，该运算符在本章后面会讲到。你也会发现，".." 也可用作表示文件系统中的当前路径的父文件夹，比如 ..\。
- ，（逗号）用在引号之外时，可以用作分隔数组或者列表中的项："One",2,"Three",4。另外，它也可用作将多个静态值传递给可接收这些值的参数：Get-Process -ComputerName Server1,Server2,Server3。
- ：（冒号，严格来说应该是两个冒号）可用作访问类的静态成员。这里采用了 .Net Framework 编程语言的概念，比如 [-DateTime]::Now（其实也可以使用 Get-Date 来获取相同的结果）。
- ！（感叹号）是 "非"（Not）布尔运算符的别名。

我们认为，在美国键盘格式中没有被 PowerShell 使用到的应该是脱字符 "^"，毕竟该符号常用于正则表达式运算。

## 28.2　帮助文档

帮助文档中的标点符号与 PowerShell 中相比，含义略微有所不同。

- ［ ］（大括号）用于表达包含在大括号中的文本为可选项。比如包含在其中的所有命令（[-Name <String>]）；或者当参数是位置参数时，参数名称可选（[-Name] <String>）。也可用作表达下面两个含义：参数是可选项，并且如果指定了该参数，那么该参数可作为位置参数使用（[[-Name] <String>]）。如果你觉得有任何问题，请在命令中指定参数名称，因为这样始终是符合语法规范的。
- ［］（中括号）连在一起的中括号表示一个参数可接受多个值（<String>[]，而非 <String>）。

■   <>（尖括号）可用来包含数据类型，表示值的类型或者参数匹配的对象：
    <String>, <int>, <Process>等。

请一定要养成阅读完整帮助文档的好习惯（对 Help 命令添加-Full 参数），因为
该命令会提供尽可能详细的信息，大多数情况下会包含示例。

## 28.3   运算符

PowerShell 不会使用其他编程语言使用的常规比较运算符，而是使用下列运算符。

■   -eq：等于（-ceq 用作字符串比较，包括大小写是否一致）。
■   -ne：不等于（-cne 用作字符串比较，包括大小写是否一致）。
■   -ge：大于或等于（-cge 用作字符串比较，包括大小写是否一致）。
■   -le：小于或等于（-cle 用作字符串比较，包括大小写是否一致）。
■   -gt：大于（-cgt 用作字符串比较，包括大小写是否一致）。
■   -lt：小于（-clt 用作字符串比较，包括大小写是否一致）。
■   -contains：若数据集包含特定对象，则返回真（True）。($Collection
    -Contains $Object.) -nocontains 表示相反含义。
■   -in：若特定对象包含在数据集中，则返回真（True）。($Object -in
    $Collection.) -noin 表示相反含义。

逻辑运算符可用于组合运算。

■   -not：将真假值取反（!是该运算符的别名）。
■   -and：如果整个表达式要为真，则所有子表达式均需要为真。
■   -or：如果整个表达式要为真，则其中一个子表达式需要为真。

另外，还存在执行特定操作的运算符。

■   -join：将一个数组的元素连接为分隔的字符串。
■   -split：将一个分隔的字符串分离为一个数组。
■   -replace：将一个字符串中特定字符（串）替换为另外的字符（串）。
■   -is：若一个对象为指定类型，返回为真（True）。($ID -Is [INT])
■   -as：将对象转化为特定类型。($ID -As [INT])
■   ..：一个范围运算符，1..10 会返回 1 到 10 的十个对象。
■   -f：格式化运算符，会使用后面提供的值替换对应的占位符。("{0},{1}" -F
    "Hello","World")

## 28.4   自定义属性与自定义列的语法

在多个章节中，我们曾经演示如何使用 Select-Object 来定义自定义属性，或者

分别使用 `Format-Table` 以及 `Format-List` 自定义列或列表条目。下面是对应的哈希表语法。

可以通过该语句得到每一个自定义属性或者列。

```
@{Label='Column_or_Property_Name';Expression={Value_Expression}}
```

这里的两个键 "Label" 和 "Expression"，可以分别缩写为 "l" 和 "e"（请注意，这里是小写的字母 l，不是数字 1）。当然，你也可以使用 n 作为键的名称。

```
@{n='Column_or_Property_Name';e={Value_Expression}}
```

在表达式中，可以使用 `$_` 占位符关联到当前对象（比如当前表中的行或者期望添加自定义属性的对象）。

```
@{n='ComputerName';e={$_.Name}}
```

`Select-Object` 和 `Format-` 的 `Cmdlet` 均会查找 n（或者 `name` 或者 `label` 或者 l）键和 e 键；`Format-` `Cmdlet` 也支持 `Width` 和 `Align`（仅支持 `Format-Table`）和 `FormatString` 操作。请阅读 `Format-Table` 命令的帮助文档，获取对应的示例。

## 28.5  管道参数输入

在第 9 章中我们看到，在 PowerShell 中有两种方式进行参数绑定：`ByValue` 和 `ByPropertyName`。优先使用 `ByValue` 方法，仅当 `ByValue` 方法无法执行时才会尝试使用 `ByPropertyName` 方法。

对 `ByValue` 方法而言，PowerShell 会查看放入管道中对象的类型。当然，你也可以通过 gm 命令自行查看该对象的类型名称。之后 PowerShell 会检查该 Cmdlet 中是否有参数可以接收传入的对象类型，并且检查是否有参数可以使用 `ByValue` 方法来接收管道输入。对一个 Cmdlet 而言，如果采用这种方式，则不可能有两个参数绑定到相同的数据类型。换句话说，你无法看到一个 Cmdlet 中有两个参数均满足如下两个条件：均可接收 `<String>` 类型的输入，均可使用 `ByValue` 方法实现参数绑定。

如果无法使用 `ByValue` 方法，那么 PowerShell 就会尝试使用 `ByPropertyName` 方法。在该方法中，PowerShell 仅简单查看放入管道中对象的属性，之后尝试找到某个可接收通过 `ByPropertyName` 方法传入对象的参数，并且要求该参数的名称与属性名称一致。例如，如果放入管道中的对象包含 `Name`、`Status` 和 `ID` 属性，PowerShell 会查看 Cmdlet 中是否有参数名为 `Name`、`Status` 和 `ID`。同时要求这些参数被标记为 "可接收 `ByPropertyName` 管道输入"。至于如何查看是否满足条件，请阅读对应的详细帮助文档（记住，在使用 `Help` 命令时加上 `-Full` 参数）。

让我们看看 PowerShell 如何实现这些功能。比如本例，假如有一个命令为 Get-Service |Stop-Service 或者是 Get-Service | Stop-Process，将其中第一个 Cmdlet 称为第一个命令，类似地，第二个 Cmdlet 称为第二个命令。PowerShell 采用下面的步骤进行工作。

（1）第一个命令产生的对象类型是什么？你可以将该 Cmdlet 输出结果通过管道传递给 Get-Member 来自行查看该信息。对那些名称由多部分字符组成的类型而言，仅需记住最后一位（比如类型名称为 System.Diagnostics.Process，仅需记住最后一位的 Process 即可）。

（2）第二个命令中是否有参数可以接收第一个命令产生的对象类型（通过查看第二个命令对应的详细帮助文档进行确定：Help <Cmdlet> -Full）？如果存在，那么再检查该参数是否可以接收通过 ByValue 方式传入的管道对象。每个参数对应的帮助文档中的详细说明中均包含该信息。

（3）如果步骤（2）的答案是 Yes，那么第一个命令产生的完整对象就会被关联到步骤（2）中满足条件的参数。此时，所有步骤就结束了——不需要再到步骤（4）。但是如果步骤（2）的答案是"否"，那么就需要继续步骤（4）。

（4）此时需要检查第一个命令产生的对象。查看产生的对象包含什么属性。再次说明，你可以通过将第一个命令产生的对象通过管道传递给 Get-Member 来查看该信息。

（5）此时检查第二个命令的参数（此时需要重新查看详细帮助文档）。是否有参数的名称与步骤（4）中找到的属性名称一致（条件 a），并且该参数是否能接收通过 ByPropertyName 方式传入的对象（条件 b）？

（6）如果有任一参数满足步骤（5）中的条件 a 和 b，那么第一个命令产生对象的属性就会关联到对应的第二个命令的同名参数，第二个命令就会运行。如果第一个命令产生对象的属性名称与第二个命令中可接收 ByPropertyName 方式传入对象的参数名称不一致，那么第二个命令也会运行，但是此时第二个命令并没有管道输入。

另外需要注意的是，你可以针对任意命令手动输入参数以及其值。但是此时，将会导致参数无法接收管道输入对象，即使正常情况下可以使用某种管道输入方法（不管是 ByValue 还是 ByPropertyName）。

## 28.6 何时使用$_

这或许是 PowerShell 中最让人费解的问题之一：使用$_占位符的最佳时机是什么？

当 PowerShell 显式查找$_，并且准备使用其他数据填充该占位符时，可以使用$_占位符。一般来讲，这只会发生在处理管道输入的脚本段中——在这种情况下，$_占位符一次只能包含一个管道输入对象。在下面几个地方会用到该占位符。

■ 在 `Where-Object` 的筛选脚本段中：

```
Get-Service | Where-Object {$_.Status -eq 'Running' }
```

■ 在传递给 `ForEach-Object` 命令的脚本段中，比如通常与该 cmdlet 一起使用获取进程的脚本段：

```
Get-WmiObject -class Win32_Service -filter "name='mssqlserver'" |
➥ForEach-Object -process { $_.ChangeStartMode('Automatic') }
```

■ 针对有关进程的过滤功能和高级功能的脚本段。我们编写的另外一本书中讨论到该部分知识——*Learn PowerShell Toolmaking in A Month of Lunches*。

■ 用来创建自定义属性或者表列的哈希表表达式中，请参考 28.4 小节查看更多细节，或者阅读第 8~10 章中更完整的讨论。

在上面所有场景中，`$_` 占位符仅会出现在脚本段的花括号中。那么这也是一个判断什么时候可以使用 `$_` 占位符的比较好的规则。

# 附录 复习实验

当你完成这本书中指定的章节和实验后，可以继续完成本篇附录中提供的复习实验。对于你的学习过程来说，复习是一种很好的休息方式，同时可以巩固你已经学到的最为重要的要点。参考答案在本附录的末尾部分。

因为这些实验任务中的一部分实验说明命令较为复杂，所以我们已经将这些复杂的说明命令分解为独立的任务小节。同时为了帮助你完成实验，在每个实验开端，我们也提供了一个提示清单来提示你，包括你可能会需要的特定命令、帮助文件和语法。

## 复习实验 1：第 1~6 章

**注意**：为了完成这些实验，你需要一台运行 PowerShell v3 或更新版本的 PowerShell 的计算机。

在打算完成这些实验之前，你应该先完成这本书中的第 1~6 章的实验。

**提示：**

- Sort-Object
- Select-Object
- Import-Module
- Export-CSV
- Help
- Get-ChildItem (Dir)

### 任务 1

运行一个命令，从而显示应用程序事件日志中最新的 100 个条目，不要使用 Get-WinEvent。

### 任务 2

写一个仅显示前五个最消耗虚拟内存（VM）进程的命令。

### 任务 3

创建一个包含所有服务的 CSV 文件，只需要列出服务名称和状态。所有处于运行状态的服务位于停止状态的服务之前。

### 任务 4

写一个命令行，将 BITS 服务的启动类型变更为自动。

### 任务 5

显示你计算机中所有文件名称为 `Win*.*` 的文件，以 C：\开始。注意：为了完成该实验，你可能需要去实验和使用一个 Cmdlet 命令的新参数。

### 任务 6

获取一个 C:\Program Files 的目录列表。包含所有的子文件夹，把这些目录列表放到位于 C:\Dir.txt 的文本文件内（记住使用"`>`"，或者 `Out-File Cmdlet`）。

### 任务 7

获取最近 20 条安全事件日志的列表，将这些信息转化成 XML 格式。不要在硬盘上创建文件，而是把 XML 在控制台窗口直接显示出来。

**注意：** 该 XML 可以作为一个单独的原生对象显示，而不是以一个原始的 XML 数据。这没问题。那也是 PowerShell 展示 XML 的方式。如果你喜欢，你可以将 XML 对象通过管道传递给 `Format-Custom` 命令，从而查看 XML 展开为对象层级的形式。

### 任务 8

获取一个服务列表，并将其导出到以 C:\services.csv 命名的 CSV 文件内。

### 任务 9

获取一个服务列表，仅保留服务名称、显示名称和状态，然后将这些信息发送到一个 HTML 文件中，页面标题为"Service Report"。在 HTML 文件中的服务信息表格之前显示"Installed Services"。如果可以，将"Installed Services"（安装服务）显示在 <H1> 这个 html 标签中。在 Web 浏览器中验证该文件是否正确。

### 任务 10

为 Get-ChildItem 创建一个新的别名 D。仅将别名导出到一个文件里。关闭这个 Shell，然后打开一个新的控制台窗口。把别名导入到新的 Shell 中。确认能够通过运行 D 并且获得一个目录列表。

### 任务 11

显示类别为"Hotfix"或"Update"的补丁，结果中不包含安全更新。

### 任务 12

运行一个用于展示 Shell 所在的当前目录的命令。

### 任务 13

运行一个命令，展示最近你在 Shell 中运行过的命令。从中查找你在任务 11 中所运行的命令。将这两个命令通过管道传输符进行连接，重新运行任务 11 的命令。

换句话说，假如 Get-Something 是一个获取历史命令的命令，5 是任务 11 的命令 ID 号，并且 Do-Something 是运行历史命令的命令，运行如下。

```
Get-Something          -id 5 | Do-Something
```

当然，上面的命令并不是正确的命令，你需要找到正确的命令。

**提示**：你所需寻找的两个命令名词部分相同。

### 任务 14

运行命令修改安全事件日志，使得在需要时可以通过覆盖旧日志的方式新增日志。

### 任务 15

通过使用 New-Item **Cmdlet** 来创建一个名称为 C:\Review 的新目录。这与运行 Mkdir 并不同；New-Item 命令需要知道你所想要创建的新项目是什么类型。请阅读该命令的帮助信息。

### 任务 16

显示该注册码的内容。

```
HKCU:\Software\Microsoft\Windows\CurrentVersion\Explorer\User Shell Folders
```

注意：“User Shell Folders”与真正意义上的目录并不一样。如果你改变该“目录”，你将不能在目录清单中看到任何条目。User Shell Folders 是一个项目，其包含的是项目属性。有一个 Cmdlet 能展示属性项（尽管命令的名词部分是单数形式，而不是复数形式）。

### 任务 17

找出（但是请不要运行）能完成如下功能的命令。
- 重启电脑。
- 关闭电脑。
- 从一个工作组或者域内移除一个电脑。
- 恢复一个电脑系统，并重建检查点。

### 任务 18

你认为什么命令可以改变一个注册表值？提示：该命令与任务 16 中的命令有相同的名词部分。

## 复习实验 2：第 1～14 章

注意：为了完成这些实验，你需要一台运行 PowerShell v3 或更新版本的 PowerShell 的计算机。在打算完成这些实验之前，你应该先完成这本书中的第 1～14 章的实验。

### 提示：

- `Format-Table`
- `Invoke-Command`
- `Get-Content(or Type)`
- `Parenthetical commands`
- `@{label='column_header';expression={$_.property}}`
- `Get-WmiObject`
- `Where-Object`
- `-eq -ne -like -notlike`

### 任务 1

在一个表格中展示一个正在运行的进程的列表，其中只包含进程名称与 ID 号。不要让该表格在两列之间有较大的空白区域。

### 任务 2

运行如下命令。

```
Get-WmiObject -class Win32_systemdriver
```

现在再次执行该命令，但将输出结果格式化为一个列表，该列表包含驱动短名称、驱动的显示名称、驱动文件路径、启动模式以及当前状态。将路径属性的列标题显示为 **Path**，而不是其原本的名称。

### 任务 3

让两台电脑（也可以使用 Localhost 两次）运行如下命令。

```
Get-PSProvider
```

使用远程处理去做，确保输出结果包含计算机名称。

### 任务 4

使用 Notepad 创建一个名称为 C:\Computers.txt 的文件。在文件中写入如下内容。

```
Localhost
Localhost
```

你应该确保上述两个名称各自独占一行——总共 2 行。保存文件并关闭记事本。然后写一个命令列出正在电脑上运行的服务名称，并将其写入到 C:\Computer .txt 文件中。

### 任务 5

查询 Win32_LogicalDisk 的所有实例。仅显示 **DriveType** 属性中包含 3 且有百分之五十以上的可用磁盘空间的实例。你可能需要调整可用空间百分比参数从而在你的计算机上能够得到输出结果。

**提示：** 计算可用空间百分比，公式为 freespace/size * 100。

注意，`Get-WmiObjectcannot` 的过滤参数中无法包含数学表达式。

### 任务 6

显示在 root\CIMv2 的命名空间下的所有的 WMI 类列表，仅显示以 "win32" 开头的 WMI 类名称。

#### 任务 7

在列表中显示所有 StartMode 是 Auto 且 State 属性不是 Running 的 Win32_Service 实例。

#### 任务 8

找到一个能发送 E-mail 信息的命令。这个命令的必要参数都是什么？

#### 任务 9

运行一个显示 C:\ 下目录权限的命令。你会发现以列表的形式显示输出结果会更易于阅读。

#### 任务 10

运行一个可以显示所有 C:\Users 下子文件夹权限的目录，仅包含直接子文件夹，不需要去递归所有的文件和文件夹。你只需要把一个命令的结果通过管道传输给另一个命令即可实现。然后重复该过程从而显示隐藏文件夹的权限目录。

#### 任务 11

找到一个可以使用其他凭据而不是当前登录用户的凭据启动记事本的命令。

#### 任务 12

运行一个命令，使 Shell 暂停或者闲置 10 秒。

#### 任务 13

你能找到解释 Shell 的各种运算符的帮助文件吗？

#### 任务 14

使用 Get-Winevent，显示所有拥有条目的日志文件列表，并根据所包含日志文件的多少，按照降序排序输出结果。

#### 任务 15

运行如下命令。

```
Get-CimInstance -Classname Win32_Processor
```

了解该命令的默认输出结果。现在修改这个命令，使得输出结果在表格中显示。表格内容应该包含每个处理器的核心数、制造商和名称，也包括一个列名为"MaxSpeed"的列，该列表示处理器的最大时钟频率。

### 任务 16

运行如下命令。

```
Get-CimInstance -Classname Win32_Process
```

了解该命令的默认输出结果。然后将该输出结果通过管道传递给 Get-Member 命令。现在，将该命令修改为仅显示在峰值情况下工作集超过"100000"的进程，仅显示进程名称、路径以及所有峰值属性。

### 任务 17

如果你正在使用 PowerShell 5 或更新版本，使用 Find-Module 命令发现带有 Network 标签的包。显示模块的名称、版本以及描述。

## 复习实验 3：第 1 ~ 19 章

**注意**：为了完成这些实验，你需要一台运行 PowerShell v3 或更新版本的 PowerShell 的计算机。

在打算完成这些实验之前，你应该先完成这本书中的第 1 ~ 19 章的实验。

从回答下列问题开始。

1．你会使用哪一个命令启动一个完全在你本地计算机运行的作业？

2．你会使用哪一个命令启动一个作业的内容被远程计算机处理但由本地计算机调整的作业？

3．${computer name}是一个合法的变量名称吗？

4．你会如何展示由当前 Shell 定义的变量列表？

5．哪一个命令可以被用来提示用户输入？

6．哪一个命令可以被通常用于生成显示在屏幕上的输出结果，但也可以被重新转为多种其他输出格式？

现在完成以下任务。

### 任务 1

创建一个处于运行状态的进程列表，该列表应该仅包含进程名称、ID、VM 和 PM。VM 与 PM 的值显示单位为 MB。把这个列表放入一个名称为 C:\Procs.html 的 HTML 文件中。确保 HTML 文件有一个标题为"Current Processes"。在浏览器中显示文件，并把标题显示在浏览器窗口的标题栏中。为 VM 属性计算 MB 并以整数显示结果的公式是类似$_.VM / 1MB as [int]。然后尝试将该 HTML 文件重新导入回 PowerShell。

### 任务 2

使用 WMI 或 CIM 命令创建一个包含所有你的电脑上的服务的制表符分隔文件，命名为 C:\Services.tdf。"`t"（在双引号之间的反撇号 t）是 PowerShell 为水平制表符使用的转义字符。文件中仅包含服务的名称、显示名称和状态。

### 任务 3

首先，提示用户输入一个计算机名称并将结果存入一个变量。然后使用 CIM 命令查询一个计算机（使用变量）的操作系统名称、版本号、上次启动时间以及运行时间。在结果中包含计算机名称。你可以通过当前时间与上次启动时间计算出计算机的运行时间。

### 任务 4

将任务 3 的命令转换为参数化脚本。显而易见，computername 是一个不错的候选参数。包含一个名称为 CN 的别名，并将其设置为必要参数。输出结果应该显示和任务 3 相同的属性，但你或许希望操作系统名称的显示名称更加优雅。

### 任务 5

使用 WMI 的 Win32_Product 类找出所有已安装的产品。该命令可能会花费较长时间，因此请将其设置为一个后台作业。当该命令完成后，获取结果，并在 gridview 中显示产品名称、公司、版本号、安装日期以及安装区域。

## 答案

## 复习实验 1

### 任务 1

```
Get-EventLog -LogName Security -Newest 100
```

### 任务 2

```
Get-Process | Sort -Property VM -Descending | Select -First 5
```

### 任务 3

```
Get-Service | Select -Property Name,Status |
    Sort -Property Status -Descending |
Export-CSV services.csv
```

### 任务 4

```
Set-Service -Name BITS -StartupType Automatic
```

### 任务 5

```
Get-ChildItem -Path C:\ -Recurse -file -Filter 'Win*.*'
```

### 任务 6

```
Get-ChildItem -Path 'c:\program files' -recurse | Out-File c:\dir.txt
```

### 任务 7

```
Get-EventLog -LogName Security -Newest 20 | ConvertTo-XML
```

### 任务 8

```
Get-EventLog -list | Select Log,MaximumKilobytes,OverflowAction |
   convertto-csv
```

### 任务 9

```
Get-Service | Select -Property Name,DisplayName,Status |
ConvertTo-HTML -PreContent "<H1>Installed Services</H1>" -title
   "Service Report" | Out-File c:\services.html
```

### 任务 10

```
New-Alias -Name D -Value Get-ChildItem -PassThru | Export-Alias c:\alias.xml
```

在打开一个新的 PowerShell 窗口后:

```
Import-Alias c:\alias.xml
D
```

### 任务 11

```
get-hotfix -description "Update","Hotfix"
```

### 任务 12

Get-Location 或它的别名 pwd。

### 任务 13

```
Get-History
```

在执行完该命令后，找到你为完成任务 11 所执行的命令。你需要该命令的 ID 号，你需要将 id 号替换下面命令的 x。

```
Get-History -id x | Invoke-History
```

### 任务 14

```
Limit-EventLog -LogName Security -OverwriteAction OverwriteAsNeeded
```

### 任务 15

```
New-Item -Name C:\Review -Type Directory
```

### 任务 16

```
Get-ItemProperty -Path
    'HKCU:\Software\Microsoft\Windows\CurrentVersion\Explorer\User Shell
    Folders'
```

### 任务 17

- Restart-Computer
- Stop-Computer
- Remove-Computer
- Restore-Computer

### 任务 18

```
Set-ItemProperty
```

## 复习实验 2

### 任务 1

```
Get-Process | Format-Table -Property Name,ID -AutoSize
```

### 任务 2

```
Get-wmiobject -class win32_systemdriver | select -property Name,Displayname,
    @{Name="Path";Expression={$_.pathname}},StartMode,State
```

### 任务 3

```
Invoke-Command -ScriptBlock { Get-PSProvider } -computerName
    Computer1,Computer2
```

### 任务 4

```
Get-Service -computerName (Get-Content C:\Computers.txt)
```

### 任务 5

```
Get-WmiObject -class Win32_LogicalDisk -Filter "drivetype=3" |
    Select DeviceID,Size,Freespace,
    @{Name="PctFree";Expression = {($_.freespace/$_.size)*100}} |
    where {$_.PctFree -gt 50}
```

### 任务 6

```
get-cimclass -classname win32*
```

### 任务 7

```
Get-WmiObject -class Win32_Service -filter "StartMode='Auto' AND
    State<>'Running'"
```

该表达式也同样可以生效，但并不是推荐的最佳实践，因为该表达式不是左过滤。

```
Get-WmiObject -class Win32_Service |
    Where-Object { $_.StartMode -eq 'Auto' -and $_.State -ne 'Running' }
```

### 任务 8

Send-MailMessage（读取完整帮助，找出必要参数）

### 任务 9

```
Get-ACL -Path C:\ | format-list
```

### 任务 10

```
Get-ChildItem -path C:\Users | Get-ACL
Get-ChildItem -path C:\Users -Directory -Hidden | Get-ACL
```

### 任务 11

```
Start-Process
```

### 任务 12

```
Start-Sleep -seconds 10
```

### 任务 13

```
Help *operators*
```

### 任务 14

```
get-winevent -ListLog * | where {$_.recordcount -gt 0} | sort RecordCount -
    Descending
```

### 任务 15

```
Get-CimInstance -classname Win32_Processor |
    Select-Object -property Manufacturer,NumberOfCores,Name,@{
    name='MaxSpeed';expression={$_.MaxClockSpeed}}
```

### 任务 16

```
Get-WmiObject -class Win32_Process -filter "PeakWorkingSetSize >= 100000" |
    Select Name,ExecutablePath,Peak*
```

### 任务 17

```
find-module -tag network | Sort Name | Select Name,Version,Description
```

## 复习实验 3

1. Start-Job
2. Invoke-Command
3. Yes
4. Read-Host
5. Write-Output

### 任务 1

```
Get-Process | Select-Object -property Name,ID,VM,PM |
    ConvertTo-HTML -Title "Current Processes" | Out-File C:\Procs.html
```

### 任务 2

```
Get-CimInstance -classname win32_service |
    Select Name,State,StartMode,Startname |
    Export-CSV c:\services.tdf -Delimiter "`t"
```

#### 然后尝试

```
import-csv C:\services.tdf -Delimiter "`t"
```

### 任务 3

```
$computer = Read-Host "Enter a computername"
```

```
Get-CimInstance -ClassName Win32_Operatingsystem -CimSession $computer |
    Select Caption,Version,LastBootUptime,
@{Name="Uptime";Expression={(Get-Date) - $_.lastBootUpTime}},
PSComputername
```

## 任务 4

这里给出一个可能的脚本版本：

```
[cmdletbinding()]
Param(
[Parameter(Mandatory=$True,HelpMessage = "Enter a computer name")]
[Alias("CN")]
[string]$Computername
)

Write-Verbose "Getting Operating system information from $Computername."
Get-CimInstance -ClassName -CimSession $computername |
Select @{Name="OS";Expression={$_.Caption}},Version,LastBootUptime,
@{Name="Uptime";Expression={(Get-Date) - $_.lastBootUpTime}},
@{Name="Computername";Expression={$_.PSComputername}}
Write-Verbose "Done."
```

## 任务 5

首先创建一个作业，这是一种方法。

```
get-wmiobject win32_product -asjob
```

然后接收结果。

```
$prod = Receive-job 31 -Keep
```

最后，处理这些结果。

```
$prod | Select Name,Vendor,InstallDate,InstallLocation |
    Out-Gridview -Title "My Products"
```

# 欢迎来到异步社区！

## 异步社区的来历

异步社区（www.epubit.com.cn）是人民邮电出版社旗下 IT 专业图书旗舰社区，于 2015 年 8 月上线运营。

异步社区依托于人民邮电出版社 20 余年的 IT 专业优质出版资源和编辑策划团队，打造传统出版与电子出版和自出版结合、纸质书与电子书结合、传统印刷与 POD 按需印刷结合的出版平台，提供最新技术资讯，为作者和读者打造交流互动的平台。

## 社区里都有什么？

### 购买图书

我们出版的图书涵盖主流 IT 技术，在编程语言、Web 技术、数据科学等领域有众多经典畅销图书。社区现已上线图书 1000 余种，电子书 400 多种，部分新书实现纸书、电子书同步出版。我们还会定期发布新书书讯。

### 下载资源

社区内提供随书附赠的资源，如书中的案例或程序源代码。

另外，社区还提供了大量的免费电子书，只要注册成为社区用户就可以免费下载。

### 与作译者互动

很多图书的作译者已经入驻社区，您可以关注他们，咨询技术问题；可以阅读不断更新的技术文章，听作译者和编辑畅聊好书背后有趣的故事；还可以参与社区的作者访谈栏目，向您关注的作者提出采访题目。

## 灵活优惠的购书

您可以方便地下单购买纸质图书或电子图书，纸质图书直接从人民邮电出版社书库发货，电子书提供多种阅读格式。

对于重磅新书，社区提供预售和新书首发服务，用户可以第一时间买到心仪的新书。

用户帐户中的积分可以用于购书优惠。100 积分 =1 元，购买图书时，在 里填入可使用的积分数值，即可扣减相应金额。

# 特 别 优 惠

购买本书的读者专享异步社区购书优惠券。

使用方法：注册成为社区用户，在下单购书时输入 S4XC5 使用优惠码 ，然后点击"使用优惠码"，即可在原折扣基础上享受全单 9 折优惠。（订单满 39 元即可使用，本优惠券只可使用一次）

## 纸电图书组合购买

社区独家提供纸质图书和电子书组合购买方式，价格优惠，一次购买，多种阅读选择。

# 社区里还可以做什么？

## 提交勘误

您可以在图书页面下方提交勘误，每条勘误被确认后可以获得 100 积分。热心勘误的读者还有机会参与书稿的审校和翻译工作。

## 写作

社区提供基于 Markdown 的写作环境，喜欢写作的您可以在此一试身手，在社区里分享您的技术心得和读书体会，更可以体验自出版的乐趣，轻松实现出版的梦想。

如果成为社区认证作译者，还可以享受异步社区提供的作者专享特色服务。

## 会议活动早知道

您可以掌握 IT 圈的技术会议资讯，更有机会免费获赠大会门票。

# 加入异步

扫描任意二维码都能找到我们：

异步社区

微信服务号

微信订阅号

官方微博

QQ 群：436746675

社区网址：www.epubit.com.cn

投稿 & 咨询：contact@epubit.com.cn